JN432671

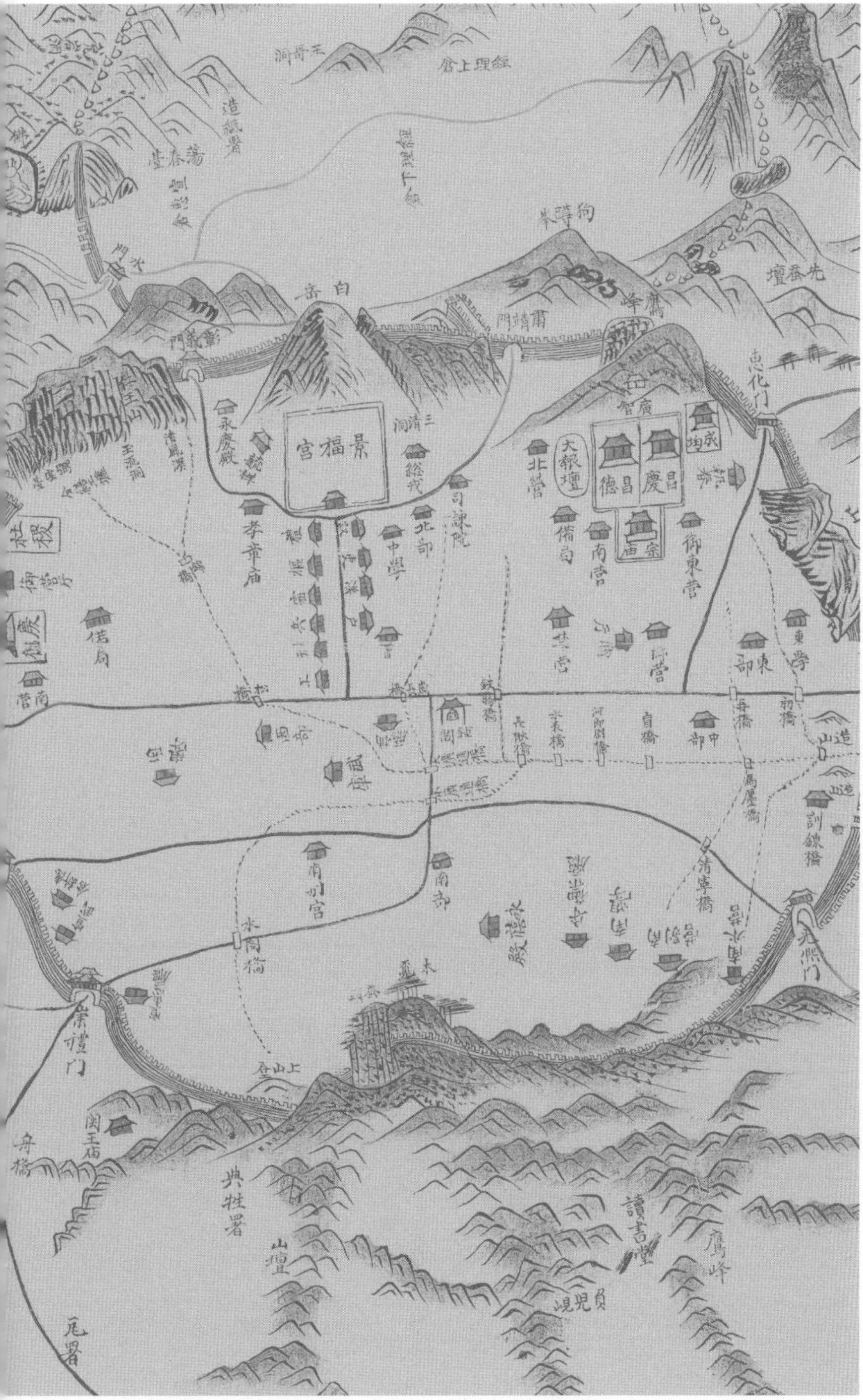

동국여지지 1

경도

유형원 지음
김성애 옮김

한국고전번역원

일러두기

1. 이 책의 번역 대본은 서울대학교 규장각한국학연구원 소장 《동국여지지(東國輿地志)》(古4790-51)를 저본으로 한 한국고전번역원 한국고전총간 《교감표점 동국여지지》이다.
2. 원문의 1차 소자(小字)는 본문보다 글자 크기를 줄여서 구분하였고, 그보다 더 작은 2차 소자는 1차 소자보다 글자 크기를 줄이고 처음과 끝에 붙임표를 사용하였다.
3. 역주는 내용이 간단하면 간주(間註)로, 길면 각주(脚註)로 처리하였다.
4. 한자는 필요한 경우 이해를 돕기 위하여 넣었으며, 운문(韻文)은 원문을 병기하였다.
5. 맞춤법과 띄어쓰기는 '한글 맞춤법'을 따르고, 한글 어휘는 '표준어 규정'을 따르는 것을 원칙으로 하였다.
6. 문장 부호는 '한글 맞춤법'에 규정된 용법을 따라서 사용했으며, 그 밖에 새로 만들거나 용법을 달리하여 사용한 부호는 다음과 같다.

「 」: ' ' 안의 재인용을 나타낼 때 사용한다.

『 』: 「 」안의 재인용을 나타낼 때 사용한다.

…… : 원문의 '云云'을 처리할 때, 각주의 표제어가 네 어절 이상일 경우 생략되는 말을 처리할 때 사용한다.

- - : 본문에서 2차 소자(小字) 및 원문 결락의 처음과 끝에 사용한다.

□ : 원문의 글자가 빠지거나 판독할 수 없을 때 번역문의 글자 수만큼 사용한다.

차례

실학사상을 담은 최초의 사찬 전국지리지

김성애 | 한국고전번역원 수석연구위원

1. 《동국여지지》 이전의 지리지

《동국여지지(東國輿地志)》는 조선 후기 실학의 개조(開祖)로 불리는 유형원(柳馨遠, 1622~1673)이 편찬한 지리지로, 최초로 개인이 저술한 전국적인 지리지라는 면에서 큰 의의를 지닌다. 지리지는 일정 지역 내에 분포하는 시간적, 공간적, 자연적, 인문적인 여러 현상에 대한 체계적이고 종합적인 기록인데 조선의 지리지 형식은 대개 일정한 항목하에 나열식으로 기술된 백과사전식 총람이다. 조선 시대 이전의 지리서는 《삼국사기(三國史記)》, 《고려사(高麗史)》 지리지와 같이 역사서에 부록된 것으로 독립된 지리지가 없었다. 조선 건국 후 중앙 집권 체제의 강화와 함께 문물이 정비되고 국가 통치 자료의 파악을 위한 목적으로 독자적인 지리지가 만들어졌는데, 조선 최초의 전국지리지는 《세종실록(世宗實錄)》 〈지리지〉이다. 이후 1481년(성종12) 《동국여지승람(東國輿地勝覽)》이 편찬되었고, 1530년(중종25)에 증보된 것이 《신증동국여지승람(新增東國輿地勝覽)》이다. 《신증동국여지승람》은 조선 지리지의 집대성으로 이후 조선 지리지의 규범이 되어 후기까지 지대한 영향을 미쳤다. 이후 16, 7세기에는 지방 군현 단위의 읍지가 본격적으로 편찬되었는데 특히 사찬 읍지(私撰邑誌)가 많이 나와서 내용이 보다 풍부하고 상세해졌다. 또 한백겸(韓百謙)의 《동국지리지(東國地理志)》와 같은 역사지리서가 출현하여 역사 인식과 지리가 연결되는 새로운 양상을 띠기도 하였다. 양란 이후 사회 경제적 변화를 담아내는 전국적인 규모의 지리지 편찬은 국가에서 나온 것이 아니라 유형원이란 실학자 개인의 노력에서 나온 《동국여지지》였다. 국가적으로 전국지리지 편찬이 행해진 것은 1757년(영조33)의 《여지도서(輿地圖書)》이다. 이처럼 《동국여지지》는 《신증동국여지승람》과 《여지도서》 간의 230여 년의 공백을 메워 주는 전국 규모의 지리지이자 실학자 유형원의 개혁 사상을 담은 지리지이며, 우리나라 역사를 지리적 고증을 통해 밝힌 역사지리서란 면에서 주목을 받아 왔다.

2. 유형원의 생애와 《동국여지지》의 편찬

유형원은 호가 반계(磻溪)·둔암(遁庵)이고, 자는 덕부(德夫)이며, 본관은 문화(文化)이다. 1622년(광해군14) 외가인 한양에서 태어나 2세에 부친 유흠(柳欽)이 유몽인(柳夢寅)의 옥사에 연루되어 죽자 조부인 유성민(柳成民)에게 양육되다가 5세 이후 외숙인 이원진(李元鎭)과 고모부 김세렴(金世濂)에게 수학하였다. 1636년(인조14) 병자호란 이후 조부를 문안하기 위해 전라도 부안(扶安)을 자주 왕래하면서 과거에 응시하기도 하였으나 학문에 전념하며 당시 사회 폐단을 바로잡기 위한 연구와 저술에 전념하였다. 특히 유형원의 개혁 사상을 담은 《반계수록(磻溪隨錄)》은 전제(田制), 교선제(敎選制), 임관제(任官制), 직관제(職官制), 녹제(祿制), 병제(兵制), 군현제(郡縣制) 등 국가의 전방면에 걸친 개혁책을 제시한 역작으로서, 당대에는 잘 알려지지 않았으나 후대 이익(李瀷), 홍대용(洪大容), 정약용(丁若鏞) 등 많은 학자에게 큰 영향을 끼쳤으며 영조는 이 책을 왕명으로 간행하게 하였다. 이익의 〈반계유선생전(磻溪柳先生傳)〉에 의하면 그의 저술은 《반계수록》 외에 "《이기총론(理氣總論)》 1권, 《논학물리(論學物理)》 2권, 《경설(經說)》 1권, 《시문(詩文)》 1권, 《잡저(雜著)》 1권, 《문답서(問答書)》 1권, 《속강목의보(續綱目疑補)》 1권, 《군현제(郡縣制)》 1권, 《동사조례(東史條例)》 1권, 《정음지남(正音指南)》 1권, 《기행일록(紀行日錄)》 1권이 있고, 편차한 것은 《주자찬요(朱子纂要)》 15권, 《동국문(東國文)》 11권, 《기효절요(紀效節要)》 1권, 《서설(書說)》·서법《(書法)》 각 1권, 《둔옹고(遁翁稿)》 3권, 《여지지(輿地志)》 13권이 있다."라고 하여, 수십 권의 목록이 전해지는데 안타깝게도 현전하는 것은 《반계수록》과 《동국여지지》 외에 잡고에 실릴 만한 글 몇 편뿐이고 나머지는 일실되었다.[1]

안정복(安鼎福)이 정리한 〈반계선생연보(磻溪先生年譜)〉[2]에 의하면,

"병신년(1656, 효종7), 박자진(朴自振)과 편지로 동국의 지지(地志)에 대해 논하였다.-선생은 우리나라의 지리가 사군(四郡), 삼한(三韓), 대방(帶方), 국내성(國內城), 환도성(丸都城), 졸본(卒本), 개마대산(蓋馬大山) 및 삼국(三國)의 경계에

1 잡고에……일실되었다 : 이익의 《성호전집》 권50 〈반계유선생유집서(磻溪柳先生遺集序)〉에 의하면 시문 6권이 있다고 하였는데, 현재 정리된 형태로 전하는 유고는 없다. 다만 경기문화재단 실학박물관의 후원으로 임형택 등이 산일된 시문을 모으고 부록을 더해 《반계유고》(임형택 외, 창비, 2017)라는 제명으로 교감표점 원문을 부기한 번역서를 출간하였다.

2 반계선생연보(磻溪先生年譜) : 유형원의 연보는 증손인 유발(柳發)이 초록한 것을 바탕으로 1775년(영조51) 안정복이 편집하였다. 현재 필사본이 단국대학교 도서관에 전하며, 교감표점 원문과 번역문이 《반계유고》에 실려 있다.

이르기까지 우리나라 역사에 아직 정설이 없다고 여겼다. 선생은 중국 역대의 역사책, 지지와 우리나라 문헌 중 고찰할 만한 것을 두루 취하여 각기 지역을 분별해서 이 편지를 썼다. 편지는 문집에 보인다.[3]–"

하여, 우리나라 지지의 편찬에 대해 논의하였다. 편지 내용을 보면 기자(箕子)의 영토, 고구려의 건국, 삼국의 정립, 사군의 소재지 등 역사서에 언급된 지명의 구체적인 지리적 위치에 대해 논하였으며, 그 연구의 결론이 〈동국여지지 총서(東國輿地志總敍)〉와 각 군 건치연혁조에 실려 있다. 박자진 외에 그가 지리지를 편찬하는 데 학문적으로 영향을 끼친 인물을 살펴보자면, 먼저 스승이었던 이원진과 김세렴을 들 수 있다. 이원진은 제주 목사로 재직하던 1653년 《탐라지(耽羅志)》를 편찬하였는데 유형원은 이를 참고한 것으로 되어 있다. 또 김세렴은 1642년(인조20) 함경도 관찰사를 지내고 1643년 평안도 관찰사를 역임하였는데 유형원은 이때 직접 관서와 관북을 유람하였으며, 김세렴이 현풍 현감(玄風縣監) 재직 시 편찬한 《포산지(苞山志)》도 참고하였다. 고종형인 조송년(趙松年)이 1648년 김산 현감(金山縣監)으로 재직 시 유형원은 그를 찾아가 영남 일대의 산천을 둘러보았으며, 경상도 일대의 읍지를 수집하였는데, 특히 정구(鄭逑)가 편찬한 《함주지(咸州志)》, 《복주지(福州志)》, 《창산지(昌山志)》, 《임영지(臨瀛志)》, 《통천지(通川志)》 등을 참고하였다. 또 허목(許穆)과는 그의 《척주지(陟州志)》와 《함안지제요(咸安志提要)》 등을 참고하고 노년까지 교유를 이어 왔으며, 박자진과는 앞서 편

3 편지는 문집에 보인다 : 〈반계선생연보〉에 의하면 안정복이 연보를 편찬할 당시까지는 유형원의 문집 원고가 남아 있었던 듯하다. 이 편지는 〈진사 박자진과 동국지지를 논함(與朴進士自振論東國地志)〉으로 《반계유고》 제2부 산문 272~297쪽에 있다.

지에 기자, 고구려, 남원, 삼한 등의 지리 연혁에 대해 논하였다.

이처럼 유형원은 당시 많은 학자들과 직접 교유하거나 저술을 통해 그들의 학문적 성과를 흡수하여 《동국여지지》 편찬에 반영하였다. 그뿐만 아니라 많은 지역을 직접 답사하기도 하였는데, 1636년경 병자호란을 피해 원주 일대를 갔었고, 1642~1643년에는 김세렴을 따라 함경도 평안도 일대를 답사하였고, 1644년경에는 풍수가였던 이가우(李嘉雨)와 각지의 산을 답사하였다. 1648년에는 조송년을 방문하여 영남 일대를 둘러보았고, 1650년에는 한강 이남 지역과 호서 지방을 유람하였으며, 1651년에는 원주를 거쳐 금강산을 유람하였다.

또 연보의 같은 해 기사에,

"《여지지》를 저술하였다.-선생은 우리나라의 지지는 참고하여 근거로 삼을 만한 것이 없다고 여겼다. 《동국여지승람》이란 책이 하나 있지만 전적으로 시문(詩文)만을 수록하였고, 또 '승람(勝覽)'이란 이름 자체가 옛사람이 지지를 만든 취지에서 이미 벗어난 것이므로 마침내 이 책을 편찬한 것이다.-"

하여, 저자가 35세 되던 1656년 《동국여지지》의 편찬이 완료된 것으로 기술하였다. 그러나 연보에 기록된 대로 1656년에 《동국여지지》의 편찬이 완료된 것은 아닌 듯하다. 일단 1662년(현종3)에 편찬된 《척주지》가 《동국여지지》 참고 서목으로 기록되어 있으며 내용 중에서도 1656년 이후에 추가로 기록된 흔적이 여러 곳에서 보이기 때문이다. 《동국여지지》에서 '금상(今上)'이란 표현은 효종과 현종을 지칭하는데, 효종이란 묘호가 쓰인 것을 보면 이는 현종 이후의 기록임이 분명하다. 또 1665년 민정중(閔鼎重)이 창의사(彰義祠)를 건립하였다는 기록이 있고, 또 1666년 정문부(鄭文孚)가 증직된 기록이 있는 것으로 보아 유형원의 생애 동안 꾸준히 수정이 이루어졌음을 알 수 있다. 또한 범례가 〈수정 동국여지지 범례(修正東國輿地志凡例)〉라고 되어 있는 것을 보아도 편찬 이후 수정이 있었음을 추정할 수 있다.

특이한 사례는 《동국여지지》〈충청도 보령현(保寧縣)〉에서 "금상 병인년(丙寅年)에 화암서원(花巖書院)이라 사액하였다."라고 기록하였는데 이는 숙종 12년인 1686년이다. 그렇다면 유형원의 사후에도 《동국여지지》가 전해져 오면서 후손이나 제자들에 의해 일부 첨가가 이루어졌을 가능성이 있다. 다만 그런 사례가 극히 드물기에 확정하기 어렵다.

한편 기록에 보이는 권수도 차이가 있는데, 이익(李瀷)의 〈반계유선생전〉에서는 13권이라 하였고, 김서경(金瑞慶)의 〈반계유선생행장〉에서는 14권인데 정리를 마치지 못하였다고 했으며, 현재 전하는 권책은 9권 10책이다. 현존하는 필사본의 체제를 보아도 범례와 목차를 실은 권수(卷首)가 따로 있고, 군현이 많은 경상도와 전라도가 상하로 나누어져 있어 권수에 혼란을 가져오기 쉬운 형태이다. 필사본이 전체적으로 자체가 일정하여 같은 사람이 필사한 것으로 보이며, 글자를 긁어내고 다시 필사한 곳이나 종이를 붙여 새로 필사한 곳도 종종 있다. 대소자의 구분이나 항목에 따라 글자를 내려쓰는 규례도 일정하여 잘 정리된 필사본이지만 내용 중 일부 사항을 공란으로 남겨두어 후에 보충하려고 한 듯하다.

이처럼 《동국여지지》는 유형원이 1656년에 편찬하여 이후 수정, 첨가한 9권 10책의 필사본으로 서울대학교 규장각한국학연구원(古 4790-51)에 소장되어 있는 것이 유일본이다. 내용은 권1 경도(京都), 권2 경기(京畿), 권3 충청도(忠淸道), 권4 상하 경상도(慶尙道), 권5 상하 전라도(全羅道), 권6 황해도(黃海道), 권7 강원도(江原道), 권8 함경도(咸鏡道), 권9 평안도(平安道)로 되어 있다. 이 중 권4 상에 해당하는 경상도 35개 읍이 빠져 있다.

3.《동국여지지》의 구성과 내용

현재 전하는《동국여지지》는 9권 10책으로 구성되어 있다.

1책은 권수(卷首)와 권1로 권수에는 〈동국여지지 주요 사항에 대한 총목〔東國輿地志事要總目〕〉, 〈수정 동국여지지 범례(修正東國輿地志凡例)〉, 〈참고 문헌〔纂輯諸書〕〉, 총목록, 〈동국여지지 총서(東國輿地志總敍)〉가 실려 있고, 권1에는 경도, 한성부, 개성부가 실려 있다.

2책은 권2로 경기에 속한 광주진(廣州鎭), 여주(驪州), 이천(利川), 양근(楊根), 지평(砥平), 죽산(竹山), 음죽(陰竹), 양지(陽智), 과천(果川), 수원진(水原鎭), 부평(富平), 남양(南陽), 인천(仁川), 안산(安山), 안성(安城), 진위(振威), 용인(龍仁), 양천(陽川), 김포(金浦), 금천(衿川), 양성(陽城), 통진(通津), 양주진(楊州鎭), 파주(坡州), 고양(高陽), 영평(永平), 포천(抱川), 적성(積城), 교하(交河), 가평(加平), 장단진(長湍鎭), 강화(江華), 풍덕(豐德), 삭녕(朔寧), 마전(麻田), 연천(漣川), 교동(喬桐) 등 37개 읍이 실려 있다.

3책은 권3으로 충청도에 속한 충주진(忠州鎭), 청풍(淸風), 단양(丹陽), 괴산(槐山), 연풍(延豐), 음성(陰城), 영춘(永春), 제천(堤川), 청주진(淸州鎭), 천안(天安), 옥천(沃川), 문의(文義), 직산(稷山), 목천(木川), 회인(懷仁), 청안(淸安), 진천(鎭川), 보은(報恩), 영동(永同), 황간(黃澗), 청산(靑山), 공주진(公州鎭), 임천(林川), 한산(韓山), 전의(全義), 정산(定山), 은진(恩津), 회덕(懷德), 진잠(鎭岑), 연산(連山), 이산(尼山), 부여(扶餘), 석성(石城), 연기(燕岐), 홍주진(洪州鎭), 서천(舒川), 서산(瑞山), 태안(泰安), 면천(沔川), 온양(溫陽), 평택(平澤), 홍산(鴻山), 덕산(德山), 청양(靑陽), 대흥(大興), 비인(庇仁), 남포(藍浦), 결성(結城), 보령(保寧), 아산(牙山), 신창(新昌), 예산(禮

山), 해미(海美), 당진(唐津) 등 54개 읍이 실려 있다.

4책은 권4하로 경상 우도(慶尙右道)에 속한 상주진(尙州鎭), 성주(星州), 선산(善山), 김산(金山), 개령(開寧), 지례(知禮), 고령(高靈), 문경(聞慶), 함창(咸昌), 진주진(晉州鎭), 합천(陜川), 초계(草溪), 함양(咸陽), 곤양(昆陽), 남해(南海), 거창(居昌), 사천(泗川), 삼가(三嘉), 의령(宜寧), 하동(河東), 산음(山陰), 안음(安陰), 단성(丹城), 김해진(金海鎭), 창원(昌原), 함안(咸安), 거제(巨濟), 고성(固城), 칠원(漆原), 진해(鎭海), 웅천(熊川) 등 31개 읍이 실려 있다.

5책은 권5상으로 전라 우도(全羅右道)에 속한 전주진(全州鎭), 익산(益山), 김제(金堤), 고부(古阜), 금산(錦山), 진산(珍山), 여산(礪山), 만경(萬頃), 임피(臨陂), 금구(金溝), 정읍(井邑), 흥덕(興德), 부안(扶安), 옥구(沃溝), 용안(龍安), 함열(咸悅), 고산(高山), 태인(泰仁), 나주진(羅州鎭), 광주(光州), 장성(長城), 영암(靈巖), 영광(靈光), 함평(咸平), 고창(高敞), 무장(茂長), 남평(南平), 무안(務安), 장흥진(長興鎭), 진도(珍島), 강진(康津), 해남(海南), 제주진(濟州鎭) 등 33개 읍이 실려 있다.

6책은 권5하로 전라 좌도(全羅左道)에 속한 남원진(南原鎭), 담양(潭陽), 순창(淳昌), 용담(龍潭), 창평(昌平), 임실(任實), 무주(茂朱), 곡성(谷城), 옥과(玉果), 운봉(雲峯), 진안(鎭安), 장수(長水), 순천진(順天鎭), 낙안(樂安), 보성(寶城), 능성(綾城), 광양(光陽), 구례(求禮), 흥양(興陽), 동복(同福), 화순(和順) 등 21개 읍이 실려 있다.

7책은 권6으로 황해도에 속한 황주진(黃州鎭), 평산(平山), 서흥(瑞興), 봉산(鳳山), 안악(安岳), 재령(載寧), 수안(遂安), 곡산(谷山), 신천(信川), 신계(新溪), 우봉(牛峯), 토산(兎山), 문화(文化), 장련(長連), 해주진(海州鎭), 풍

천(豐川), 연안(延安), 배천(白川), 옹진(瓮津), 송화(松禾), 은율(殷栗), 강령(康翎), 장연(長淵), 강음(江陰) 등 24개 읍이 실려 있다.

8책은 권7로 강원도에 속한 강릉진(江陵鎭), 삼척(三陟), 양양(襄陽), 평해(平海), 간성(杆城), 고성(高城), 통천(通川), 울진(蔚珍), 흡곡(歙谷), 원주진(原州鎭), 춘천(春川), 정선(旌善), 영월(寧越), 평창(平昌), 횡성(橫城), 홍천(洪川), 인제(麟蹄), 회양진(淮陽鎭), 철원(鐵原), 양구(楊口), 낭천(狼川), 금성(金城), 김화(金化), 이천(伊川), 안협(安峽), 평강(平康) 등 26개 읍이 실려 있다.

9책은 권8로 함경도에 속한 함흥진(咸興鎭), 영흥(永興), 정평(定平), 고원(高原), 안변진(安邊鎭), 덕원(德源), 문천(文川), 북청진(北青鎭), 단천(端川), 이성(利城), 홍원(洪原), 갑산진(甲山鎭), 삼수진(三水鎭), 경성진(鏡城鎭), 길주(吉州), 명천(明川), 회령진(會寧鎭), 종성진(鍾城鎭), 온성진(穩城鎭), 경원진(慶源鎭), 경흥진(慶興鎭), 부령진(富寧鎭) 등 22개 읍이 실려 있다. 함경도는 중국과 경계를 마주한 변새 지역이므로 다른 도가 4~5개의 진이 있는 데 비해 함경도는 22개의 적은 고을이 있는데도 12개의 진이 설치되어 있다.

10책은 권9로 평안도에 속한 평양진(平壤鎭), 중화(中和), 용강(龍岡), 삼화(三和), 강서(江西), 증산(甑山), 순안(順安), 함종(咸從), 안주진(安州鎭), 정주(定州), 숙천(肅川), 가산(嘉山), 영유(永柔), 의주진(義州鎭), 철산(鐵山), 용천(龍川), 창성진(昌城鎭), 삭주진(朔州鎭), 구성진(龜城鎭), 선천(宣川), 곽산(郭山), 영변진(寧邊鎭), 운산(雲山), 희천(熙川), 박천(博川), 태천(泰川), 성천진(成川鎭), 덕천(德川), 개천(价川), 순천(順川), 자산(慈山), 상원(祥原), 삼등(三登), 양덕(陽德), 맹산(孟山), 강동(江東), 은산(殷山), 강계진(江界鎭), 위원진(渭原鎭), 이산진(理山鎭), 벽동진(碧潼鎭), 영원진(寧遠鎭) 등 42개 읍이 실려 있다.

일실된 권4상에는 경상 좌도(慶尙左道)에 속한 경주진(慶州鎭), 울산(蔚山), 양산(梁山), 영천(永川), 흥해(興海), 동래(東萊), 청하(淸河), 연일(延日), 장기(長鬐), 기장(機長), 언양(彦陽), 안동진(安東鎭), 영해(寧海), 청송(靑松), 예천(醴泉), 영천(榮川), 풍기(豐基), 의성(義城), 영덕(盈德), 봉화(奉化), 진보(眞寶), 군위(軍威), 비안(比安), 예안(禮安), 용궁(龍宮), 대구진(大丘鎭), 밀양(密陽), 청도(淸道), 경산(慶山), 하양(河陽), 인동(仁同), 현풍(玄風), 의흥(義興), 영산(靈山), 창녕(昌寧) 등 35개 읍이 실려 있으니, 보존되어 있다면 전체 규모는 11책이었을 것이다. 즉 총 328개 읍 중 293개의 읍 기록이 남아 있다. 8개 도를 각 1권으로 편차하되 군현 수가 많은 경상도와 전라도는 상하로 나누고 경도, 한성부, 개성부는 합하여 1권으로 편차하여 전 9권으로 구성되어 있다. 각 도내에서는 다시 진관(鎭管)별로 주진에 해당하는 큰 읍을 앞에 두고 소속 진과 읍을 아래에 차례로 나열하되 도호부, 군, 현, 속현이라는 읍의 품계에 따라 차례 지었다. 이 편차 순서는 《신증동국여지승람》과 거의 비슷하다.

《동국여지지》의 특징을 살펴보자면 첫째, 체제에서 《신증동국여지승람》보다는 《대명일통지(大明一統志)》를 충실히 따르고자 한 점이다.[4] 물론 《신증동국여지승람》도 편찬 당시에 《대명일통지》를 모방하였지만 실제 기술상 나름대로의 편의를 따라 체제가 어긋난 경우가 많다. 《동국여지지》는 조(條)의 형식에서 가능한 한 철저하게 《대명일통지》를 따랐는데, 성씨조(姓氏條), 누정조(樓亭條), 제영조(題詠條)의 유무 여부와 인물조(人物條), 열녀조(列女條)를 보면 더욱 뚜렷이 알 수 있다. 예컨대 《신증동국여지승람》

4 체제에서……점이다 : 32쪽 〈수정 동국여지지 범례〉 참조.

에서는 누정조와 대사조(臺榭條)를 별개의 조로 두었으나 《동국여지지》는 《대명일통지》의 체제를 따라 궁실조(宮室條)에 포함하였으며, 《신증동국여지승람》에서는 교량조(橋梁條)로 다리만 적었는데 《동국여지지》는 《대명일통지》를 따라 관량조(關梁條)로 바꾸어 관애(關隘)와 도로까지 다 기록하였다. 아래의 표에서 조선 시대 전국지리지인 《동국여지지》와 《신증동국여지승람》, 《여지도서》, 《대명일통지》 4종 지리서의 항목을 비교하였다.

각 지리서의 항목 대조표

항목 \ 서명	《동국여지지》	《신증동국여지승람》	《대명일통지》	《여지도서》
각읍(各邑)	○	○	○	○
방리(坊里) 도로(道路)	각읍에 포함	각읍에 포함	각읍에 포함	○
한전(旱田) 수전(水田)	○	–	–	○ 실결수(實結數) 기재
건치연혁(建置沿革)	○	○	○	○
군명(郡名)	○	○	○	○
성씨(姓氏)	–	○	–	○
형승(形勝)	○	○	○	○
풍속(風俗)	○	○	○	○
산천(山川)	○	○	○	○
토산(土産)	○	○	○	물산(物産)
성곽(城郭)	○	○	–	성지(城池)
공서(公署)	○	관방(關防)	○	–
누정(樓亭)	–	○	–	○
학교(學校)	○	○	○	○
서원(書院)	학교에 포함	○	○	○

항목 \ 서명	《동국여지지》	《신증동국여지승람》	《대명일통지》	《여지도서》
궁실(宮室)	○	○	○	○
창고(倉庫)	○	○	–	○
봉수(烽燧)	○	○	–	○
우역(郵驛)	○	역원(驛院)	–	○
관량(關梁)	○	교량(橋梁)	○	교량(橋梁) 관액(關阨)
목장(牧場)	산천에 포함	산천에 포함	–	○
사묘(祠廟)	○	○	○	○
능묘(陵墓)	○	총묘(塚墓)	○	능침(陵寢)
사찰(寺刹)	○	불우(佛宇)	○	○
고적(古蹟)	○	○	○	○
진보(鎭堡)	–	–	–	○
명환(名宦)	○	○	○	사환(仕宦)
유우(流寓)	○	우거(寓居)	○	유일(遺逸)
인물(人物)	○	○	○	절의(節義)
열녀(列女)	○	열녀(烈女)	○	절의에 포함
효자(孝子)	인물에 포함	○	인물에 포함	절의에 포함
속현(屬縣)	고적에 포함	○	–	–
진관(鎭管)	건치연혁에 포함	○	–	건치연혁에 포함
관원(官員)	건치연혁에 포함	○	–	관직(官職)
제영(題詠)	–	○	–	○
선석(仙釋)	–	–	○	–
대동(大同)	–	–	–	○
균세(均稅)	–	–	–	○
봉름(俸廩)	–	–	–	○
조적(糶糴)	–	–	–	○
군병(軍兵)	–	–	–	○

《여지도서》는 영조 때에 당대 읍지들의 내용을 모두 반영하여 편찬한 전국적인 지리지이므로 각 지역마다 기술의 상략(詳略)이 차이가 있지만 전대 지리지에 비해 세수(稅收), 전결(田結), 조적(糶糴) 등 경제적인 면이 더 부각되어 있다.

각읍의 처음에는 해당 읍의 치소(治所)와 동서남북 고을의 경계까지 거리가 기록되어 있는데, 양란 이후 읍치(邑治)가 옮겨진 경우가 있기 때문에 《신증동국여지승람》과 도리(道里)의 차이가 보인다. 또 한전조(旱田條)와 수전조(水田條)는 《신증동국여지승람》에 없던 것이다. 본래 유형원이 《반계수록》에서 주장하는 대로 기존의 결수(結數)가 아닌 경묘법(頃畝法)에 따라 면적을 표시하고, 토지의 등급을 기록할 예정이었으나 이는 전국적인 토지측량과 등급 판정이 선행되어야 하므로 공란으로 남아 있다.

둘째, 역사지리서로서 지역에 대한 역사 인식이다. 이는 〈동국여지지 총서〉에 가장 잘 드러난다. 단군 이래의 전조선(前朝鮮)부터 기자 조선(箕子朝鮮), 위조선(衛朝鮮)으로 이어지는 역사와 지리적 강역(疆域), 한사군(漢四郡)의 지리적 위치 비정, 고구려와 삼한의 성립 과정에서 지리적 변화까지 체계적으로 서술하였다. 고대사에 대한 유형원의 이와 같은 역사 인식은 이후 안정복의 《동사강목(東史綱目)》에도 많은 영향을 주었다고 알려져 있다. 또 각 도(道)마다 분야(分野)를 명시하고, 팔도의 개괄적인 연혁을 고조선과 삼국 시대부터 서술하여 역사지리서로서의 인식을 드러내고 있다. 이는 대부분의 지역 연혁을 고려부터 서술한 《신증동국여지승람》과 뚜렷한 차이를 보인다. 예컨대 강원도의 첫머리를 보면 《신증동국여지승람》에서는 "본래 예맥(濊貊) 지역이었는데, 후에 고구려와 신라의 소유로 되었다. 성종(成宗) 14년(1483)에는 화주(和州), 명주(溟州) 등을 삭방도(朔方道)로 만들었고, 춘주(春州) 등의 고을을 예속시켰다."라고 하여 고려 시대의 연혁부터 나오지만, 《동국여지지》에서는 "본래 조선 옛 지역인 예맥 땅으로, 천문으로는 미수(眉宿)와 기수(箕宿) 분야이다. 위만 조선 때 한 무제(漢武帝)가 조선을 멸하고 사군(四郡)을 설치하였으니, 이곳이 임둔군(臨屯郡)이 되었다. 소제(昭帝) 시원(始元) 연간에 임둔을 파하고 그 지역을 낙랑군(樂浪郡)에 예속시켰다가, 뒤에 영지가 광대하다고 하여 다시 영동(嶺東) 7현으로 나누고 낙랑동부도위(樂浪東部都尉)를 설치하였다.……"라고 하고, 이후에도 중국 사서(史書)를 인용하여 이 지역의 역사를 자세히 서술하였다.

셋째, 실증적이고 합리적인 기록을 추구하는 지리지로서 본래의 면모에 충실하여 이 기준에서 벗어난 기록은 과감히 생략하였다는 점이다. 각읍의 연혁에서 병합 사항을, 《신증동국여지승람》은 각각의 고을 연혁을 따로 기술하고 어느 시기에 병합하였다는 식으로 처리하였는데, 《동국여지지》에서는 현재 영역을 위주로 연혁을 서술하고 "아무 때에 모현(某縣)을 편입하여 모군(某郡)으로 바뀌었다."라는 방식을 취하였다. 군현의 승강(陞降)이나 명칭의 변동에 대해서도 《신증동국여지승람》은 각각의 연도와 배경을 자세히 기록하였는데, 《동국여지지》에서는 지지의 체제에 따라 대강의 변화만 기술하고 지역 규모 자체가 변동하지 않으면 자세히 다루지 않았다.[5] 즉 《신증동국여지승람》이 각 읍의 명칭을 위주로 한 데 반해 《동국여지지》는 땅을 위주로 기술하면서 이전 시대와의 연계성에 중점을 두었다. 형승조(形勝條)에서 《신증동국여지승람》에 항상 보이는 시문을 모두 삭제해 버리고, 고적

5 군현의……않았다 : 군현의 승강에 대해 소략하게 다룬 인식은 43쪽 〈수정 동국여지지 범례〉 열 번째 내용 참조.

조(古蹟條)에서 민간의 근거 없는 속설은 모두 배제하였다. 풍속조(風俗條)의 경우 《신증동국여지승람》에서 고사(古事)로 기록한 내용도 당시 나라의 제도이지 민간의 풍속에 해당하지 않는다는 이유로 과감히 삭제하였다. 또 산천과 하천의 기술에서 《신증동국여지승람》은 규모가 작고 하찮은 것이라도 시문이 붙은 것들은 기재한 경우가 많은데 《동국여지지》는 실제 규모를 기준으로 삭제해 버렸다. 《동국여지지》에서 지리지로서 주목할 만한 것은 하천의 이름 표기 방식이다. 《신증동국여지승람》은 하천 이름을 모두 속칭을 따라서 하나의 물길인데도 지역마다 호칭을 달리 표기하였다. 《동국여지지》는 주요 하천의 이름으로 고쳐서 바로잡고 물길이 경유하는 지역의 호칭은 소주(小註)로 부기하였다. 또 국가에서 후일 지도를 제작할 때 수원지부터 하류까지 일관된 호칭을 사용해야 한다고 강조하였다. 이처럼 《동국여지지》는 실증적이고 실용적인 지지 편찬 태도를 가지고 지역의 사실을 정확하게 파악하고 체계화하는 데 노력하였다.

넷째, 경세(經世)를 위한 자료로서 지리지의 내용에 충실성을 기하고, 《신증동국여지승람》에서 강조한 역대 시문 등의 제영(題詠)을 최소한도로 축소한 것이다. 실제 가장 많은 시문이 실리는 누정조(樓亭條)는 아예 삭제해 버리고, 군명(郡名)도 역대의 대표적인 명칭 외에 시구에서 호칭을 따온 것은 모두 제외하였다. 예를 들면 《신증동국여지승람》의 경우 강릉의 군명으로 예국(濊國), 임둔(臨屯), 하슬라(何瑟羅), 하서량(河西良), 명주(溟州), 동원(東原), 임영(臨瀛), 동온(東溫), 경흥(慶興), 명원(溟源), 예국(蘂國), 철국(鐵國), 도원경(桃源京), 북빈경(北濱京) 등 14개의 명칭이 실려 있는 데 반해 《동국여지지》에는 예국, 임둔, 동이(東暆), 하서(河西), 명주, 동원 6개의 명칭만 실려 있다. 《신증동국여지승람》의 경우 지리지가 처음 편찬된 성종(成宗) 때부터 관련된 시문을 첨부하기 위한 수정 작업이 여러 차례 행해졌고 중종(中宗) 때 행해진 증보에서도 그간에 지어진 시문을 첨가하여 조선 전기 문화의 집성과 같았는데, 《동국여지지》에서는 그런 문학적 요소들을 상당 부분 덜어 냈다. 반면 토산조(土産條)처럼 경제적 중요성을 띠는 항목은 그 체계를 바로잡고 실제 그 지역 토산물만을 기록하여 사실과 부합하도록 하였다. 《신증동국여지승람》의 토산은 공물안(貢物案)을 근거로 하였기 때문에 실제 토산물이 아닌 경우도 많았고 기술 순서도 어물(魚物)과 육산(陸産)이 뒤섞여 있었는데 《동국여지지》에서는 광물(鑛物) 등 육산물을 먼저 기술하고 의복류와 식물, 약재, 소금, 어패류 등 중요한 물품순으로 기술하였다.

다섯째, 인물 수록에 있어서도 본관(本貫) 위주가 아닌 활동 지역을 중심으로 기재하였고, 공적(功績)과 절행(節行)이라는 분명한 선정 기준을 정하였다는 점이다. 《신증동국여지승람》의 경우 먼 조상의 본관을 따라 기재하여 실제 그 지역 사람이 아닌 경우가 대부분이었다. 그러나 《동국여지지》에서는 그 사람이 생장하고 호적이 등록된 지역을 위주로 기재하여 유우조(流寓條)와 인물조(人物條)가 밀접하게 연관되어 있다. 즉 인물은 그 지역 출신이고 유우는 외지에서 옮겨 온 인사인데, 증조나 조부 때에 옮겨 온 경우 조상은 유우조에 실리고 자손은 인물조에 실리게 된다. 명환조(名宦條)도 《신증동국여지승람》에서는 관찰사의 경우 읍을 전담하지 않는다는 이유로 제외하였으나 《동국여지승람》에서는 공적이 있는 관찰사와 절도사의 경우 본영 소재지 읍에 기재하였다. 그리고 《신증동국여지승람》에 실린 명환 중 당시 형세 때문에 범범하게 기재되었다고 보이는 인물들은 제외되었다. 한편 효자(孝子), 열녀(列女) 선정에서 유형원의 실학적 사상을 엿볼 수 있다. 《신증동국여지승람》에서는 효자조를 별도로 두어서 정려문을 받은 이를 모두 실었고 열녀조에서는 남편을 위해 절개를 지킨 부인만을 수록하였다. 반면 《동국여지지》에서는 효자를 인물조에 포함하여 현저한 효행이 있는 경우만 실었고,[6] 열녀도 《열녀전》의 사례대로 절의와 덕행이 있는 여자를 모두 수록하였다. 또 《신증동국여지승람》에는 없지만 《동국여지지》에 추가된 인물의 특징을 보면, 조선 개국 시 절의를 세운 인물,[7] 단종 복위와 관련되어 절의를 지킨 인물,[8] 중종 때 사화에 연관된 인물과 왜란, 호란 시 공적과 절의를 세운 인물 등이다.

이상에서 《동국여지지》의 내용적 특징을 《신증동국여지승람》과 대조되는 점을 위주로 살펴보았다. 즉 《동국여지지》는 《대명일통지》의 체제를 준수하면서 역사지리적인 측면을 중시하여 자신의 역사 인식과 연구 결과를 지리지에 반영하고자 하였다. 또 실증적이고 합리적인 지리서의 본질에 충실하여 국가 통치를 위한 경세 자료의 가치를 중시하고 기존 지리지의 문예성을 지양하였다. 특히 인물 수록에서 활동 지역 중심이라는 원칙하에 공적과 절행이라는 명확한 기준을 가지고 기존에 배제되었던 인물을 추가하는 등 뚜렷한 역사 인식을 보여 주고 있다.

6 현저한……실었고 : 〈수정 동국여지지 범례〉를 보면 유형원은, 효자로 정표(旌表)를 받은 사람들은 으레 삼년상을 치르며 여묘살이를 하거나 손가락을 자른 자들인데, 여묘살이는 본디 예에 맞지 않는 행위이며 손가락을 자르는 것은 도리어 불효에 해당하므로 나라에서 권장해서는 안 된다고 주장하였다. 이 때문에 이런 행위로 정표를 받은 일들은 제외하고 그 외에 현저한 효행이 있는 경우만 골라 실은 것이다.

7 조선……인물 : 대표적인 인물군이 두문동(杜門洞) 72현에 속하는 차원부(車原頫), 이양중(李養中), 조승숙(趙承肅), 원천석(元天錫) 등이다.

8 단종……인물 : 김종서(金宗瑞), 허후(許詡), 이개(李塏), 유성원(柳誠源), 박팽년(朴彭年), 성삼문(成三問), 하위지(河緯地), 유응부(兪應孚) 등이다.

4.《동국여지지》의 영향과 번역의 의의

《동국여지지》는 《신증동국여지승람》 이후 《여지도서》가 편찬되기까지 230여 년간의 공백을 담당한 전국지리지이다. 유형원은 17세기 이래 실학파 지리학의 주요한 흐름이 된 강역, 위치, 지명 등 역사지리적인 측면을 중시하여, 한백겸의 《동국지리지》를 이어서 우리나라의 역사와 강역(疆域)에 대한 관심을 기울였고 북부 지역에 대한 적극적인 고찰을 행하였다. 이는 신경준(申景濬)의 《강계고(疆界考)》와 안정복의 《동사강목》, 정약용의 《강역고(疆域攷)》 등에 많은 영향을 끼친 것으로 알려져 있다. 신경준은 유형원의 《동국여지지》를 직접 인용하며 진번북방설(眞番北方說)이나 남원비대방설(南原非帶方說), 전후조선설(前後朝鮮說) 등을 지지하기도 하였다. 따라서 《동국여지지》는 지리서로서뿐 아니라 한국 고대사와 사학사 연구에 주요한 자료이기도 하다.

또한 《동국여지지》는 우리나라 최초의 사찬(私撰) 전국지리지로서 16세기 후반부터 활발하게 만들어졌던 사찬 읍지의 성과를 종합한 책이다. 유형원은 《동국여지지》를 편찬하기 위하여 100여 종의 문헌을 참고하였는데, 특히 그중 26종의 읍지와 《삼강행실(三綱行實)》, 《기묘록(己卯錄)》, 《신속삼강행실(新續三綱行實)》, 《용비어천가(龍飛御天歌)》, 《관북기사(關北紀事)》, 《대동운옥(大東韻玉)》, 《고사촬요기년(攷事撮要紀年)》, 《각읍선생안(各邑先生案)》, 《호남의록(湖南義錄)》, 《해운판관소속관안(海運判官所屬官案)》 등을 참고하였다. 이후 《여지도서》의 편찬에도 읍지의 수집과 참고가 필수적인 과정이 되었다. 아울러 《동국여지지》가 양란 이후 변화한 정치 사회 상황 및 전국의 지리 정보를 살펴볼 수 있는 17세기의 유일한 전국지리지라는 면에서 중요성은 두말할 필요가 없다. 현전하는 전국지리류로 15세기 초의 《세종실록》〈지리지〉와 16세기 《신증동국여지승람》, 18세기의 《여지도서》 등이 모두 번역된 상태이나 《동국여지지》만 아직 번역되지 못하였다. 각 시대마다 지리지의 수록 내용이 달라질 뿐 아니라 그 편찬 원칙에 따라 항목과 내용이 달라진다는 것은 앞에서 살펴보았다. 따라서 각 시대를 대표하는 전국지리지를 우선적으로 번역하여 한국학 연구의 토대로 삼을 필요가 있다.

또한 《동국여지지》는 유형원 실학사상의 핵심인 국가제도 개혁론의 토대가 되는 저술로, 경묘법(頃畝法), 군현제(郡縣制), 수취제 개혁론 등 국토와 국가의 현실에 대한 통찰과 밀접한 연관성을 가지고 있다. 즉 유형원의 실학적 개혁사상을 담은 《반계수록》과 상호 보합적인 관계로 그의 실학사상을 이해하는 데 《동국여지지》의 번역이 주요한 가치를 지닌다고 볼 수 있다.

이번에 한국고전번역원에서 번역하는 《동국여지지》는 서울대학교 규장각한국학연구원에 소장된 유일본인 필사본을 저본으로 하였으며, 교감표점한 원문은 곧 고전총간 지리류로 출간할 예정이다. 다만 앞에서 언급한 바와 같이 애석하게도 경상도 일부 지역이 빠졌다. 지리학적으로나 역사학적으로나 실학사상의 측면에서나 중요한 《동국여지지》가 번역을 통해 본연의 가치를 더욱 드러내어 한국학에 관심을 가진 많은 사람에게 소개되기를 바란다.

동국여지지 주요 사항에 대한 총목
東國輿地志事要總目

각읍各邑

동쪽으로 아무 읍 경계까지 몇 리이고, 남쪽으로 아무 읍 경계까지 몇 리이며, 서쪽으로 아무 읍 경계까지 몇 리이고, 북쪽으로 아무 읍 경계까지 몇 리이다. 서울과의 거리는 몇 리이다.

한전旱田

몇천 몇백 경, 토지 등급 즉 상상(上上), 하하(下下) 같은 토지의 등급을 말한다. ○ 상등과 하등의 전이 뒤섞여 있는 경우는 상착(上錯)이나 하착(下錯)[1]이라고 이어서 쓴다.

수전水田

몇천 몇백 경, 토지 등급

1 상착(上錯)이나 하착(下錯) : 상착은 토지 등급은 낮은데 세금을 위의 등급으로 올려서 섞어 내는 것이고, 하착은 토지 등급은 높은데 세금을 아래 등급으로 내려서 섞어 내는 것을 말한다. 《서경》 〈우공(禹貢)〉에 "전은 하의 하이고, 부는 하의 상이니, 위로 섞어 낸다.〔厥田惟下下, 厥賦下上, 上錯.〕"라고 하였으니, 즉 7등급의 세금이지만 위쪽으로 6등급을 섞어서 낸다는 뜻이다.

건치연혁建置沿革

군명郡名

형승形勝

풍속風俗

산천山川

산(山), 봉(峯), 영(嶺), 현(峴), 원(原), 암(巖), 동(洞),-또는 곡(谷)- 협(峽), 곶(串), 해(海), 강(江), 하(河), 천(川), 호(湖), 계(溪), 포(浦), 탄(灘), 담(潭),-또는 연(淵)- 지(池), 정(井), 천(泉), 주(洲), 거(渠), 제(堤), 도(島)를 기술한다.

토산土産

성곽城郭

축조한 시기, 돌로 쌓았는지 혹은 벽돌로 쌓았는지, 흙으로 쌓았는지와 둘레가 몇 리(里) 몇 보(步)인지, 높이는 몇 장 몇 자인지-주척(周尺)을 사용한다.- 설립한 성문은 몇 개이며, 동문의 이름은 무엇이고 남문, 서문, 북문의 이름은 각각 무엇인지, 성내에 샘이나 우물이 몇 개나 있는지를 기술한다.

공서公署

관찰사영(觀察使營), 절도사영(節度使營), 첨절제사진(僉節制使鎭), 만호진

(萬戶鎭), 찰방사(察訪司)

학교學校

서원(書院)을 부기한다.

궁실宮室

객관(客館), 향사당(鄕射堂), 연무청(鍊武廳), 누정(樓亭), 대사(臺榭)를 부기한다.

창고倉庫

오직 도창(都倉)이나 공세관창(貢稅串倉), 가흥창(可興倉) 같은 부류만 기재한다.

봉수烽燧

우역郵驛

역참(驛站), 역원(驛院)을 부기한다.

관량關梁

관(關), 애(隘), 구(口), 수(戍), 채(寨), 보(堡), 교(橋)이다. ○ 나루〔津渡〕를 부기한다.

사묘祠廟

사단(祀壇)을 부기한다.

능묘陵墓

사찰寺刹

고적古蹟

명환名宦

훌륭한 정사와 공적이 탁월하여 후세에 전할 만한 사람만을 기재한다.

유우流寓[2]

인물人物

도덕(道德), 사업(事業), 절행(節行), 문장(文章)이 뛰어나게 우수한 자만을 기재한다. 《신증동국여지승람(新增東國輿地勝覽)》은 인물조의 사람을 모두 먼 조상의 본관에 연계해 기재하였는데 실제 그 지역 사람이 아니다. 그러므로 대대로 남쪽에 살아온 사람인데도 북쪽 지역에 실려 있는 경우가 있고, 대대로 동쪽에 살고 있는데도 서쪽 지역에 실려 있는 경우가 있다. 사방의 모든

2 유우(流寓) : 본래 외지 출신인데 그 지역으로 이사 와 살다가 후손은 그 지역 사람이 된 경우이다. 대개 유우조에 조부(祖父)가 있으면 그 자손은 인물조에 있는 경우가 많다.

고을이 다 그렇지 않은 곳이 없으니, 옛 문적을 상고하고 인물을 논하는 본의와 매우 어긋난다. 이제 의당 본인이 태어나고 자라서 호적이 올라 있는 지역을 기준으로 실제대로 기재하였다.

열녀 列女

수정 동국여지지 범례 修正東國輿地志凡例

하나, 이 책은 《신증동국여지승람(新增東國輿地勝覽)》을 바탕으로 증수하였는데 그간의 조항 중 변통해야 할 것들은 또한 정리해 바로잡은 부분이 있다. 우리나라는 옛날부터 주군(州郡)의 도지(圖志)가 없었는데 오늘날 상고할 수 있는 것은 《신증동국여지승람》 한 책 덕분이다. 선왕대에서 특별히 편집하도록 명한 뜻이 어찌 우연이겠는가. 다만 그 책이 너무 번잡하고 또한 여러 차례 왕명으로 내용을 빼고 정리하였지만 초창기의 문자라 정실(精實)하기 쉽지 않을 뿐만 아니라 당초 집필을 맡았던 신하들이 대부분 실속 없이 문장만 화려한 문사들이었기에 조(條)에 나열된 내용이 오히려 미진한 점이 많았다. 심지어 당시 시류배들의 부질없이 화려하기만 하고 지리지와 아무 상관도 없는 글까지 모두 수록해 실어 놓아서 여지지(輿地志)의 실제 자취를 도리어 잡설(雜說)과 비슷하게 만들어 버렸으니, 이것이 매우 안타까울 뿐이다. 이제 《대명일통지(大明一統志)》를 법식으로 삼고, 역대의 사지(史志) 및 여러 책들을 참고하여 바로잡았다. ○ 그중 기문(記文)은 그 사실을 고증할 수 있는 것들을 골랐고, 시(詩)는 풍치가 잘 묘사된 것들을 골라 남겨 두었으며, 그 나머지 쓸데없이 번잡한 글들은 모두 삭제하였다.

> 《신증동국여지승람》이란 책은 성임(成任), 서거정(徐居正) 등 여러 사람의 손에서 이루어진 것인데, 점필재(佔畢齋) 김종직(金宗直)이 왕명을 받고 번잡한 내용을 삭제하였으나 다 바로잡지는 못하였다. 후에 임사홍(任士洪)이 뒤이어 완성하였고, 그 뒤에 또 이행(李荇) 등이 계속 증

수하여 완성하였다.

둘, 우리나라의 총서(總敍)를 책 첫머리에 기술하였다. 《신증동국여지승람》에서는 서문 중에 대략 논하였고 총서가 없다. 이제 역대 사지(史志)를 참고하여 그 강역이 분할, 통합되는 대강을 모아서 총서를 엮어 보충하였다.

셋, 각 도의 총서와 이전 시대의 연혁 부분은 사지(史志)에 모두 근거로 삼을 만한 것이 있는데, 《신증동국여지승람》은 단지 《고려사(高麗史)》의 지(志)만을 따라서 편찬하였다. 이제 내용을 더 보충해 구비하고 또 그 잘못된 곳은 사실대로 개정하였다. 내용을 더 보충한 곳은 모두 본문에 기재하였고, 개정한 곳은 모두 설명을 두었는데 주를 달아서 나타내었다.

넷, 우리나라의 분야(分野)에 대해서 이전에는 분명하게 말한 것이 없고, 《신증동국여지승람》에서도 단지 〈평안도(平安道)〉에서만 덧붙여 논했을 뿐이다.[3] 이제 의당 조사해 정해서 각 도마다 분명하게 기재하였다. 《후한서(後漢書)》에 "미수(尾宿)와 기수(箕宿)는 유주(幽州)의 분야이다." 하였고, 또 "미수 4도부터 두수(斗宿) 6도까지가 석목(析木)[4]의 성차(星

3 신증동국여지승람에서도……뿐이다 : 《신증동국여지승람》 권51 〈평안도〉에 "본래 조선의 옛 땅이니, 천문(天文)으론 미성(尾星)과 기성(箕星)의 분야(分野), 곧 석목(析木)의 성좌(星座)이다."라고 하여 다른 도와 달리 우리나라의 분야에 대해 언급하고 그 근거로 《한서(漢書)》를 인용하였다.

4 석목(析木) : 십이지(十二支)의 동방(東方) 즉 인(寅)에 해당하는 성차이다.

次)이고 연(燕)의 분야이다."[5]라고 하였다. 그 해당 지역이 어양(漁陽), 우북평(右北平), 요서(遼西), 요동(遼東), 상곡(上谷), 대군(代郡), 안문(雁門), 탁군(涿郡)의 역(易), 용성(容城), 범양(范陽), 신성(新城), 고안(故安), 탁현(涿縣), 양향(良鄕), 신창(新昌), 발해(渤海)의 안차(安次)이며, 낙랑(樂浪)과 현도(玄菟)도 거기에 속한다. 또 "현도와 낙랑은 한 무제(漢武帝) 때에 설치한 것인데, 모두 오랑캐인 조선(朝鮮), 예맥(濊貊), 고구려 지역이다."[6] 하였다. 《진서(晉書)》에 이르기를 "미수 10도에서 남두성(南斗星) 11도까지가 석목의 성차이고, 연의 분야로 유주를 관장한다." 하였다. 또 이르기를 "미수와 기수가 연의 분야인데, 양주(凉州)는 기수 중 10도에 포함되고, 상곡은 미수 1도에 포함되고, 어양은 미수 3도에 포함되고, 우북평은 미수 7도에 포함되고, 서하(西河), 상군(上郡), 북지(北地), 요서, 요동은 미수 10도에 포함되며, 탁군은 미수 16도에 포함되고, 발해는 기수 1도에 포함되고, 낙랑은 기수 3도에 포함되고, 현도는 기수 6도에 포함되며, 광양(廣陽)은 기수 9도에 포함된다." 하였다.

또 《당서(唐書)》에서 일행(一行)[7]은 "천하 산하의 형상이 남계(南戒)와 북계(北戒)에 담겨 있다."라고 하였고, 남북 두 하수(河水)의 형상과 은하수가 시작하고 끝나는 곳을 가지고서 그 분야를 연구하였다. 그는 석목의 성차에 대해 논하기를 "미수와 기수는 석목의 나루에 해당하는데, 초입은 미수 7도

5 미수……분야이다 : 《후한서(後漢書)》 〈율력지(律曆志) 3〉에 나온다.

6 현도와……지역이다 : 《한서》 〈지리지(地理志)〉에 나온다.

7 일행(一行) : 당 현종(唐玄宗) 때의 고승(高僧)이다. 불교의 교리에 정통하며 또 천문 역상학(天文曆象學)에 정통하여 《개원대연력(開元大衍曆)》을 지었다. 시호는 대혜 선사(大惠禪師)이다.

이고 중간은 기수 5도이며 끝나는 곳은 남두성 8도이다. 발해와 구하(九河)의 북쪽에서 한나라 하간(河間), 탁군, 광양 및 상곡, 어양, 우북평, 요서, 요동, 낙랑, 현도까지 해당한다. 미수는 은하의 말류에 속하고 구하의 하류에 해당하니 발해와 갈석(碣石)에 이르기까지가 모두 북기(北紀)가 끝나는 곳이다. -일행이 또 말하기를 "북계(北戒)는 삼위산(三危山), 적석산(積石山)에서 시작해 종남산(終南山) 지맥의 북쪽을 등지고 동쪽으로 태산(太山)과 화산(華山)에 미치고 하수를 넘어 뇌수산(雷首山)과 태항산(太行山)을 아우르며, 북쪽으로 상산(常山)의 오른쪽까지 이르고서 그제야 동쪽으로 변방을 따라서 예맥, 조선에까지 이르니, 이를 북기라고 한다." 하였다.- 기수와 남두성은 서로 근접하여 요수의 북쪽이 되어 조선과 삼한(三韓) 지역을 다 포괄하니 오월(吳越) 지역의 동쪽에 있다." 하였다.[8]

이제 살펴보건대 《후한서》, 《진서》, 《당서》에서 무릇 지역에 해당되는 별자리의 도수에 대해서는 약간 선후의 차이가 있지만 대강의 내용은 모두 같다. 이로써 보자면 우리나라는 전반적으로 미수와 기수의 분야가 되어야 한다. -《진서》에 의거하면 압록강 이동 지역은 전적으로 기수 분야가 되어야 한다. 그러나 정말 이와 같다면 이제 요동(遼東) 이서 지역은 전적으로 미수의 분야가 되어야 하는데, 《대명일통지》에서는 북경(北京)과 요동 등의 지역을 모두 '미수와 기수 분야'라고 하였다. 또 《진서》 〈천문지〉에서 열거한 여러 고을은 본래 착오와 오류가 많아 이를 근거로 단정할 수 없다.- 그러나 전해 오기를, 우리나라가 비록 미수와 기수의 분야에 속하지만 그 남쪽으로는 또 오월과 분야를 같이한다고 하니, 이는 두수 8도가 이미 미수, 기수와 같이 석목의 성차에 포함되어 있기 때문이다. 또 《한서》에 "원봉(元封) 연간에 혜성이 하계(河戒)에 나타났는데, 그 점사

8 미수와……하였다 : 《신당서(新唐書)》 〈천문지(天文志)〉에 나온다.

(占辭)에 '북계는 호문(胡門)이 되고 남계는 월문(越門)이 된다.' 하였다. 당시 한나라 군사가 조선을 정벌하여 낙랑군과 현도군을 설치하였으니, 조선은 북방에 위치하여 호의 영역이 되고 바다 가운데에 있어 월의 형상을 지녔기 때문이다."라고 하였고, 《당서》에 "정관(貞觀) 19년(645)에 달이 남두성을 가리고 태백성(太白星)이 태미성(太微星)으로 들어가 광망(光芒)이 서로 맞닿았다. 점치는 자가 이르기를 '기수와 두수 사이는 한진(漢津)[9]인데 바로 고려 땅에 해당하고, 태백성은 벌성(罰星)[10]이다.' 하였다."[11]라고 하였다. 그렇다면 우리나라는 석목의 성차에 속하면서 아울러 두수의 분야에 포함되는 것이 분명하다. 이제 충청도 이상의 여러 도가 모두 미수와 기수의 분야가 되니, 호남과 영남 지역은 마땅히 기수와 두수 분야가 되어야 한다.

다섯, 각 읍의 첫머리에 반드시 그 전지의 경수(頃數)를 쓴다. 일체 본래의 장부를 따라 기록하되 개간지인지 황무지인지를 따지지 않고 한전(旱田) 몇천 몇백 경, 등급은 모모,-상상이나 하하 같은 분류이다.- 수전(水田) 몇천 몇백 경, 등급은 모모라고 쓴다. 전지의 경수와 등급 점수를 지금은 자세히 알 수 없으니, 각 읍의 사방 위치 아래에 그다음 2행을 비워 두었다가 국가에서 전제(田制)를 수정한 뒤에 써넣는다. ○ 절등(折等)이란 높은 쪽을 잘라 내고

9 한진(漢津) : 《시경》 〈대아(大雅) 운한(雲漢)〉의 조씨(曹氏) 주에 "은하수는 동쪽에서 시작하여 미수(尾宿)와 기수(箕宿) 사이를 경유하는데 이를 한진이라고 한다.〔天漢起于東方, 經尾箕之間, 是爲漢津.〕" 하였다.

10 벌성(罰星) : 형혹성(熒惑星) 즉 화성(火星)의 별칭이다. 고대 점성가들은 화성이 남방의 화덕(火德)을 관장하여 법을 집행하는 것을 주관하고 요얼(妖孼)을 살피는 역할을 하므로 이 별이 나타나면 전쟁이 일어난다고 여겼다.

11 정관(貞觀)……하였다 : 《신당서》 〈천문지〉에 나온다.

낮은 쪽을 보충해서 중간이 되게 하여 그 대강을 동등하게 만든다는 의미이다. 한 고을 전체 전지를 총괄하는 경우, 예컨대 중중(中中) 등급이 4분이고 중상(中上) 등급이 3분이고 중하(中下) 등급이 2분이고 하상(下上) 등급이 2분이면 중중으로 등급을 매기니, 다른 것도 모두 이와 같이 추산한다. 만일 절장보단하여 비등하게 만드는 데 여분이 있어 균일하게 하기 어려운 경우에 위쪽 등급으로 뒤섞여 포함된 것은 상착(上錯)이라 하고, 아래쪽 등급으로 뒤섞여 포함된 것은 하착(下錯)이라 한다.

살펴보건대 양한(兩漢) 이후로 지지(地志)의 주군(州郡) 항목에는 모두 호구(戶口)를 기재하였다. 그 숫자가 일정하지 않은 호구에 대해서도 오히려 반드시 기재하였는데 전지야 말할 나위가 있겠는가. 대개 옛날에는 토지를 위주로 계산하고 인구는 그 가운데 포함되어 있었다. 그러므로 봉건시대에는 대개 100리, 70리, 50리를 가지고 천승(千乘)인지 백승(百乘)인지를 알 수 있었다. 그런데 진한(秦漢) 시대 이후에는 사람을 위주로 하여서 식읍 따위를 봉해 줄 때에 1000호나 100호를 기준으로 하였다. 후한(後漢) 황경(黃瓊)이 "지금 제후는 호읍(戶邑)을 기준으로 삼고 토지의 면적을 제한으로 삼지 않는다."라고 말한 것이 바로 이런 뜻이다. 대개 정전제(井田制)가 폐지된 뒤로 이렇게 되었다.

혹자가 묻기를 "여기 전지 등급이 〈우공(禹貢)〉 구주(九州)의 전지 등급과 어떤 차이가 있는가?"라고 하니, 답하기를 "토지의 등급을 구분한 뜻은 본래 다름이 없다. 다만 〈우공〉에서는 해당 토지 품등의 대개를 들어서 구주를 서로 비교해 차례 매겼고, 여기서는 일체 그 지역 전지의 본래 등급을 따라서 읍마다 각자 절충하는 것을 원칙으로 삼았다. 〈우공〉옹주(雍州)의 토지가 어찌 모두 상상(上上) 등급이었겠는가. 간간이 좋지 않은 곳도 있지만 좋은 곳이 많았을 것이다. 또 양주(楊州)의 토지가 어찌 모두 하하(下下) 등급이었겠는가. 간간이 좋은 곳도 있지만 좋지 않은 곳이 많았을 뿐이다. 이는 본래 그 대개를 들어 말한 것이다." 하였다.

여섯, 군현의 건치 연혁은 삼국 시대부터 서술하였으니, 대개 삼국 이전은 상고할 수가 없기 때문이다. 삼국 시대 지역 분할에 대해 《삼국사기》와 《고려사》에서 이미 그 지계(地界)를 지적했지만 그 군현에 대해서는 간간이 나중에 빠뜨리기도 하고 뒤섞여서 분명하지 못한 것이 있었다. 이러한 곳은 이제 대략 수정을 가하여 바로잡았다. 김부식(金富軾)의 《삼국사기》〈지리지〉에 "백제 땅의 동쪽 끝은 신라이고, 서남쪽은 모두 바다를 한계로 하고 있으며, 북쪽은 한강에 접해 있다." 하였는데, 거기서 서술한 군현을 보면 한강 이남 지역인 지금의 광주(廣州), 여주(驪州), 이천(利川), 수원(水原), 남양(南陽), 부평(富平), 인천(仁川), 안산(安山), 금천(衿川), 과천(果川), 음죽(陰竹), 죽산(竹山), 안성(安城), 양성(陽城), 용인(龍仁), 진위(振威), 직산(稷山), 진천(鎭川), 청안(淸安) 같은 곳은 〈백제지〉에 완전히 빠져 있고 모두 고구려에 속해 있다.

정인지(鄭麟趾)의 《고려사》도 "한강 이북은 고구려 땅이고, 이남은 백제 땅이다."라고 하면서 광주, 직산만 백제 사항을 첨부하여 개정하고[12] 그 나머

12 정인지(鄭麟趾)의……개정하고 : 《고려사》 권56 〈지리지(地理志) 1 양광도(楊廣道)〉에서 "양광도는 본래 고구려와 백제의 땅이다.〔楊廣道, 本高句麗百濟之地.〕" 하고 그 주에 "한강 이북은 고구려 지역이고, 이남은 백제이다.〔漢江以北高句麗, 以南百濟.〕"라고 하였다. 광주목과 직산현에서는 백제의 수도였던 기록을 첨부하여 연혁을 소개하였지만 다른 지역은 한강 이남인데도 백제 시대의 지명이라든가 연혁에 대한 소개가 없다.

지 여러 군은 모두 김부식의 옛 기록을 따랐다. 이는 비록 백제 때의 읍호가 없어진 뒤라 근거할 만한 것이 없어 그런 것이지만, 이미 백제의 땅이라고 했으면서 군현조에서는 단지 '본래 고구려의 아무 군'이라고만 칭하였으니, 마치 서로 모순되는 듯하여 삼국의 강계도 이 때문에 불분명하게 되었다. 또 지금 관서(關西) 지역에 대해 《삼국사기》에서는 "압록강(鴨綠江) 내외 지역이 모두 고구려 땅이다."라고 했으면서 그 군현을 서술한 부분에서는 패강(浿江) 서쪽 지역을 완전히 빠트리고 기재하지 않았다. 《고려사》에서도 "북방 지역은 본래 조선의 옛 영토였고 삼국 시대에는 고구려의 소유가 되었다."라고 하였지만 오직 중화(中和), 상원(祥原) 등 몇 읍 외에는 고구려 때의 명칭이 거의 없으니, 문헌이 분명치 못해 한결같이 이런 지경에 이른 것이다. 그 읍명은 이제 더 이상 상고할 수 없다. 그러나 《신증동국여지승람》에서는 영북(嶺北)의 군읍에 대해 모두 '본래 고구려 땅'이라고 써서 오히려 그것이 어느 시대에 누구의 땅이었는지는 판별할 수 있다. 이제 이런 사례에 의거하여 한강 이남 백제의 옛 땅에 대해서는 모두 "본래 백제 땅이다."라고 쓰고, 관서의 평양 이북 지역에 대해서는 "본래 고구려의 땅이다."라고 썼다.

> 혹자가 말하기를 "이 지리지의 체제로 볼 때 군읍조에서 지난 시대에 그 이름을 알 수 없는 것은 본래 빼놓아야 한다. 그런데 이제 그 읍명을 상세히 알지 못하면서 반드시 어느 나라의 땅이었다고 적은 것은 어째서인가?" 하니, 말하기를 "한 왕조가 대대로 이어졌다면 그 이름을 모르는 것은 빼 두어도 되겠지만, 여러 나라가 갈라져 대치한 경우는 그 강역(疆域)을 기록하지 않을 수 없으니, 사리가 이와 같다. 영북과 관서의 경우는 삼국 시대 이후 오랫동안 발해(渤海)와 여진(女眞)의 근거지가 되었으니, 만일 본래 고구려 땅이라는 글을 먼저 써 주지 않는다면 애초

고구려 몫의 땅이 되지 못할 것이다." 하였다.

일곱, 무릇 연혁은 그 다스리는 지역을 위주로 하여 차례로 서술하였고, 연혁 기술 중에 병합된 폐현(廢縣)은 고적조(古蹟條) 아래에 부기하였으니, 이것은 규례를 따른 것이다. 우리나라 군읍 중에는 간간이 두 현을 합쳐서 이름을 지은 것이 있는데, 국초에 현을 합칠 때에 두 현의 이름을 아울러 채용하여 이름을 지은 것이 많다. 이와 같은 경우 《신증동국여지승람》에서는 한 현의 연혁을 먼저 쓰고 또 다른 현의 연혁을 쓴 연후에 이어서 쓰기를 "아무 때에 두 현을 합쳐서 지금 이름으로 고쳤다."라고 하였으니, 이는 단지 그 이름만을 위주로 하고 그 실제를 고려하지 않은 것이다. 《대명일통지》에는 이와 같은 것이 하나도 없다. 이제 그 규례를 고쳐서 한결같이 지금 읍이 다스리는 현을 위주로 해서 연혁을 서술하되 이어서 "아무 때에 모현을 편입하여 모군으로 바뀌었다."라고 쓴다. 바로 지금의 읍명이다. ○ 또는 "모현을 병합하여 지금 이름으로 바뀌었다."라고도 하여 그 문세를 따라 작성한다. 폐현이 된 경우는 고적조에 싣고 그 이전에 있던 연혁을 부기해 보여 준다. 예컨대 용인현(龍仁縣)은 본래 용구(龍駒)와 처인(處仁)을 병합해 현을 만든 것인데 지금의 용인은 여전히 용구현을 다스리고 있으니 용구를 위주로 하고, 처인현의 연혁은 고적조인 처인폐현(處仁廢縣) 아래에 기재하는 것과 같은 부류이다.

여덟, 군현이 치소를 다른 지역으로 옮기면서 예전의 이름을 그대로 썼는데, 그 옛 지역에 이제 다시 군을 두면서 다른 이름으로 고친 경우이다. 우리나라의 군읍 중에는 간간이 이러한 경우가 있다. 《신증동국여지승람》에서는 이름을 위주로 해서 옛 읍이었을 때의 연혁을 모두 지금 옮겨 간 읍에 기재하고 그 옛 읍의 군에서는 즉 뒤에 다시 군을 설치하면서 다른 이름을 칭한 곳을 말한다. 도리어 빼 버렸으니, 연계해 놓은 사실이나 형승의 부류가 모두 그 지역과 상관이 없다. 이제 그 규례를 바꾸어서 땅을 위주로 하였다. 옛 정주(定州)는 바로 지금의 구성(龜城)이다. 고려 때에 구주 병마사(龜州兵馬使) 박서(朴犀)가 성을 지키는 데 공을 세웠기 때문에 이로 인하여 구주를 승격시켜 정주로 삼았다. 그 뒤에 수천군(隨川郡)으로 옮기고서도 여전히 정주라고 칭하였으니 이곳이 바로 지금의 정주이다. 후에 다시 옛 정주에서 구성군을 갈라 설치하였는데 이곳이 바로 지금의 구성이다. 《신증동국여지승람》에서는 정주가 구주(龜州)였을 때 박서가 수성(守城)했던 일을 지금의 정주 연혁에 기재하고 지금 구성 연혁에서는 도리어 없애 버렸다. 수천군에 대해서는 다만 정주의 고적조 아래에 부기해서 그 연혁을 주로 달았을 뿐이다. 경원(慶源)과 경흥(慶興)의 경우[13]나 양주(楊州)와 한성(漢城)의 경우도 이와 마찬가지인데 한성부만은 《신증동국여지승람》에서 이러한 예를 적용하지 않았다.[14] ○ 《대명일통지》에서는 읍을 옮

13 경원(慶源)과 경흥(慶興)의 경우 : 경원과 경흥의 관계가 이 예에 해당한다는 의미이다. 《신증동국여지승람》 권50 〈함경도 경원도호부〉를 보면, 경원은 예전에 공주(孔州)였는데 치소를 회가(會叱家) 지방으로 옮기고 백성을 이주시킨 뒤 토관(土官)을 두었다고 하면서 예전 공주에 있을 때의 역사를 건치연혁에 기술하였다. 그 후 옛 공주 땅에는 다시 경흥도호부를 설치하였는데 정작 경흥도호부편에서는 경흥을 설치하기 이전의 연혁이 기재되지 않았다.

14 양주(楊州)와……않았다 : 본래 고려 때 양주라고 불리던 한양부 지역에 태조가 도읍한 뒤에 양주 치소를 현재의 양주 땅에 옮기고 이곳을 양주부라 하였다. 《新增東國輿地勝覽 卷11 京畿 楊州牧》 이 경우 《동국여지지》의 체제로 보아 한양의 이전 연혁을 〈양주목〉에서 기술하여야 하는데, 삼국 시대 이래의 연혁이 〈한성부〉에 기술되어 있다.

겼는데 옛 읍이 지금의 경내에 있는 경우는 그대로 그 읍 이름을 위주로 하여 그 연혁을 서술하였고, 현재 다른 지역이 된 경우는 그 다른 땅을 위주로 해서 그 연혁을 서술하였다. 만일 두 읍 사이의 지역에 새로운 읍을 설치했으나 옛 이름을 그대로 따르지 않았다면 그 규례가 또 바뀌어서, "본래 아무 시대에는 모와 모 두 군의 땅이었고, 아무 시대에는 또 모군의 땅이 되었다.-혹은 "아무 시대에는 모 두 군에 속하였다."라고 하고, 두 지역이 모두 군이 아닌 경우에는 '모군과 모현'이라고 하였다.- 아무 때에 처음 여기에 모군을 설치하였고,-바로 지금 설치된 군명이다. 이름을 지은 유래가 있으면 아울러 기록해 주었다.- 이어서 두 개의 모군을-바로 옛 읍명이다.- 병합하였다.……"라고 적었다. 그 옛 읍은 모두 폐현이 되었으므로 고적조에 부기하고 그 전에 있던 연혁을 주로 달아 주었다. 이제 《대명일통지》의 이러한 규례를 따랐다.

혹자가 말하기를 "군명을 위주로 하는 것이 그렇게 심한 잘못은 아닌 듯하다." 하였는데, 답하기를 "참으로 이와 같이 한다면 가령 양주(梁州)를 기주(冀州) 땅으로 옮기고서 그대로 양주라고 이름하는 경우, 그 형승을 '화산(華山) 남쪽에서 흑수(黑水)까지이다.'라고 명명하고, 그 사적에 대해 '민산(岷山)과 파산(嶓山)에 곡식을 심었으며, 잠수(潛水)와 타수(沱水)가 이미 물길을 따라 흐른다.'[15]라고 써도 되겠는가?" 하였다.

아홉, 우리나라 주현은 사람의 공적과 죄로 인해 주현이 승격되거나 강

15 민산(岷山)과……흐른다 : 《서경》 〈우공(禹貢)〉에 나오는 구절이다. 이는 양주의 지형적 특성과 상황을 기술한 것이므로 제도(帝都)인 기주(冀州)로 옮겨 기재할 수 없다는 의미로 인용한 것이다.

등된 경우가 많다. 고려 이후로 그 지역민의 공적이나 죄 때문에 그 읍을 승격하거나 강등하였는데 심한 경우는 그 지역민이어서가 아니라 그 성의 본관 지역이라는 이유로 승격하거나 강등하였다. 그것은 애당초 본래 잘못된 법에서 나온 것인데, 《신증동국여지승람》에서는 그 공적이나 죄의 원인이 된 사건까지 모두 적어서 글이 번잡한 것이 많다. 《고려사》 〈지지〉도 그렇다. 이제 그 예를 고쳐서 단지 '모 주군으로 승격하였다.', '모 군현으로 강등되었다.'라고만 쓰고 그 공적이나 죄의 사유에 대해서는 그 아래 주를 달았다. 예컨대 수원부(水原府)의 경우, 《신증동국여지승람》에는 "원종(元宗) 12년(1271)에 착량(窄梁)을 방수하던 몽고군이 대부도(大部島)로 들어가 주민을 약탈하니 도민들이 원망하고 분통하게 여겨 몽고병을 죽이고 반란을 일으켰는데, 부사 안열(安悅)이 병사를 거느리고 가 토벌해 평정하였으므로 그 공으로 승격하여 수원부가 되었다."[16]라고 쓰여 있다. 이제 "원종 때에 승격하여 수원부가 되었다."라고 고쳐 적고 그 사건은 아래에 주로 달아 주었다. 또 남양부(南陽府)에서 "충렬왕(忠烈王) 때 읍인인 홍다구(洪茶丘)가 원나라에 벼슬하여 정동행성 우승(征東行省右丞)이 되었으므로 승격하여 지익주사(知益州事)가 되었다."[17]라고 하였는데, 이제 "충렬왕 때 승격하여 지익주사가 되었다."라고 고쳐 적고 그 사건을 주로 달아 주는 식으로 하였다. 이 경우도 우선 그 옛일을 남겨 둔 것일 뿐이다.

열, 연혁에서 군읍의 승강에 대해 《신증동국여지승람》에서는 대부분

16 원종(元宗)……되었다 : 《신증동국여지승람》 권9 〈경기 수원도호부〉에 있다.
17 충렬왕(忠烈王)……되었다 : 《신증동국여지승람》 권9 〈경기 남양도호부〉에 있다.

그 연도를 기록하였지만, 무릇 땅을 잃거나 땅을 회복하는 등 긴요한 사건을 제외하고 그 나머지 군읍의 승강과 호칭의 개변 같은 부류는 이제 모두 연도를 쓰지 않고 단지 아무 왕 때라고만 적고, 오직 본조 이후의 사실에 대해서만 그 연도를 썼다. 전 왕조의 연도를 쓰지 않은 것은 번거로운 문장을 생략한 것이고, 본조의 연도를 쓴 것은 근세의 일을 상세히 한 것이다. 몇 년 사이에 읍호의 승강과 토지의 분합이 분분하여 일정하지 않은 것은 다시 번거롭게 할 것 없이 그 오래 전해진 것을 따라 썼다. 예컨대 강원도(江原道)의 연혁에 《신증동국여지승람》에서는 "공민왕(恭愍王) 5년(1356)에 강릉도(江陵道)를 강릉삭방도(江陵朔方道)로 개칭하였다가 6년에 강릉도라고 칭하고, 9년에 강릉삭방도로 칭하고, 15년에 강릉도라고 개칭하였다." 하였는데, 이제 단지 "공민왕 때 강릉도를 강릉삭방도라고 개칭하였다가 이윽고 도로 강릉도로 칭하였다."라고만 썼다. 또 부안현(扶安縣)의 경우, 《신증동국여지승람》에는 "태종(太宗) 14년(1414)에 보안(保安)을 부령(扶寧)과 합하여 지금 이름으로 고쳤는데 15년에 또 분리했다가 8월에 다시 합쳤고, 다음 해 7월에 또 분리하였다가 12월에 또 두 현을 통합하였다."라고 하였는데, 이제 단지 "태종조에 보안을 부령에 편입하여 부안현으로 고쳤다."라고만 쓴 것과 같은 부류이다. ○ 우리나라 제도는 읍인 중 악역(惡逆)의 죄를 범한 자가 있으면 비록 여자나 서민이라 할지라도 해당 고을까지 아울러 연좌해서 주부(州府)는 강등해 현(縣)으로 삼고, 현은 혁파해 이웃 읍과 합병했다가 10년이 지난 뒤에 도로 복구하였다. 따라서 수백 년을 지내 오는 동안 온 나라의 군현이 거의 다 강등이나 혁파를 겪었으며 더러는 대여섯 번이나 겪는 경우도 있다. 이런 승강(陞降)과 혁복(革復)을 일일이 다 기재한다면 너무나 번거롭고 혼란스러워서 지지(地志)의 체제가 아닐 듯하다. 영원히 강등되거나 혁파된 것 외에 10년간 으레 연좌된 경우는 굳이 다 기록하지 않는 것이 좋겠다.

중국의 주현은 대체로 모두 변함없이 진실로 그 토지와 형세상 마땅히 변통할 만한 것은 변통한 뒤에도 여전히 장구하게 유지되었다. 지지를 만드는 자들도 의당 기록해야 할 것들만 기록하고 지리와 상관없는 것은 기록하지 않았다. 이 때문에 《대명일통지》에 적힌 연혁은 "주(周)나라 때 어느 나라의 땅이었고, 한(漢)나라 때 모군이었고, 진(晉)나라, 송(宋)나라 및 당(唐)나라 때는 모군, 모주였다."라는 것뿐이다. 우리나라 군현의 지역 분할과 제도로 말하자면 사리에 알맞다는 말을 듣지 못하였다. 분분하게 읍호를 승격했다가 강등했다가 하는 것이 예삿일이 되어서 같은 왕의 치세에서도 올렸다 내렸다 하는 것이 더러 두세 번에 이르렀는데, 지지를 만든 자도 또 일일이 그 승강과 관련된 연월을 기록하여 매우 번잡하였다. 우리나라 역사에 전해 온 역대 왕조가 오래지 않기 때문에 이와 같아도 사람들이 그 잘못을 심각하게 생각지 않지만, 과연 그런 사례를 바꾸지 않고 백년 천년 누적되어 간다면 그 제도가 마땅한지는 막론하고 그 지지가 또한 어떤 모양의 책이 되겠는가. 살펴보는 자가 조금만 깊이 생각해 본다면 저절로 알 수 있을 것이다.

열하나, 각 읍에 병합된 폐현은 모두 똑같은 체제인데, 《신증동국여지승람》에는 혹은 속현으로 만들어 군명의 첫 조항 아래에 나열하기도 하고 혹은 폐현으로 만들어 고적조 아래에 기재하기도 하였으니, 무엇에 근거하였는지 알 수 없다. 중국에서는 부가 현을 통솔하고 현에는 각각 읍이 있고 관원이 있기 때문에 《대명일통지》에서는 각 부의 첫 조항 아래에 그 속현을 나열하였다. 그러나 이제 우리나라는 주, 부, 군, 현이 각자 다스리고 그중에 병합된 옛 현은 바로 폐현이라서 중국처럼 읍이나 관원이 있으면서 예속되는 데 비할 수 없으니, 이제 모두 고적조로 내용을 옮겨 두었다. 《신증동국여지승람》의 속현은 양근(楊根)의 미원현(迷原縣)[18]이나 수원(水原)의 쌍부현(雙阜縣),[19] 양주(楊州)의 풍양현(豐壤縣)[20] 같은 부류이다. ○ 또 살펴보건대 《대명일통지》의 서술 범례에, 일반적으로 현은 스스로 하나의 현이 되지만 부주의 속읍이 된 경우는 속(屬) 자를 사용하고, 편입되거나 병합되어 폐현이 된 경우는 '모현으로 편입되었다.'라고 하거나 혹은 '모현에 병합되었다.'라고 하거나 혹은 '모읍에 편입되었다.'라고 하였다. 그런데 《신증동국여지승람》에서는 편입되거나 병합되어 폐현이 된 것을 모두 '내속(來屬)'이라고 쓰거나 혹은 '모 주군에 속한다.'라고 썼다. 《고려사》의 기록부터 이미 그러하였으니 그 글자의 사용이 잘못된 것이다.

18 양근(楊根)의 미원현(迷原縣) : 《신증동국여지승람》 권8 〈경기 양근군〉의 속현조에 미원현을 기록하였는데 "고려 공민왕 5년(1356) 국사(國師) 보우(普愚)가 군(郡)의 미원장(迷原莊)·소설암(小雪菴)에 우거하고 있었으므로 장(莊)을 승격시켜 현(縣)으로 만들고 감무를 두었다가 조금 뒤에 땅이 좁고 사람이 드물므로 도로 군에 예속시켰다."라고 연혁을 기술하였다. 미원현이 이미 예속되었으면 폐현이 된 것이므로 저자는 고적조에 있어야 한다고 주장한 것이다.

19 수원(水原)의 쌍부현(雙阜縣) : 《신증동국여지승람》 권9 〈경기 수원도호부〉의 속현조에 "쌍부현, 부 서쪽 45리 되는 곳에 있는데, 옛날 육포(六浦)이다. 고려 현종(顯宗) 9년(1018)에 와서 본부에 예속되었다."라고 하였다.

20 양주(楊州)의 풍양현(豐壤縣) : 《신증동국여지승람》 권11 〈경기 양주목〉의 속현조에 "풍양현, 주(州) 동쪽 50리 지점에 있다. 본래 고구려 골의노현(骨衣奴縣)이다. 신라에서 황양(荒壤)이라 고쳐서 한양군 속현으로 만들었고, 고려에서 풍덕(豐德)이라 고쳤다. 현종 9년(1018)에 양주에 예속시켰다가 뒤에 포천에 예속시켰는데, 본조 세종 1년(1419)에 다시 본현에 내속하였다."라고 하였다.

대개 고려 때에 주군(州郡)이 관할하던 여러 작은 현들은 읍이나 관원 없이 단지 향리, 토지, 백성만 있고 곧장 주군의 다스림을 받아서 감무(監務)를 두지 않았으니, 이전에 비록 현이란 명목은 있었지만 실제로는 편입된 상태였다. 본조에 들어서는 또 병합되어 하나의 읍이 되었으니 그 병합된 현이 바로 폐현인데 여전히 예전의 오류를 답습하여 '내속'이라고 쓰니 더더욱 부당하다. 이제 《대명일통지》의 사례를 따라서 '편입〔省入〕'이나 '병합〔併入〕'이라고 썼다.

열둘, 각 읍의 첫 조항 끝부분에 모두 그 관장하는 면(面)의 수를 적었다. 《신증동국여지승람》에서는 이 부분이 빠졌는데 이제 첨가해 보충하였다. ○ 우리나라의 면은 바로 중국의 향(鄕)이다. 옛날에는 100가(家)를 족(族)이라 하고 500가를 당(黨)이라 하였으며,[21] 당나라 때에는 100가를 리(里)라 하고 500가를 향이라 하였는데 성읍에 있는 마을은 방(坊)이라 하고 시골에 있는 마을은 촌(村)이라 하였다. 명나라의 제도도 100가를 리라 하고 500가를 향이라 하였으니, 《대명일통지》에 "호적에 등록된 호구는 몇 리이다."[22]라는 것이 바로 이것이다. 우리나라는 주현이 관장하는 향을 으레 모두 면이라고 칭하는데 그중에는 더러 도(道), 리, 촌이라고 칭하는 것도 있다. 황

21 옛날에는……하였으며 : 주(周)나라 제도이다. 5가를 비(比)라 하고, 5비를 여(閭)라 하고, 4려를 족(族)이라 하였으며 5족이 당(黨)이 되니, 1족은 100가가 되는 셈이다. 《周禮 地官 族師》

22 호적에……리이다 : 예를 들면 《대명일통지》 권2 〈하간부(河間府)〉에서 하간현(河間縣)은 연혁을 시대별로 기록한 뒤에 "호적에 오른 호구는 27리이다.〔編戶二十七里〕"라고 한 것처럼 관장하는 각 현의 이름 아래에 편호의 기준으로 이수(里數)가 기록되어 있다. 100가가 1리이므로 27리면 2700가가 호적에 올라 있다는 의미이다.

해도와 평안도에는 방이라고 칭하는 것이 많고, 함경도에는 사(社)라고 칭하는 것이 많으니, 이는 국가에 정해진 제도가 없어서 그런 것이다. 이제 시속을 따라 면이라고 칭하고 그 지역의 칭호가 다른 것은 또한 그 아래 주를 달아 나타내었다.

열셋, 인근 읍에서 분할 편입된 땅은 번거롭게 피차의 연혁에 굳이 기록하지 않고, 이 일 때문에 승격하거나 강등된 경우에는 기재한다. 병합한 읍의 고적조 아래에 부기하되 주를 달아서 "부의 군이든 현이든 그 사실대로 쓴다. 아무 쪽 몇 리에 있다. 본래 모읍 땅인데, 아무 때에 분할 편입되었다."라고 하고, 혹은 "본래는 모읍의 땅인데 아무 때에 모현 이동과 이남 땅을 분할하여 편입하였다."라고 하여 그 사실대로 쓴다. 그 미세한 사항은 굳이 적지 않았다.

열넷, 군명조(郡名條)에서, 대체로 주군(州郡)의 고금의 명칭이 하나가 아닌데, 지금 명칭 외에 지난날 옛 명칭이 세상 사람들에게 익숙한 것도 있기 때문에 표출하여 항목으로 만들었다. 《대명일통지》에서는 군명이 부(府)마다 두세 개에 불과하지만, 《대명일통지》에서는 부마다 역대로 오랫동안 불려 온 이름을 표출하였는데, 진나라 때 명칭, 한나라 때 명칭 또는 당송 시대의 명칭 등 두세 개에 불과하다. 더러는 한 부에 하나의 명칭만 적고 그 명칭 아래에 각각 그 시대를 주로 달았으니, 예컨대 북경(北京) 순천부(順天府)의 군명인 광양(光陽)의 주에 "한나라 때 이름이다." 하고, 연산(燕山)의 주에 "송나라 때 이름이다."라고 하는 식이다. 《신증동국여지승람》에서는 전 시대의 군명과 별호, 희귀한 명칭 같은 부류가 서로 뒤섞여 있어서 별도로 기록한 것이 십여 가지나 되기도 한다.[23] 우리나라는 삼국 시대의 읍명이 전혀 전하지 않고 명칭도 대부분 고아하지 않으며, 고려 이후로는 군읍의 승강(陞降) 변화가 자주 어지럽게 바뀌었다. 이제 《대명일통지》의 사례를 따라 분명하고 오래 전해진 명칭을 표출하여 군명으로 삼았다. 아무 시대의 명칭이라고 주를 다는 것은 우리나라 역사에 전해 온 왕조가 많지 않으므로 우선 생략하였다. 또 우리나라 군읍에 이른바 별호라는 것이 많은 까닭은, 애초 군현명이 고려 성종(成宗) 때 만들어진 것이었는데 더러 후인들의 일시적인 뜬금없는 시구에서 따와 호칭으로 삼은 경우도 있다. 이것은 이미 진짜 명칭이 아니므로 모두 제거해야겠지만 다만 그중에는 사람들에게 익숙한 호칭이어서 전해 온 장부에 보이는 것도 있기 때문에 우선 주를 달아 부기하였다. 만일 군명이 없는 곳이라면 사실대로 빼 놓았다.

> 혹자가 말하기를 "군명은 사람들에게 전해진 호칭일 뿐 아니라 이미 전대의 지지(地志)에도 실려 있으니 이런 것들도 참고할 수 있게 갖추어야 한다." 하였는데, 답하기를 "이런 것들은 이미 연혁에서 일일이 다 기재하였다. 바로 그 아래인 군명에서 또 일일이 다 기재한다면 한 면 안에 너무 지나치게 중복되지 않겠는가." 하였다.

열다섯, 형승(形勝)은 그 지역의 산천 형세를 총괄한 것이고, 고적(古

23 전……한다 : 일례로 《신증동국여지승람》 권24 〈경상도 안동대도호부〉의 경우 안동 군명조에는 고타야(古陁耶), 고창(古昌), 영가(永嘉), 길주(吉州), 복주(福州), 능라(綾羅), 지평(地平), 석릉(石陵), 일계(一界), 화산(花山), 고장(古藏), 창녕(昌寧), 고령(古寧) 등 13개의 별칭이 실려 있다.

蹟)은 그 지역 성읍의 지난 자취를 기록한 것이니, 이 두 가지는 모두 실제 사실이다. 그런데 《신증동국여지승람》에 실린 것을 보면 형승은 단지 실속 없이 화려하기만 한 시구의 자료일 뿐이고, 고적은 으레 민간의 허무맹랑한 속설인 경우가 많다. 이와 같은 것들은 이제 모두 삭제하여 바로잡았다.

열여섯, 대개 풍속조(風俗條)는 중국의 경우 한 부(府)의 속읍(屬邑)이 많게는 십여 개나 되고 지역 면적이 모두 수백 리나 천 리까지 되므로 각 지역마다 기록할 만한 풍속이 있다. 우리나라는 주현이 서로 통제받거나 소속되지 않아서 어쩔 수 없이 각각 지(志)를 만들었지만 군현의 면적이 수십 리나 백 리 이내이고 네다섯 개의 읍이 경계를 접하고 있는데 백성도 거의 없고 풍속도 으레 같으니 다시 각 읍에 구별할 만한 풍속이 없다. 《신증동국여지승람》에서는 으레 유명한 시구를 따와서 별도로 풍속을 만든 것이 많은데 한갓 특이한 볼거리만 제공할 뿐 실제 그 참된 모습이 아니다. 이제 사실대로 개정하고, 또 진관(鎭管)과 큰 고을의 풍속조 아래에 주를 달아서 "모읍과 모읍도 같다."라고 하였다. 개성부(開城府)의 팔관회(八關會), 격구(擊毬) 놀이와 경주(慶州)의 풍월주(風月主), 화랑(花郞) 같은 것들은 당시 나라의 제도에 관계된 것이지 지역의 풍속에 관계된 것이 아니다. 그런데도 《신증동국여지승람》에서 그것을 기록한 것은 제목을 만들어서 고사(古事)를 기록하고자 한 것일 뿐이지 실제 풍기(風氣)를 통해 민속을 살피는 본의는 아니다. 이와 같은 부류도 대체로 삭제하여 바로잡았다.

열일곱, 《신증동국여지승람》에서는 혹 산천(山川)이 매우 작고 보잘것없어서 기록할 것이 없는데도 시문 때문에 기재한 경우가 있다. 이와 같은 것들은 이제 실제를 따라 삭제해 바로잡았다. 작고 보잘것없더라도 중요하고 특별하여 이름난 경우는 이 규례에 포함되지 않는다. 혹 산이 높고 커서 기록할 만한데 빠진 것은 첨가해 보충하였다. 산천에 기록할 만한 사적이 있는 것은 모두 그 사실을 주로 달았으며 목장(牧場)이나 어량(魚梁), 염분(鹽盆) 같은 것이 있으면 반드시 부기하여 드러내었다.

열여덟, 산천은 정해진 이름을 갖고 있는 것이 이치상 당연하다. 중국의 하천은 모두 정해진 이름이 있으니, 대강(大江), 회수(淮水), 황하(黃河), 한수(漢水) 같은 큰 강부터 계곡물이나 시냇물 같은 작은 물길에 이르기까지 다 그렇지 않은 것이 없다. 탁수(涿水), 역수(易水), 경수(涇水), 위수(渭水), 단계(檀溪), 추계(楢溪) 같은 것들도 이름은 하나뿐이며 발원지에서나 하류에서나 똑같이 부른다. 그러므로 대강과 황하가 경유하는 지역이 무려 십수 주부(州府)나 되는데도 《대명일통지》에서는 모두 황하, 대강이라고 썼지 다른 이름이 없다. 대강이 남경(南京)에 이르러서는 양자강(楊子江)이라고 불리니, 남경조에서는 또한 대강이라고 쓰고 주를 붙여 "본부의 경계에서 200여 리까지 양자강이라고 부른다."라고 하였다. 그 외 여러 강이 경유하는 고을에서도 모두 하나의 이름으로 썼다. 다만 대강의 발원지인 성도(成都), 중경(重慶), 기주(夔州) 등과 같은 부(府)에서는 민강(岷江)이라고 썼다. 그러나 기주 이상의 지역에서는 모두 민강이라고 이름하고 고을마다 명칭을 다르게 부르는 일은 없다.

우리나라의 하천은 지역마다 호칭이 달라서 정해진 이름이 없는 경우가 많다. 국내의 수로들은 대부분 정해진 이름이 없이 곳에 따라 그 나루나 여울의 호칭으로 그 수로를 부른다. 예컨대 저탄(猪灘)[24]은, 수원(水源)이 수안군(遂安郡)에서 흘러나오는 것은 흑석탄(黑石灘)이라고 부르고, 내가 흘러 내려가면 춘탄(春灘)이라고 부르며, 내가 신계현(新溪縣)에 이르면 사팔적탄(沙八赤灘)이라고 부르고, 내가 평산부(平山府)에 이르면 기탄(歧灘)이라고 부르며, 물길이 내려가면 전탄(箭灘)이라고 부르고, 물길이 더 아래로 내려가면 저탄이라고 부른다. 물길이 강음현(江陰縣)에 이르면 조읍포(助邑浦)라고 부르고, 개성부(開城府)에 이르면 이포(梨浦)라고 부르는데, 그 아래에서는 전포진(錢浦津)이라고 부른다. 물길이 또 아래로 내려가면 벽란도(碧瀾渡)라고 부르고, 물길이 다시 아래로 내려가면 예성강(禮成江)이라고 부르는데, 배천군(白川郡)에서는 금곡포(金谷浦)라고 부르니, 이와 같은 부류이다. 그 외에도 모두 그러하니 작은 물길은 더더욱 굽이굽이마다 칭호가 다르다.

중국으로 말하자면 과거에 옛 성현의 경영을 거쳤기 때문에 모든 예악 법도뿐만 아니라 산천의 이름까지도 모두 분명하게 갖추어져 있다. 그런데 우리나라는 삼국 시대 이전에는 미개하여 상고할 데가 없고, 통일신라 때에 이르러 경덕왕(景德王)이 비로소 군현의 이름을 고쳤으며, 고려 초기에 와서야

24 저탄(猪灘) : 저탄의 물길에 대해 《연려실기술》 별집 권16 〈지리전고(地理典故)〉 총지리(總地理)에서는 "금천(金川)의 저탄은 근원이 수안(遂安)의 언진산(彦眞山)에서 나오는데 아래로 흘러 흑석탄(黑石灘)이 되고 보음탄(甫音灘)이 되며 신계(新溪) 서쪽을 지나서 사팔적탄(沙八赤灘)이 된다. 이 물은 평산(平山) 북쪽에 이르러 기탄(岐灘)이 되고 또 남쪽으로 가서 전탄(箭灘)이 되며, 저탄에 이르러 비로소 커져 하류는 금천 조읍포(助邑浦)의 조운(漕運)하는 곳이 된다. 남쪽은 말롱포(末籠浦)가 되고, 그 남쪽은 배천(白川), 동쪽은 금곡포(金谷浦)의 조운하는 곳이며, 또 그 남쪽은 광정도(匡正渡)와 벽란도(碧瀾渡)가 된다."라고 하였다. 이처럼 하나의 물길에 대해 지역마다 호칭이 달라서 혼란을 야기하는 상황을 말한 것이다.

처음 직관(職官)의 이름을 정하였으니 이때에 우리나라의 속음(俗音)을 바꾸었지만 산천의 명호 같은 것은 미처 고치지 못하였다. 따라서 지금 산 이름은 왕왕 승려들이 지은 것이고 물 이름은 대부분 정해진 이름 없이 민간의 속명만을 따랐으니 그 촌락에 따라 제각각 부르는 것일 뿐이다.

그런데 《신증동국여지승람》에 적은 것은 모두 속칭을 따랐으므로 하나의 물길인데도 곳곳마다 호칭을 달리하였다. 《신증동국여지승람》에서는 압록강(鴨綠江)과 두만강(豆滿江) 두 곳 외에는 무릇 하나의 물길인데도 경유하는 읍마다 이름을 달리 적었다. 예컨대 한수(漢水)와 낙동강(洛東江) 등은 이미 정해진 이름이 있는데도 정해진 이름이 없는 것과 마찬가지로 그 속칭을 따라서 강 연안의 수십 개 읍에서 모두 모탄, 모진, 모포라고만 적었다. 곳곳마다 호칭을 달리해서 살펴 알기에 어려울 뿐 아니라 사리로 헤아려 보더라도 그 기강과 조리를 잃은 것이니, 이는 목전의 습관에 익숙하여 깨달아 살피지 못해서 그런 것이다.

그중 정해진 이름이 있는 것은 이제 고쳐 바로잡았고, 한강과 낙동강 같은 부류는 그 경유하는 읍에서도 모두 한강, 낙동강이라고 적고, 혹 다른 별명이 있으면 양자강의 사례에 의거하여 주를 달아서 부기하였다. 진도(津渡)의 경우는 본래 관량조(關梁條)에 있어야 하는 것이므로 《대명일통지》에 의거하여 관량조로 옮겼다.-매우 긴요한 것만 기재하였다.- ○ 여울 같은 경우는 본래 따로 적어야 하지만-이것도 특별하여 유명한 것은 그렇게 하였다.-《대명일통지》에서 기주부(夔州府)에 이미 민강(岷江)을 기재하고서 또 호수탄(虎鬚灘)·용척탄(龍脊灘)·어사탄(御史灘) 등을 기재하였으며, 마호부(馬湖府)에 이미 마호강(馬湖江)을 기재하고서 또 철쇄탄(鐵鎖灘)을 기재하였으니, 사리가 본래 그러한 것이다. 이것은 이미 바다 이름을 기재하고도 또 바다 포구 이름을 기재하는 것과 같은 이치이다. 정해진 이름이 없는 것은 어쩔 수 없이 옛 이름을 따랐다. 앞에서 정한 여러 강 이외에 기타 정해진 이름이 없는 것은 예전에 적혀 있던 것을 따랐다. ○ 만일 후일에 국가가 산천을 경영하여 직방(職方)[25]을 수정한다면 당연히 조정에서 그 이름을 정하되 중국의 여러 강이나 우리나라 압록강처럼 수원지나 하류나 다른 호칭이 없게 해야 할 것이다. 하지만 큰 하천이 아니라면 본토의 대부(大夫)와 사(士)들도 편의대로 명명해서 시속으로 하여금 따라 익히게 하더라도 괜찮을 것이다.

열아홉, 토산(土産)은 육산물(陸産物)을 먼저 쓰고 수산물(水産物)을 뒤에 기록하였다. 육산물은 옥석(玉石), 동철(銅鐵) 등을 먼저 쓰고 다음으로 의복류와 식물, 약재 등으로 하였으며, 수산물은 어패류보다 소금을 우선하였다. 대개 수산물과 육산물 모두 중요하고 풍부한 것을 우선하였으니 그 기술 사례가 당연히 이와 같아야 한다. 《신증동국여지승람》에서는 대부분 어물을 제일 먼저 적었는데 또 대부분 어수선하게 뒤섞여 순서가 없으며, 그 지역 토산물이 아닌데 적은 것도 있다. 이것은 지금 각 관사의 공물안(貢物案)을 근거로 하여 적었기 때문이다. 공물안은 본래 그 당시에 마음대로 나누어 정하였기 때문에 토산물이 아닌 것이 많다. 이제 차서를 바로잡아 기재하되 일체 그 사실대로 하였다.

25 직방(職方) : 본래 주(周)나라 때 관명으로 천하의 지도와 사방의 공물(貢物)을 관장하는 직책인데, 후에 우리나라에서는 호조를 지칭하는 말로 쓰이기도 하였다. 여기서는 우리나라 산천과 행정구역을 표시한 지도라는 의미이다.

스물, 성곽(城郭)의 자수(尺數)에 대해, 백사(白沙) 이항복(李恒福) 공이 일찍이 왕명을 받고 여러 성을 순행하여 심사하면서 말하기를 "《신증동국여지승람》에 기재된 자수는 어디는 지척(地尺)을 쓰고 어디는 포백척(布帛尺)을 써서 길이가 일정하지 않아 일괄하여 기준으로 삼을 수 없다."라고 하였는데, 일찍이 시험해 보니 참으로 그러하였다. 성 둘레가 극히 좁은데도 "둘레는 7, 8천 자이다."라고 적혀 있고, 어떤 곳은 좀 넓은데도 "2, 3천 자이다."라고 쓴 곳이 많이 있다. 그러나 이제 실제 조사하기 어려우므로 어쩔 수 없이 모두 그 옛 기록을 따른다. 만일 격식대로 정돈하려면 각 읍진에 똑같이 보리법(步里法)에 따라 다시 측량하여 문서로 보고하게 하여야만 실제대로 기재할 수 있을 것이다. 성의 높이에 대해서 《신증동국여지승람》에서는 "높이가 몇 자이다."라고 하였으나 제읍의 성 높이는 모두 실제와 다르다. 산성과 폐성의 경우는 더더욱 거짓 기록이다. 성의 고저는 하나의 성이라도 남쪽과 북쪽이 반드시 똑같지는 않다. 또 성을 쌓은 지 수십 년 내지 백 년이 지났다면 그 중간에 무너지고 증수한 곳도 많이 있을 터이니, 비록 일정한 수치로 기록하고자 하더라도 할 수가 없다. 이런 사항은 단지 때에 따라 병부에 장부로 비치해 둘 만한 것이지 번거롭게 지리지에 실을 필요는 없는 것이다. 다만 성 둘레는 마땅히 기재해야 하니 《신증동국여지승람》에서도 "몇 자이다."라고 썼는데 자잘하지만 잘못된 사례이니 이수(里數)나 보수(步數)를 기준으로 해서 기재해야 한다. 성곽만 이와 같을 뿐 아니라 제언(堤堰) 등의 부류도 이와 같이 해야 한다. ○ 주척(周尺)은 6자를 1보(步)로 하고, 300보를 1리(里)로 하는데, 각 읍마다 그 보척(步尺)의 길이가 맞지 않는 폐단이 없는 데가 없으니 정확한 견본을 보내주고 이를 기준으로 하여 측량해야 마땅할 것이다.

스물하나, 공서(公署)를 《신증동국여지승람》에서는 관방(關防)이라고 하였는데 이제 《대명일통지》를 따라서 공서로 바꾸었다. 《신증동국여지승람》에 실려 있는 것 중에 더러 지역이 요충지와 연계되어서 때로 병사를 보내 지키되 진(鎭)을 설치하지 않은 곳이라면, 이러한 것들은 관량조(關梁條)로 옮겨 기재하였다.

혹자가 말하기를 "관방의 항목은 고칠 필요가 없을 듯하다. 중국은 각 위(衛)와 각 소(所)가 곳곳마다 있지만, 우리나라는 병영(兵營), 수영(水營)과 첨호(僉戶), 만호(萬戶)가 변경을 따라 줄지어 있다. 일이 이미 이와 같은데 어찌 억지로 저들을 모방할 필요가 있겠는가." 하였다. 이는 억지로 모방하는 것이 아니라 이렇게 한 뒤에야 명목이 그 합당함을 얻기 때문이다. 무릇 영진(營鎭)은 본래 공서이다. 만일 변경을 따라 설치되고 각각 성지(城池)가 있으니 관방으로 칭하는 것이 합당하다고 여긴다면, 변경 지역에 있는 중국의 위소(衛所)는 혹 본읍과 수백 리나 떨어져 있고 성지의 장대함이 우리나라보다 백배나 되지만 모두 공서라고 칭하는 데 합당하지 않은 경우를 보지 못하였다. 만일 병사(兵事)를 위주로 하므로 관방이라고 칭하는 것이 합당하다고 여긴다면, 우리나라 경사(京師)에 있는 총병아문(總兵衙門)은 이미 모두 공서로 칭하고 있는데 어찌 지방에 대해서만 유독 그 항목을 달리할 수 있겠는가. 또 지금 영진을 모두 극변에 설치한 것은 곧 일시적으로 마침 그렇게 된 규례이지 만세토록 바뀌지 않을 법은 아니다. 근년에 충청 병영(忠淸兵營)을 청주(淸州)로 이설했는데 이는 무엇이라 지목하겠는가. 병영이라면 내지(內地)에 있어도 관방이라고 칭하는 것이 그래도 괜찮을 수 있지만 감영이나 다른 아문도 지목하여 관방이라고 할 수 있겠는가.

공서는 그 아문을 위주로 한 것이고, 관방이란 그 요충지를 위주로 한 것이다.-그곳이 요충지이기 때문에 따라서 방수하는 것이다. 그러므로 지역이 요충지와 연계된 경우에는 비록 때때로 병사를 보내 지키더라도 진을 설치한 곳이 아니라면 《신증동국여지승람》에서는 모두 관방조에 실었다.- 그러므로 아문이 있는 경우는 관애(關隘)가 아니더라도 공서조에 기재하고, 관애가 있는 경우는 비록 아문이 없더라도 관량조에 기재하였다. 만일 아문이 관애에 겸설된 경우는 비록 똑같이 한곳에 있지만 각자 본 조항에 기재하였다.-예컨대 산해위(山海衛)가 비록 산해관(山海關)에 설치되어 있지만, 산해위는 공서조에 기재하고 산해관은 관량조에 기재한 것과 같은 것이다.- 진실로 정밀하게 살피면 모두 각자 합당하게 될 수 있을 것이다. 이제 영진을 관방으로 지목한 것이 만일 정말로 그 관애를 방수하기 위해서라면 영진을 이설한 뒤엔 그 지역에 무슨 기록할 만한 관애가 있겠는가. 참으로 이와 같다면 영진은 분명히 공서라고 칭해야지 관방이라고 칭해서는 안 된다.

스물둘, 서원은 학교조(學校條)에 부기하였는데 사액 서원(賜額書院)과 유명한 곳만 기재하였다. 서원은 본래 선비들의 공부와 수양을 위하여 지은 것인데 이를 바탕으로 해당 지방 현인을 향사하여 존모할 곳으로 삼았으니, 비단 사당의 제사만을 위해 설립된 것이 아니다. 근세에 당여의 폐단이 풍습이 되고 일이 허위가 많아서 향사에 적당하지 못한데도 향사하느라 다투어 사우(祠宇)를 세우고 서원이라고 이름 짓는 경우가 있다. 무릇 한때의 사사로운 사정으로 건립되어 오래갈 수 없는 것들은 굳이 다 기재하지 않았다.

스물셋, 궁실조(宮室條) 중 객관(客館)의 부류에 대해 《신증동국여지승람》에서는 기재하기도 하고 않기도 하였으니, 대개 관련된 시문이 있는 경우는 기재하고 시문이 없는 곳은 궁실까지 아울러 기재하지 않았다. 이제 읍마다 모두 기재하였다.

스물넷, 누정(樓亭)은 당연히 궁실조에 들어가야 하니, 《대명일통지》에도 이와 같이 되어 있다. 그런데 《신증동국여지승람》에서는 별목(別目)으로 하나의 조를 만들었으니, 이제 그 규례를 바꿔서 궁실조에 합쳐 놓았다. 또 《대명일통지》를 살펴보건대, 대사(臺榭)를 궁실조에 합쳐 부기하였으므로 이제 여기서도 이를 따랐다. ○ 예를 들면 요동(遼東)의 장응대(障鷹臺)에는 그 주에 "여산(閭山)의 서남 제일봉에 있다."라고 하였고, 장주(漳洲)의 임장대(臨漳臺)에는 그 주에 "등고산(登高山) 꼭대기에 있으니 계산(溪山)의 경치가 가장 뛰어난 곳에 의거해 있다."라고 하였는데, 모두 궁실조에 부기되어 있다.

혹자가 말하기를 "수령의 관사(官舍)를 쓰지 않은 것은 어째서인가?" 하니, 답하기를 "관사를 만일 기재한다면 공서에 연계시켜야지 궁실에 연계시켜서는 안 된다. 이미 모군(某郡) 또는 모부(某府)라고 했다면 수령이 거처하는 집은 그 가운데 포함되는 것이다. 궁실조에는 오직 관우(館宇)와 누관(樓觀) 같은 부류만 기재할 수 있으니, 관원들이 사는 집은 본래 기재하지 않아야 한다. 《대명일통지》와 《신증동국여지승람》에서 모두 이것을 적지 않았던 것은 아마도 이러한 의미일 것이다." 하였다.

스물다섯, 여러 조에 실린 서문, 기문, 시부(詩賦) 등은 작자에 반드시 그 시대를 적었다. 고려는 '고려 모인'이라고 하고, 본조는 '본조 모인'이라고 하였다. 한 고을 안에서 두 번 나온 자는 그 시대를 다시 적지 않았다.

스물여섯, 창고는 《신증동국여지승람》을 따라서 국창(國倉)만 기재하였다. 국창이란 국가의 조창(漕倉)이니, 충주(忠州)의 가흥창(可興倉), 아산(牙山)의 공세곶창(貢稅串倉), 옥구(沃溝)의 산창(山倉) 같은 부류이다. 국창만 기재하였으므로 각 읍의 관고(官庫)와 사창(社倉)은 굳이 기재하지 않았다.

혹자가 말하기를 "창고는 읍 전체에서 중요하게 여기는 것이니 각 읍의 관고도 써야 할 듯하다." 하니, 답하기를 "관고는 읍을 다스리는 데 반드시 있어야 하는 것이니 굳이 한 조를 따로 만들어서 쓸 것 없다." 하였다. 혹자가 말하기를 "만일 반드시 있는 것이기 때문에 쓰지 않는다면 사단(社壇)과 학교도 읍마다 반드시 있는데 쓴 것은 어째서인가?" 하였다. 《대명일통지》에는 사단조(社壇條)를 기재하지 않았는데 《신증동국여지승람》에는 기재하였다. 그러므로 이제 《신증동국여지승람》을 따른 것이다. 사단과 학교의 경우는 비록 읍마다 반드시 있는 것이기는 하지만 혹 관부(官府)와의 거리도 다르고 방향도 동서(東西)로 제각각이어서 똑같지가 않다. 관고의 경우는 반드시 관부와 한 장소에 같이 있다. 또 창고가 아무리 중요하다고 해도 사직, 학교와 비교하자면 사체(事體) 또한 분별해야 할 점이 있다. 게다가 중요하다고 해서 모두 쓴다면 군기고(軍器庫) 또한 어찌 중요한 것이 아니겠는가. 또 창고는 흥폐나 성쇠가 일정하지 않으니 우리나라도 평시에는 여러 읍에 창고가 두세 개씩 있었는데 지금은 모두 하나의 창고로 만들었다. 강화(江華), 광주(廣州) 같은 지역은 예전엔 창고가 하나만 있었지만 이제는 양곡을 취합하는 장소가 되어 서너 개의 창고를 증설하였다. 또 제읍에 있는 창고의 종류에는 사창(司倉)이 있고 관청(官廳)이 있으며, 감영이 있는 본읍의 경우는 영고(營庫)와 양향고(糧餉庫)를 겸하여 가지고 있다. 양서(兩西)의 고을들은 근래에 관향천류고(管餉泉流庫)[26]를 더 설립하였고, 병영과 수영, 여러 진의 소재지에는 또 각각 창고가 있으니 비록 규모는 같지 않지만 이것들도 모두 반드시 있어야 하는 것들이다. 이와 같은 종류들을 다 나열해 적어야 하겠는가? 아니면 선택하여 적어야 하겠는가?

사창(社倉)의 경우 지금은 비록 관에서 맡고 있지만 본래는 향사(鄕社)의 창이었다. 여러 사에서 설치한 창고들을 지지(地志)에 모두 기재할 수 없을 뿐 아니라 그 창고 자체도 흥망성쇠의 기준이 없고 폐치(廢置)가 일정하지 않으니 만일 일일이 적는다면 아마도 가소로울 정도로 부실한 곳이 있을 것이다. 그렇다고 또 번창한 곳만 쓰고 잔폐한 곳을 빼 버릴 수도 없으니, 이는 본래 지지에 반드시 기재해야 할 것이 아닌데 굳이 쓰고자 하면 처리하기 어려운 일이 한두 가지가 아니다. 대개 일국의 통지(通志)는 일개 읍의 장부와 다르니 온갖 일을 다 기록하고자 한다면 도리어 번잡해져서 그 상략(詳略)의 적당함을 잃게 될 것이다. 지금 현(縣)은 각각 자신만의 땅이 수십 리에 불과하여 기록할 만한 일이 없기 때문에 그 지지를 보는 자들은 모두 번잡한 줄 모르고 곧 굳이 상세할 필요가 없는 부분까지 상세하게 하고자 생각한다. 만일 중국이나

26 관향천류고(管餉泉流庫) : 1623년(인조1)에 설치하였는데, 칙사(勅使)의 책응(策應)과 사행(使行)의 반전(盤纏), 즉 노자(路資)에 수용(需用)되는 것을 이 고(庫)에서 취용(取用)한다. 평양부(平壤府)에 있다.《萬機要覽 財用編6》

고려 시대라면 현은 부(府)에 소속되어서 하나의 지(志)로 합쳐졌을 터이니, 말할 것도 없이 기재해서는 안 된다는 것을 저절로 알 것이다. 정말로 현이 부에 소속되었을 때에 기재하지 않아야 한다는 것이 지극히 당연하다면 현이 부에 소속되지 않은 때라고 그 마땅함이 다르겠는가.

스물일곱, 원우(院宇)는 우역조(郵驛條)에 부기하였다. 대개 원우는 본래 기재할 필요가 없지만 이번에 고쳐서 바로잡지 못하였으므로 우선 옛날대로 기재하는 것이다. 역참에 있는 원사(院舍)[27]는 여행객을 접대하기 위해 없어서는 안 되는 것이다. 그러나 우리나라에서 말하는 원(院)은 그 제도가 온당치 못하였기 때문에 오래지 않아 폐지되었으니 예전의 원우는 한갓 허명만 있을 뿐 백에 하나도 남아 있지 않다. 본래 거리를 측정해서 도로에 참점(站店)을 개설하는 것은 여행객들을 위주로 한 것이고, 그 지형이 요해처라면 아울러 관(關)을 설치해서 도적을 방비하고 기찰해야 한다. 그런데 지금은 그렇지 못하고 단지 주인 없는 빈집이 되어 버려서 비록 참점을 건립하더라도 도로 폐기되니 이것은 바로 우리나라의 규제가 미진하기 때문이다. 사례에 비추어 볼 때 삭제해야 하겠지만 지금은 고치지 못하여 우선 옛날대로 기재한다. ○ 원우는 본래 여관의 이름이 아니다. 우리나라는 예전에 있던 역참 길 중 인적이 드문 곳에 사우(舍宇)를 세워서 여행객을 접대하는 곳으로 삼았는데 민간에서 불법을 숭상하였기 때문에 원이란 이름을 붙인 것

27 원사(院舍) : 조선 초기, 지방을 오가는 관리들에게 숙소로 제공하기 위하여 30리마다 설치한 숙소이다. 이 주변에 원사를 수직(守直)하는 자의 급료에 충당하기 위한 전토로 원전(院田)까지 같이 마련해 설치하였다고 한다.《萬機要覽 財用編2》

이다. 원우의 원은 사원(寺院)의 원이니 자비심으로 사람을 구제한다는 뜻이다. 국가에서 간혹 전지를 마련하고 사람을 구하여 관리하게 하였지만 본래 빈집이므로 훼손되거나 폐기되는 일이 수시로 발생하였다. 또 원우를 건축할 때 대부분 승려들이 시주를 받아 하였으므로 지역에 따라 많고 적음의 기준이 없으니 옛날 여인숙이나 역정(驛亭)의 제도와 같지 않다. 또 원우는 본래 우역에 견줄 바가 아니니, 원을 역과 비교하는 것은 마을의 서당을 주현의 학교와 비교하는 것과 같다. 지지에는 단지 주현의 학교만 기재하고 마을의 서당까지 다 수록할 수는 없으니 원우(院宇) 또한 다 쓸 수 없는 것은 일의 체제가 이와 같기 때문이다. 그런데 《신증동국여지승람》에서는 항목을 만들어 역원(驛院)이라고 하였으니 규례상 온당치 못하다. 이제 우역이라고 항목을 만들고 원우는 우선 그 예전 것을 남겨 두어서 부기하여 드러냈다. ○《신증동국여지승람》에서 이미 역원이라고 항목을 만들고서 제현 중 원만 있고 역이 없는 곳에 대해서는 그 항목을 고쳐서 원우라고 하였다. 심지어 묘만 있고 능이 없는 곳 같은 경우도 능묘(陵墓)라는 항목을 고쳐서 총묘(塚墓)라고 하였다. 살펴보건대 《대명일통지》의 능묘조, 관량조에서는 비록 묘만 있고 능이 없는 곳이나 교량만 있고 관문이 없는 곳, 또는 험한 병목지와 진도(津渡)만 있을 뿐 관문이나 교량이 없는 읍이라도 그 항목은 모두 능묘, 관량이라고 썼다. 대개 각 읍의 기재하는 내용은 일체 그 지역의 실제 유무를 따르되, 정해진 항목에 이르러서는 경우마다 바꿀 수 없는 것이다. 이제 그러한 사례를 따라서 우역도 그렇게 하였다.

스물여덟, 관량(關梁)은 《신증동국여지승람》에서는 항목을 교량(橋梁)으로 만들고 단지 다리들만 적었다. 이제 《대명일통지》를 따라서 관량

이라고 바꾸고 도로와 관애(關隘) 중 기록할 만한 것들은 모두 기재하였다. 혹자가 말하기를 "중국은 관문(關門)이 있는 곳이 많기 때문에 관량으로 항목을 만든 것이지만, 우리나라는 어차피 관문도 없는데 어찌 굳이 바꾸는가?" 하자, 답하기를 "관이란 본래 요새지란 의미이니, 반드시 요새지인 곳에 관문을 설치해 방어하고 기찰하기 때문에 관이라고 부른 것이다. 그렇다면 반드시 관을 설치해 주둔하며 방수한 뒤에야 기록할 수 있는 것은 아니다. 무릇 도로가 지형이 험고한 요새처를 경유하는 경우는 모두 관이란 유형에 포함시켰다. 지지에서 관량을 반드시 기록한 이유는 생각건대 괜히 그런 것이 아니다. 이와 같기 때문에 《대명일통지》에 기재한 것도 다 관문을 설치한 곳은 아니었으니 더러 옛날에는 관수(關戍)가 있었는데 지금은 없는 곳이나 혹 지형이 험하거나 변경 요새지여서 구(口)나 애(隘)로 칭하는 곳은 모두 기재하였다. 본국은 땅이 비록 작지만 험난한 산과 계곡이 매우 많아서 옛날에 관을 설치했던 곳도 전혀 없지는 않다.-조령(鳥嶺), 대관령(大關嶺), 철령(鐵嶺), 함관령(咸關嶺), 마운령(磨雲嶺), 팔량령(八良嶺) 같은 부류는 모두 옛날에 관을 설치했던 곳인데 지금도 성문의 유지(遺址)가 있다.- 어찌 빠뜨려서는 안 될 것을 빠뜨리고 항목을 교량이라고 바꿀 수 있겠는가." 하였다.

스물아홉, 사묘(祠廟)는 《신증동국여지승람》에는 사전(祀典)에 실린 정사(正祠) 외에 법도에 맞지 않는 민간의 음사(淫祀)와 같은 유형도 많이 실려 있다. 이와 같은 것은 모두 삭제해 바로잡았다. 예전에 성왕이 제사를 제정하면서 백성에게 법이 베풀어지면 제사하고, 죽음으로 국사에 근면하면 제사하고, 공로로 나라를 안정시키면 제사하고, 큰 재앙을 잘 막으면 제사하고, 큰 환란을 잘 막으면 제사하였으니, 이러한 부류가 아니면 사전에 있지 않았다. 그러므로 무릇 도덕이 있는 자가 교육을 하다가 죽으면 고종(瞽宗)에서 제사하였다. 무릇 학교를 세우면 석채(釋菜)를 하고 그다음 부류는 향인이 사(社)에서 제사하였다. 후세에 예컨대 충신 의사(忠臣義士)가 죽음을 무릅쓰고 나라의 환난을 방어하였다면 장순(張巡)과 허원(許遠)의 사당을 수양(睢陽)에 세운 것처럼 하는 것이 또한 정당하다. 그러나 사우는 반드시 사체를 엄숙히 하여서 민간의 잡스러운 신과 더불어 바로 합제하지 않아야 한다. 세교가 밝지 못하고 민속이 괴이한 것을 좋아하여 이제 곳곳마다 음사(淫祀)를 두고 신당(神堂)이라고 하면서 어떤 사람의 신을 위한다고 칭하기도 하고 혹은 어떤 산의 신이라고 칭하기도 하며 떼로 모여서 기도하고 저주한다. 이는 왕정(王政)에서 의당 엄하게 금하고 철폐해야 할 것이므로 마땅히 모조리 삭제해 버리고 기재하지 않았다. 심지어 명산대천 같은 경우는 본래 사전에 실려 있는 것인데 이제 서낭당〔叢祠〕처럼 사당을 세우고 상물(像物)을 설치하는 경우가 많고 이 또한 민간의 무당이 기도하는 곳이 되었으니 진실로 해괴하게 여길 만하다. 장남헌(張南軒)의 말에 이르기를 "산은 우뚝이 높고 강은 도도히 흐르는 것이 그 본래 형세인데 사람 형상을 만드니 무슨 소용이며, 그 기운이 흘러 통해야 서로 접할 수 있는 것인데 집을 만들다니 이 무슨 짓인가."라고 하였으니, 이런 곳은 단(壇)을 만들어야지 사(祠)를 만들어서는 안 된다는 것이 분명하다. 그러나 이런 곳은 본래 정사(正祀)라서 삭제할 수 없고 이제 단을 만들지도 않았으니 어쩔 수 없이 옛 기록을 그대로 따라서 모산사(某山祠)라고 하고, 국가에서 사전을 수정하기를 기다려 고치겠다.

서른, 사찰조(寺刹條)를 《신증동국여지승람》에서는 불우(佛宇)라고 하였는데 이제 조 이름을 바꾸었다. 《운서(韻書)》에 "찰(刹)은 승려가 있는 사원이다."라고 하였다. 중간급 이상의 사찰을 기재하고, 작은 암자나 당(堂)의 경우는 이름난 승경이나 사적이 있는 경우를 제외하고는 굳이 다 기재하지 않았다. 더러 방사(傍寺)의 주(註) 안에 부기하였다. 예전에는 사찰이었는데 지금은 폐기되어 유지만 남은 경우, 거찰은 고적조로 옮겨 부기하였고 나머지는 바로 삭제하였다.

서른하나, 고적으로 《신증동국여지승람》에 실린 모향(某鄕), 모부곡(某部曲), 모소(某所), 모처(某處), 모장(某莊)은 대개 신라가 주현(州縣)을 설치할 때에 그 토지나 인정(人丁)이 현으로 삼을 정도가 안 되는 곳으로 향과 부곡을 설치하여 본읍에 소속시켰다. 그 소(所)라고 칭하는 부류는 고려 때 금(金), 은(銀), 철(鐵), 동(銅), 사(絲), 주(紬), 지(紙), 와(瓦), 염(鹽), 탄(炭) 등의 소를 설치하여서 각각 그 물건을 거두어 여러 궁원에 바친 것이다. 《삼국사》 〈지리지〉 및 《고려사》에는 모두 기재되지 않았고 《신증동국여지승람》에만 기재되어 있는데 아마도 써야 할 사례는 아닌 듯하다. 그 기록할 만한 고적이 없는 것은 이제 모두 삭제하였다. 본읍과 유달리 멀어서 다른 지경으로 넘어 들어간 것은 우선 기재하였으니, 국가가 훗날 조정할 참고 자료로 대비하고자 한 것이다.

서른둘, 명환조(名宦條)에서 덕정(德政)과 공적(功績)이 있는 관찰사와 절도사의 경우는 또한 그 본영 소재지의 읍에 기재하였다. 《신증동국여지승람》에서, 양계(兩界) 지역은 관찰사가 부윤을 겸하기 때문에 기재하였으나 그 나머지 지역은 관찰사가 통치하긴 하되 하나의 읍을 전담하지 않는다는 이유로 쓰지 않았다. 그러므로 명환이라고 하는 자들은 대체로 하읍(下邑)의 미관말직으로 기록할 만한 정사가 없는 자들이 많고, 덕정과 공적이 있는 유명한 사람의 경우는 도리어 끼지 못하였으니, 실로 명환을 드러내는 본의가 아니다. 《대명일통지》를 살펴보면, 진(晉)나라 환충(桓冲)과 도간(陶侃) 등은 모두 대장이나 절도사로서 천 리를 아울러 관할하였지만 주둔하던 주(州)의 인물로 기재하였으며, 명나라 우겸(于謙)과 유대하(劉大夏)는 절강 포정참의(浙江布政參議)였지만 항주부(杭州府)의 명환으로 기재되었다. ○ 또 《대명일통지》를 살펴보자면, 예컨대 남경(南京)은 한(漢)나라 때에는 양주 자사(楊州刺史)의 관할이었는데, 삼국 시대 오(吳)나라 때는 건강(建康)이 되었고, 진(晉)나라 때는 단양군(丹陽郡)이 되었다. 당(唐)나라 초기에는 장주(蔣州)를 설치하였다가 후기에 승주(昇州)가 되었다. 송(宋)나라 인종(仁宗) 때에 강녕부(江寧府)가 되었다가 후에 건강이 되었으며, 명나라에 들어서는 응천부(應天府)가 되었다. 그 명관(名官)으로는 한나라 때 위상(魏相)은 양주 자사이고, 진나라 양만(羊曼)과 온교(溫嶠)는 모두 단양 윤(丹陽尹)이고, 당나라 때 노조상(盧祖尙)은 장주 자사(蔣州刺史)이고 안진경(顏眞卿)은 승주 자사(昇州刺史)이며, 송나라 때 조빈(曹彬)은 승주 행영도부서(昇州行營都部署)였고, 소이간(蘇易簡)과 여몽정(呂蒙正)은 모두 승주 통판(昇州通判)이었으며, 장방평(張方平)은 지강녕부(知江寧府)였고 장준(張浚)은 판건강부윤(判建康府尹)이었다. 명나라 이후 여러 사람들은 모두 응천 부윤(應天府尹)이라고 하였다.

《신증동국여지승람》에서는 지금 경성(京城)이 백제와 고구려 때에 북한산군(北漢山郡)이었고, 통일신라 때 북한산주(北漢山州)로 삼았다가 경덕왕(景德王) 때에 고쳐서 한양군(漢陽郡)으로 삼았다. 고려 초에 양주(楊州)로 고쳤다가 문종(文宗) 때에 승격하여 남경(南京)으로 삼았고, 충렬왕(忠烈王) 때 고쳐서 한양부(漢陽府)로 삼았다. 본조에 들어와 한성부(漢城府)로 바꾸었다. 그 명환조에서 신라 김대문(金大問)과 변암(邊巖)을 북한산 도독(北漢山都督)이라고 하지 않고 단지 도독이라고만 하였으며, 고려 한문준(韓文俊)과 왕규(王珪)를 남경 유수(南京留守)라고 하지 않고 단지 유수라고만 하였는데, 다른 여러 군도 모두 그러하다. 본조 이후 여러 사람들의 경우 더더욱 읍명을 적지 않았다. 무릇 고금의 연혁이 일정하지 않고 군읍의 명칭도 바뀌었는데 관직을 당시 읍명에 연계하지 않았으니, 자못 오래 전하여 참고할 수 있게 하는 뜻이 부족하다. 마땅히 각각 사실대로 갖추어 적어야 한다.

서른셋, 명환조에서, 《신증동국여지승람》에 실려 있는 사록(司錄), 장서기(掌書記) 같은 부류는 가장 유명한 경우와 사적(事績)이 있는 자 외에는 삭제하여야 한다. 또 본조 이후 명환은 범범하게 기재된 자가 많은데, 더러 당시 형세에 구애되어 실린 경우가 있으니, 이와 같은 유형은 마땅히 여러 전기를 조사하여 바로잡았다. 지금 전기가 구비되지 않아서 미처 삭제해 바로잡지 못한 것도 많다. 인물조에서도 그러하다. ○ 또 그 사적에 주석이 빠진 것이 많은데 이 또한 전기가 구비되지 못했기 때문에 그런 것이다.

서른넷, 인물은 그 지역 출신의 인물이고, 유우(流寓)는 외지에서 이사 온 인물이다. 《대명일통지》에 유우가 인물보다 먼저 실려 있는 이유는 대개 타향에서 와 머물다가 그를 계기로 대대로 거주하게 된 자가 있는데 그 자손이 인물조에 실리는 경우 '아무개의 자손'이라고 하기 때문이다. 이제 역시 《대명일통지》의 예를 따랐다.

서른다섯, 인물은 《신증동국여지승람》에서는 모두 먼 조상의 본관을 따라서 기재하였으므로 실제 그 지역의 사람이 아니다. 《고려사》도 대부분 이와 같다. 상고할 만한 전기나 장문(狀文)이 있는 경우는 실제를 따라서 옮겨 기재하였는데, 상고할 자료가 없는 경우는 그 옛 기록을 그대로 따랐다. 이번에 이어서 기재된 자는 일체 그 사람이 생장하여 호적이 등록된 지역을 위주로 하였다. 부친이나 조부 때부터 이 지역에 와서 거주하고 자기도 그 지역에서 생장한 자가 바로 그 지역 인물이 된다. ○ 우리나라 풍속은 가문을 중시하여서 사족(士族) 집안은 반드시 먼 조상이 처음 집안을 일으켰던 지역을 드러내어서 그곳을 본관으로 삼으니, 비록 자손들이 남쪽이나 북쪽으로 이주한 지 백대가 지나더라도 그 본관을 바꾸지 않는다. 지금 호적 문서에 "본관은 아무 땅이고 아무 땅에 거주한다."라고 적는 것도 이 때문이다. 이 본관은 단지 그 족성(族姓)이 발생한 곳을 분명히 한 것뿐인데, 만일 그 지역 사람이라고 여겨서 그 지역 지지에 기재한다면 실제를 속이는 것이다. 《고려사》에서는 제대로 살피지 못하고 모든 본관을 가지고 그대로 지역인으로 만들었고, 《신증동국여지승람》에서 또 따라서 오류를 답습하여 구습에 젖어 고치지 못하였다. 지금 삼한(三韓)의 족성은 먼 조상 때 집안을 일으켜 부귀해지거나 현달해지고 나서 혹 경사에 살거나 혹 다른 지역에 흩어져 살아온 지가 모두 수십 세대이니 또한 수백 년 내지 천년이나 된다. 그 자식이나 손자, 증손의 세대라면 비록 다른 지역에 살더라도 본관 지역에 부기하는 것이 그래도 괜찮다. 하지만 먼 후손에 이르러서는 까마득하게 멀어져서 그 땅에 발 한 번 디딘 적이 없고 눈으로 한 번 본 적도 없는데 한갓 본관이라는 이유로 그대로 그 지방의 사람으로 만들었으니, 도적(圖籍)을 참고하여 인물을 논하는 본래의 의도에 비추어 볼 때 과연 어떠하겠는가.

중국의 경우 사지(史志)를 작성하는 자가 송씨(宋氏)와 공씨(孔氏)가 은(殷)나라 탕(湯) 임금에서 나왔다는 이유로 모두 박(亳) 땅의 인물로 기재했다는 말은 들어 보지 못하였으며, 또 열국 제후의 후예가 문왕(文王)·무왕(武王)에서 나왔다는 이유로 모두 기(岐) 땅의 인물로 기재했다는 말도 들어 보지 못하였다. 그런데 우리나라에서는 신라 출신인 자가 고려 태조 초기에 송경(松京)으로 옮겨 와 벼슬하며 거주한 것이 500년이나 되었고 조선 시대 이후 한양(漢陽)에 거주한 것이 또 300년이나 되었는데도 지(志)를 만드는 자는 여전히 모두 경주(慶州)에 기재하고 전(傳)이나 장문(狀文)을 작성하는 자도 여전히 경주인(慶州人)이라고만 하니 그 또한 이상한 일이다. 다른 곳도 모두 그렇지 않은 경우가 없으니 이와 같은 것을 모두 다 고쳐 바로잡았다.

《대명일통지》를 살펴보건대 한유(韓愈)의 선대는 창려인(昌黎人)이지만, 그 증조가 창려에서 하양(河陽)으로 이사하였기 때문에 창려의 인물조에 실리지 않고 지금 회경부(懷慶府)-바로 옛 하양이다.-에 실려 있다. 여조겸(呂祖謙)의 선조는 동래인(東萊人)이므로 그 6대 조상 여이간(呂夷簡)은 내주부(萊州府)에 실려 있다. 그런데 조부 여호문(呂好問)이 고종(高宗)을 따라 남쪽으로 건너와서 금화(金華)에 거주하였으므로 내주 인물조에 여조겸을 기재하지 않고 금화부에 기재하였다. 소옹(邵雍)은 범양인(范陽人)으로 하남(河南)에 유배 와 우거하였으므로 순천부(順天府) 인물조에 소옹을 기재하였고 또 하남부 유우조(流寓條)에 기재하였다. 그의 아들 소백온(邵伯溫)은 하남부 인물조에 기재되어 있다. ○ 또 살펴보건대 한나라 때에 전경(田景)

일족을 관중(關中)으로 옮기니, 그들은 곧 삼보(三輔)를 고향으로 삼고 다시 제(齊)나라나 초(楚)나라 지역에 연계되지 않았다. 동진(東晉) 시대 강좌(江左) 지역에 유배 와 살게 된 가문들은 모두 토단(土斷)[28]에 실린 것대로 호적을 적었는데 식자들이 모두 옳다고 여겼다. 이에 의거하면 옛사람에게도 이미 정법(定法)이 있었음을 볼 수 있다. 이제 역대 호적을 살펴보면 여러 사람이 소속된 곳을 알 수 있겠으나 다만 누차 병란을 겪어서 경외(京外)의 판적이 대부분 유실된 것이 걱정이다. ○ 또 일찍이 역사 기록이나 묘지, 장문 등을 살펴보면, 고려조 사람들은 조상에서 분리된 지 오래지 않아서 왕왕 그대로 자기 고향에 거주하였으므로 비록 본관대로 하더라도 실제와 크게 다르지 않은 경우가 많다. 하지만 본조 이후로는 사대부의 후손으로 여전히 본관 지역에 살고 있는 자가 거의 드물다. 따라서 더더욱 사실대로 개정해서 남방 사람을 북방 사람으로 만드는 일이 없게 해야 할 것이다.

서른여섯, 인물조에는 도덕(道德)과 절행(節行), 사업(事業)이 있는 사람을 기록하는데, 효행(孝行)이 있는 자도 의당 인물조에 같이 포함되어야 한다. 《대명일통지》에서도 이와 같이 하였다. 《신증동국여지승람》에서는 효자와 인물을 나누어 두 개의 조로 만들었는데, 이제 그 사

28 토단(土斷) : 본래 근거지 위주의 호적을 폐기하고 현 거주 군현의 호구로 편입하는 방법을 말한다. 중국 서진(西晉) 때에 전란으로 중원의 호족들이 대부분 강남으로 옮겨 갔으나 원래 중원의 군적(郡籍)을 그대로 사용하여 교군(僑郡)을 형성하였다. 동진(東晉) 애제(哀帝) 때에 이르러 환온(桓溫)이 토단법을 시행하여 교군을 없애고 호적을 정리하였다. 이후 남조(南朝)에서는 여러 차례 토단법을 시행하여 왕조의 통치를 강화하고 호족의 세력을 억제하여 부역과 병역을 확대하는 수단으로 삼았다.

례를 고쳐서 인물조에 통합해 기재하였다. 《대명일통지》에서는 효행이 있는 자를 인물조에 통합해 기재하고 주석으로 그 효행의 실제를 적어 주었다. 그래서 왕상(王祥)이나 이밀(李密)처럼 행적이 분명하게 드러난 자가 기재될 수 있었다. 하지만 《신증동국여지승람》에서는 별도로 하나의 조로 만들어서 효자로 나라에 이름이 나서 정문(旌門)을 허락받은 자라면 모두 낱낱이 나열하였는데 왕왕 민간의 농사짓는 평범한 백성들이 많았으니 그 기록한 행적이 다른 말은 없고 다만 여묘살이를 하고 손가락을 잘랐다는 몇 글자일 뿐이었다. 이는 우리나라 풍속에 여묘살이하고 손가락을 잘라 효행하면 으레 정표를 하였기 때문이다. 이제 의(義)를 행한 것이 분명한 경우만을 취하여 기록하였다.

○ 부모의 상에 3년 동안 여묘살이한 자들을 으레 효자로 정표하는 것은 어째서인가? 고려 시대 풍속이 불법을 숭상하여 상제(喪制)가 무너져서 100일만 지나면 사람들이 모두 상복을 벗었다. 오직 효성이 지극하고 독실하여 습속에 구애받지 않는 자만이 삼년상을 행할 수 있었다. 풍속이 이미 저와 같았으니 삼년상을 행하는 자가 도리어 일반 사람보다 뛰어난 점이 있었던 것이다. 그러므로 이에 사람들과 접하지 않고 묘 곁에서 여묘살이하는 법도를 지키는 이가 있으면 사람들이 그를 효자라고 칭하고, 국가가 따라서 정려하였던 것은 대개 이 때문이었다. 그러나 묘소란 신체와 백(魄)을 간직해 둔 곳이고, 혼기(魂氣)는 집으로 돌아가므로 삼우제(三虞祭)를 지내어 혼령을 편안히 하니, 여묘살이는 선왕의 제도가 아니다. 열성조의 가르침이 드높아 근세 이후로 상제의 예의가 분명하게 갖추어져서 삼년상이 나라 안에서 보편적으로 행해졌으니 어질고 효성스러운 사대부들은 모두 예제에 스스로 몸과 마음을 다할 줄 알게 되었다. 그러니 또 여묘살이에 대해 무슨 논란할 것이 있

겠는가. 대개 이전에 여묘살이를 했던 자는 비록 예제에는 부합하지 않지만 그 효성을 인정하지 않을 수 없다. 하지만 아무리 그 효성을 인정한다 할지라도 그것이 예가 아니라는 것을 몰라서는 안 된다. 살펴보는 자들은 상세하게 알아야 할 것이다. ○ 또 살펴보건대 손가락을 자르고 허벅지 살을 베어 바치는 것[29]은 옛날 교훈에서는 듣지 못하던 일이다. 혹자가 주자에게 묻기를 "허벅지 살을 베어 올린 일은 어떻습니까?"라고 하니, 주자가 답하기를 "허벅지 살을 베어 바치는 것은 본래 옳지 않다."라고 하였다. 또 명나라 홍무(洪武) 연간에 청주(靑州)의 백성이 병에 걸린 어머니를 위하여 옆구리 살을 베어 먹였다. 예부가 의논하여 말하기를 "자식이 어버이를 섬기는 데 평소에는 그 공경을 지극히 하고 봉양할 때는 부모님을 즐겁게 해 드리며 병이 있을 때는 좋은 의사에게 부탁하여 좋은 약을 써야 한다. 천지신명에게 기도하고 호소하는 것도 인정과 예법상 지극한 간절함이니, 이는 자식 된 도리상 당연히 해야 할 바를 하는 것이다. 얼음 위에 눕고[30] 허벅지 살을 베어 바치는 등의 일은 예전에 없었는데 후세에 뒤섞여 나온 것이 또한 간간이 보인다. 게다가 부모가 자식을 두었는데 허벅지 살을 베어 바치다 혹 목숨을 잃기까지 하며 얼음에 누워 있다가 더러 얼어 죽기까지 한다면 부모의 후사가 없게 만드는 것이니 도리어 커다란 불효를 하는 것이다. 이는 모두 우매한 무리가 세상을 놀

29 허벅지……것 : 당(唐)나라 진장기(陳藏器)의 《본초습유(本草拾遺)》에 "인육(人肉)으로 병을 고칠 수 있다는 믿음 때문에 후세의 효자들이 자신의 허벅지 살을 떼어 어버이의 병을 고치려 했다."라는 말이 나온다.

30 얼음 위에 눕고 : 진(晉)나라 왕상(王祥)이 어머니가 산 물고기를 먹고 싶어 하자 추운 겨울에 옷을 벗고 얼음에 누워 체온으로 얼음을 녹이고 물고기를 잡으려 했는데, 얼음이 쪼개지면서 잉어 두 마리가 튀어나왔다는 고사에서 온 것이다. 《小學 卷6 善行》

랠 일을 하기에만 힘써서이니 이보다 더 도에 어긋나고 자신을 해치는 일이 없다. 지금부터는 자식이 부모가 병에 걸렸는데 의원이 치료해도 낫지 않고 달리 하소연할 데도 없어서 어쩔 수 없이 허벅지 살을 베어 바치는 경우는 또한 그가 하는 바를 인정해 주되 정표하는 대상에는 두지 않는다." 하였다. 이로써 본다면 허벅지 살을 베고 손가락을 자르는 행위가 아무리 자식의 애통하고 절박한 심정에서 나온 것이라 할지라도 교화를 맡은 자는 또한 정려하여 권장해서는 안 된다는 것이 분명하다.

서른일곱, 열녀(列女)를 《신증동국여지승람》에서는 열녀(烈女)라고 칭하면서 단지 지아비를 위하여 절개를 수립한 자만을 기재하였다. 효행이 있는 자는 효자조에 열거하였다. 이제 열녀(列女)로 고치고 《열녀전(列女傳)》과 《대명일통지》에 의거한 것이다. 무릇 절의와 덕행이 있는 부인을 모두 기재하였다. 효자조에 나열되어 있고 기록할 만한 자는 또한 이곳으로 옮겨 와 기록하였다.

서른여덟, 이 책은 수정하고 증보한 곳이 매우 많다. 그러나 사방 지형과 산천 풍속, 인물 사적은 한 사람의 견문으로 다 알 수 있는 바가 아니므로 그 수정한 것 중에 상략(詳略)이 있을 것이다. 그러므로 따로 목록을 만들어 권말에 붙이고 각 읍마다 권(圈)과 점(點)을 더해서 표시해 두었으니 후대 군자들의 고정(考正)을 기다린 것이다. 그중 이미 빠짐없이 다 상세하게 기술한 것은 권 하나를 찍고, 직접 그 지역을 가서 대략이나마 살펴본 경우나 직접 살펴보지는 못했지만 그 읍지를 얻은 경우는 점 하나를 찍었다. 그 나머지 지역은 권과 점을 표시하지 않았다. 직접 가 보지 못하여 잘 모르는 곳은, 그 산천에서 큰 것을 빠트리고 작은 것을 기록하기도 하고 형승과 토산에서 그 실제를 놓치기도 하였으니 이런 부류는 수정하지 못한 것이 많다.

참고 문헌

《여지승람(輿地勝覽)**》《삼국사기**(三國史記)**》《고려사**(高麗史)**》《동국통감**(東國通鑑)**》《동국사략**(東國史略)**》《동사찬요**(東史纂要)**》《대명일통지**(大明一統志)**》《사기**(史記)**》《한서**(漢書)**》《후한서**(後漢書)**》《삼국지**(三國志)**》《진서**(晉書)**》《남북사**(南北史)**》《주서**(周書)**》《수서**(隋書)**》《당서**(唐書)**》《오대사**(五代史)**》《송사**(宋史)**》《요사**(遼史)**》《금사**(金史)**》《원사**(元史)**》《자치통감**(資治通鑑)**》《자치통감강목**(資治通鑑綱目)**》《두씨통전**(杜氏通典)**》《문헌통고**(文獻通考)**》《동문선**(東文選)**》《속동문선**(續東文選)**》 제가**(諸家)**의 문집** 우리나라 문집은 얻는 대로 참고하고 우리나라 문헌 목록 중에는 드러내었으나 여기서는 그 제목을 다 기록하지 못하였다. ○ 나중에 여러 책들 뒤에 따로 나열할 것이다.

《평양지(平壤志)**》** 윤두수(尹斗壽) 찬

《성천지(成川志)**》** 이□□□[31]

《기자지(箕子志)**》** 윤두수 찬

31 이□□□ : 한국민족문화대백과사전에 의하면 《성천지》는 1603년(선조36) 이상의(李尚毅)가 편찬한 것으로 되어 있다.

《일선지(一善志)》 최현(崔晛), 이준(李峻) 찬

《승평지(昇平志)》 이수광(李睟光) 찬

《상산지(商山志)》 상주(尙州)이다.

《탐라지(耽羅志)》 이□□□[32]

《송도지(松都志)》 김육(金堉) 찬

《연안지(延安志)》 윤두수 찬

《포산지(苞山志)》 김□□. 반만 참고하였다. 현풍(玄風)이다.

《안변지(安邊志)》 김육 찬

《수성지(水城志)》 이식(李植) 찬. 간성지(杆城志)이다.

《황려지(黃驪志)》 윤휘(尹暉) 찬

《홍양지(洪陽志)》 이수광 찬

《수양지(首陽志)》

《복주지(福州志)》 정구(鄭逑) 찬. 안동(安東)이다.

《춘주지(春州志)》 엄성(嚴惺) 찬. 춘천(春川)이다.

《동복지(同福志)》

《창산지(昌山志)》 창녕(昌寧)이다.

《임영지(臨瀛志)》 강릉(江陵)이다.

《통천지(通川志)》

《충주지(忠州志)》 이상은 모두 정구가 찬한 것이다.

《함안지(咸安志)》

32 이□□□ : 한국민족문화대백과사전에 의하면 《탐라지》는 효종 때 이원진(李元鎭)이 편찬한 읍지라고 되어 있다.

《함안지제요(咸安志提要)》 두 지는 모두 허목(許穆)이 찬한 것이다.

《의춘지제요(宜春志提要)》

《동국명신록(東國名臣錄)》

《척주지(陟州志)》 허목 찬. 삼척(三陟)이다.

《속삼강행실(續三綱行實)》

《삼강행실(三綱行實)》

《기묘록(己卯錄)》

《신속삼강행실(新續三綱行實)》

《용비어천가(龍飛御天歌)》

《관북기사(關北紀事)》

《대동운옥(大東韻玉)》

《고사촬요기년(攷事撮要紀年)》

《각읍선생안(各邑先生案)》 부안(扶安)과 직산(稷山)은 이미 조사하였다.

《호남의록(湖南義錄)》 안방준(安邦俊) 찬

《해운판관소속관안(海運判官所屬官案)》

동국여지지 총서 東國輿地志總敍

우리나라는 한 방면이 대륙과 이어지고 삼면은 바다로 막혀 있는데 동서가 1000리이고 남북이 2300리이다. 바로 중국의 옛 청주(青州)와 서주(徐州)의 동쪽이다. 단군(檀君)이 처음 나라를 열었을 때부터 우리나라는 애초 군장(君長)이 없었는데, 요(堯) 임금 무진년(기원전 2333)에 신인(神人)이 태백산(太伯山) 박달나무 아래로 내려오자 국인들이 옹립하여 임금으로 삼았다. 평양(平壤)에 도읍하고 단군이라 호칭하였으니, 이것이 전조선(前朝鮮)이다. 기자(箕子)가 책봉받을 때까지 모두 평양에 도읍하였고 국호를 조선(朝鮮)이라 하였다. 주 무왕(周武王)이 상(商)나라를 이기고 나서 기자를 조선에 봉하였는데 기자가 평양에 도읍하였으니, 이것이 후조선(後朝鮮)이다. 나라를 전하여 40세손인 조선후(朝鮮侯) 비(否)에 이르렀을 때 진(秦)나라가 천하를 병탄하자 비는 진나라에 복속하였다. 그 아들 준(準)이 뒤를 이어 즉위하였는데 연(燕)나라 사람 위만(衛滿)의 습격을 받아 찬탈당하였다. ○ 오운(吳澐)[33]의 《동사찬요(東史纂要)》 〈지지〉에 "요하(遼河) 이동과 한수(漢水) 이북 지역은 모두 기씨(箕氏)의 땅이다."라고 하였다. 이제

33 오운(吳澐) : 1540~1617. 본관은 고창(高敞), 자는 대원(大源), 호는 백암(白巖)·죽유(竹牖)·율계(栗溪)이다. 조식(曺植)과 이황(李滉)의 문인으로 경주(慶州), 청송(青松) 등의 지방관을 역임하였다. 《동사찬요(東史纂要)》, 《주자문록(朱子文錄)》 등의 저술이 있으며, 저서로 《죽유집(竹牖集)》이 전한다.

살펴보건대 함허자(涵虛子)[34]가 이르기를 "《주사(周史)》에 '옛날에 기자가 중국인 5000명을 거느리고 조선으로 들어갔으니, 그 시서예악(詩書禮樂), 의무(醫巫), 음양(陰陽), 복서(卜筮)의 무리와 온갖 공인, 기술자들이 모두 따라갔다.'라고 하였다. 그러므로 5000명의 은인(殷人)들이 요수(遼水)를 건너갔다고 한 것이다." 하였다. 또 《위략(魏略)》에 "기자의 후예인 조선후(朝鮮侯)는 주나라가 쇠퇴하자 연나라가 스스로 높여 왕을 칭하고서 동쪽으로 영토를 경략하려고 한다는 것을 알았다. 조선후는 군대를 일으켜 연나라를 맞아 공격해서 주나라를 높이고자 하였는데, 그 대부(大夫)인 예(禮)가 간언하자 그만두고 대부 예로 하여금 서쪽으로 가서 연나라를 설득하게 하니, 연나라도 그만두고 공격하지 않았다. 후에 자손들이 점점 교만하고 포학해지자, 연나라가 이에 장수 진개(秦開)를 보내어 그 서쪽 지역을 공격하여 2000여 리의 땅을 취하고 만번한(滿潘汗)[35]을 경계로 삼으니, 조선이 마침내 약화되었다. 진(秦)나라가 천하를 병탄하고 장성(長城)을 요동(遼東)까지 쌓자 조선왕 비(否)는 진나라를 두려워하여 진에 복속하였다. 비가 죽고 아들 기준(箕

34 함허자(涵虛子) : 명 태종(明太宗) 영락(永樂) 연간의 도사(道士)인데, 역대 제왕의 연대수(年代數)를 기록한 《천운소통(天運紹統)》이라는 책을 편찬하였다. 조선 초기에 서거정(徐居正)이 《필원잡기(筆苑雜記)》에서 《천운소통》의 기자설을 인용하여 당시에 널리 알려졌는데, 남구만(南九萬)은 《약천집(藥泉集)》 권29 〈동사변증(東史辨證)〉에서 함허자의 설이 근기가 없고 역사서의 내용을 짜깁기해 모아 놓은 것이어서 황당하다고 비판하였다.

35 만번한(滿潘汗) : 어느 지역을 지칭하는지 분명히 알 수 없다. 《국역 성호사설 1》 제2권 〈천지문(天地門) 조선지방(朝鮮地方)〉에 "만번한은 어디를 가리키는지 알 수 없으나, 연(燕)나라의 동쪽에는 이렇게 큰 땅이 없으니, 지금 의주(義州)에서 산해관(山海關)까지가 1400리에 불과하다. 생각건대 만(滿)은 지금의 만주(滿州)로 청(淸)의 왕업이 시작된 곳이고, 번(潘)은 심(瀋)의 잘못인 듯하다. 곧 우리나라의 강계(江界) 이북과 백두대간(白頭大幹)의 서쪽이 모두 연의 통치하에 들어간 것이다."라고 하였다.

準)이 즉위한 지 10여 년 만에 진나라는 멸망하였다. 한(漢)나라 초기에 노관(盧綰)이 연왕(燕王)이 되었을 때, 조선과 연나라는 패수(浿水)를-지금의 압록강(鴨綠江)이다.- 경계로 삼고 있었다. 그런데 연나라 사람 위만이 망명하여 패수를 건너와서 서계(西界) 지역에 거처하기를 요구하더니 기준을 습격하고 그 땅을 차지하였다." 하였다.

《한서(漢書)》에서 반고(班固)가 이르기를 "현도(玄菟)와 낙랑(樂浪)은 본래 기자가 봉해진 곳이다."라고 하였고, 《신당서(新唐書)》 〈동이전(東夷傳)〉에서 배구(裴矩)와 온언박(溫彦博)이 말하기를 "요동은 본래 기자국이다."라고 하였으며, 《요사(遼史)》 〈지리지(地理志)〉에서는 "요동은 본래 조선 땅이다. 주 무왕(周武王)이 갇혀 있던 기자를 풀어 주었는데 기자가 조선으로 떠났으므로 그곳에 봉해 주었다."라고 하였다. 또 《요동지(遼東志)》에도 "요동은 기자가 책봉받은 땅이다."라고 하였다. 그렇다면 요하(遼河) 이동은 기씨(箕氏)의 땅임이 분명하다.

위씨(衛氏)가 조선을 훔쳐 차지하고 나서 한나라가 그 땅을 개발하여 사군(四郡)을 설치하였다가 얼마 뒤에 합쳐서 두 개의 군으로 만들었다. 위만이 기준을 쫓아낸 뒤에 그 땅을 차지하고 왕을 칭하였으니 이것이 위조선(衛朝鮮)이다. 마침 한 혜제(漢惠帝)와 여후(呂后) 시기여서 중국이 막 안정되었을 때이므로 위만이 병력과 재물로 이웃 고을을 침략해 항복시켰는데 그 땅의 면적이 수천 리나 되었다. 나라를 전하여 손자 우거왕(右渠王) 때에 이르러 끌어들인 한나라 망명객들이 점점 더 많아졌고, 진국(辰國)이 상서(上書)하여 천자를 뵙고자 하였는데 우거왕이 또 이를 가로막아 통하지 못하게 하였다. 한 무제(漢武帝)가 사신을 보내어 우거왕에게 유시를 내렸으나 우거왕은 조서를 받들지 않았다. 원봉(元封) 3년(기원전 108)에 양복

(楊僕)과 순체(荀彘) 등을 보내어 우거를 멸하고 마침내 조선 땅을 평정한 뒤에 낙랑군(樂浪郡), 임둔군(臨芚郡), 현도군(玄菟郡), 진번군(眞蕃郡)의 사군을 두었다. 낙랑군은 조선현(朝鮮縣)을 다스렸으니 바로 지금의 평양(平壤)이다. 임둔군은 동이현(東暆縣)을 다스렸으니 바로 지금의 강릉(江陵)이다. 현도군은 옥저성(沃沮城)을 다스렸으니 지금의 함경도(咸鏡道)이다. 진번군은 삽현(霅縣)을 다스렸으니 지금의 요동 지경 내에 있다. 소제(昭帝) 시원(始元) 5년(기원전 82)에 임둔을 낙랑에 병합하고 진번을 현도에 병합하여 낙랑, 현도 두 군으로 만들었다. 현도는 다시 고구려의 서북 지역으로 옮겨 처하게 하고, 다시 옥저와 예맥(濊貊)을 모두 낙랑에 속하게 하였으니, 두 군에 소속되거나 병합된 현이 모두 28개 현이다. ○《동국사략(東國史略)》에 이르기를 "소제 시원 5년에 낙랑군과 임둔군을 동부도독부(東府都督府)로 삼고, 현도군과 평나군(平那郡)을 평주도독부(平州都督府)로 삼았다."[36] 하였으니, 동부도독부가 바로 낙랑군이고, 평주도독부가 바로 현도군이며 평나가 바로 진번이다.

조선의 남쪽은 바로 삼한의 땅이다. 마한(馬韓)에는 54개국이 있고, 진한(辰韓), 변한(弁韓)에는 각각 12개국이 있었는데 모두 옛날의 진국(辰國)이다. 기준이 위만의 공격을 받아 빼앗긴 뒤에 그 좌우를 이끌고 남쪽으로 달아나 한(韓)의 땅인 금마군(金馬郡)[37]에 이르러 마한의 왕이 되었다.

36 소제……삼았다 : 《동국사략》의 기술은 《삼국유사》의 기록을 그대로 인용하였고, 《삼국유사》에서는 《한서》의 기사라고 인용하였으나, 실제 《한서》에는 이와 같은 기록이 없다.
37 금마군(金馬郡) : 조선 시대 때 익산(益山)의 옛 지명이다. 《동사강목(東史綱目)》 제1상 〈무신년 왕 준 28년〉에 "기준이 남으로 달아나서 마한을 격파한 뒤 스스로 한왕이 되었으니 이가 곧 무강왕(武康王)이다." 하고, 그 주에 "지금의 익산 오금사봉(五金寺峯) 서쪽에 쌍릉

진한은, 진(秦)나라에서 도망한 사람들이 부역을 피해 한(韓) 땅으로 들어왔는데, 마한이 동쪽 경계를 떼어 그들에게 주니[38] 항상 마한 사람을 주군으로 삼았으며, 비록 대대로 이어 오기는 하였지만 자립하지 못하고 마한에게 통제받았다. 변한은 변진(弁辰)이라고도 하는데 진한에 속하여 진한과 뒤섞여 거주하였다. 마한은 서쪽에 있으면서 54개의 나라를 두었는데 그 북쪽으로 낙랑과 접하고 남쪽으로는 왜(倭)와 접하였다. 진한은 동쪽에 있으면서 12개의 나라를 두었는데 그 북쪽으로 예맥과 접하였다. 변진은 진한의 남쪽에 있으면서 역시 12개의 나라를 두었는데 그 남쪽으로 역시 왜와 접하였다. 모두 78개국이, 큰 곳은 만여 호이고 작은 곳은 수천 가인데 각각 산과 바다 사이에 있으면서 동서로 바다를 한계로 삼았으니, 모두 옛날 진국이다. 그러나 모두 국사(國史)에 전하지 않아 자세하게 고찰할 길이 없다.

삼국(三國)이 점차 커져서 세 세력이 영토를 나누어 가지고 대치해 있을 때에, 고구려(高句麗) 땅은 동쪽으로 바다에 이르고 남쪽으로 한수(漢水)에 이르고 서북쪽으로 요하(遼河)를 넘어갔다. 신라(新羅) 땅은 동남쪽으로 바다에 이르고 서쪽으로 지리산(智異山)에 이르고 북쪽으로 한수에 이르렀다. 백제(百濟) 땅은 동쪽으로 지리산에 이르고 서남쪽으로 바다에 이르고 북쪽으로 한수에 이르렀다. 고구려는 주몽(朱蒙)이 한 원제(漢元帝) 건소(建昭) 2년(기원전 37)에 졸본(卒本)에서 일어나 처음에는 현도에 속하였다가 점차 행인국(荇人國), 개마국(蓋馬國), 옥저국(沃沮國)

(雙陵)이 있는데《고려사(高麗史)》에 '후조선(後朝鮮) 무강왕과 비(妃)의 능'이라 하였고, 세속에서는 영통대왕릉(永通大王陵)이라 부른다. 또 기준성(箕準城)이 용화산(龍華山) 위에 있다." 하였다.

38 진한은……주니 : 《삼국유사》 권1 〈진한(辰韓)〉에 나온다.

등을 병합하였으며 후에 낙랑, 현도, 요동 지역을 차지하였다. 신라는 혁거세(赫居世)가 한 선제(漢宣帝) 오봉(五鳳) 1년(기원전 57)에 처음 일어나서 누차 서라벌(徐羅伐), 사로(斯盧), 사라(斯羅) 등으로 불리다가 후에 신라로 정해졌다. 진한에서 시작하여 또 변한을 병합하고 점차 실직국(悉直國), 사벌국(沙伐國) 등을 수합하였다. 백제는 온조(溫祚)가 한 성제(漢成帝) 홍가(鴻嘉) 3년(기원전 18)에 위례성(慰禮城)에서 처음 일어나 초기에는 마한에 속해 있다가 점차 영토를 개척하여 마한을 멸망시키고 여러 읍을 병합하였다. 이에 삼국이 강대해져 세 세력이 대치하였는데 고구려의 땅은 동쪽으로 바다에 이르고 남쪽으로 한수에 이르고 서북쪽으로는 요하를 넘어 나갔으며, 신라의 땅은 동남쪽으로 바다에 이르고 서쪽으로 지리산에 이르고 북쪽으로 한수에 이르렀으며, 백제의 땅은 동쪽으로 지리산에 이르고, 서남쪽으로 바다에 이르고 북쪽으로 한수에 이르렀다. ○ 신라가 변한, 실직, 사벌을 병합하고, 고구려가 행인국, 개마국, 옥저국을 병합하고, 백제가 마한을 멸망시킨 것 같은 경우는 《삼국사》에서 모두 시대를 조사해 볼 수 있다. 그런데 낙랑군이 고구려에 병합된 것은 어느 시대인지 분명하지가 않다. 《삼국사》를 살펴보면 "후한 광무제(後漢光武帝) 건무(建武) 연간에 고구려의 대무신왕(大武神王)이 낙랑을 습격해 멸하니, 건무 20년(44)에 황제가 군대를 보내어 바다를 건너서 낙랑을 치게 하고 그 땅을 취하여 군현으로 삼았다."라고 하였다. 이후로는 고구려가 낙랑을 취한 일이 전혀 나오지 않는다. 살펴보건대 《한서》, 《후한서》의 사지(史志)와 위진(魏晉) 시대의 사서(史書)에서 낙랑은 서한이 끝날 때부터 동한(東漢), 위(魏) 시대까지 여전히 중국의 군이었다. 대개 진 회제(晉懷帝)와 민제(愍帝) 즈음에 고구려의 소유가 되었으니,[39] 이에 대한 여러 설은 평안도 서문 아래에 갖추어 실었다. 현도군와 요동군은 한나라 때부터 위진 시대와 모용연(慕容燕) 때까지 모두 중국의 군현이었는데, 후위(後魏) 말엽에 고구려의 소유가 되었다. 대개 고구려 전성기에는 조선의 옛 영토를 다 차지하고 요하 너머까지 경계로 삼았으니, 바로 지금의 요주(遼州), 심주(瀋州), 금주(金州), 복주(復州), 해주(海州), 개주(蓋州) 등의 지역이 모두 고구려 땅이었다.

수백 년 동안 번갈아 가며 서로 공략하다가 신라가 백제와 고구려를 병합하게 되자 영역이 차츰 넓어졌다. 백제는 의자왕(義慈王) 때에 이르러 당 고종(唐高宗)이 현경(顯慶) 5년(660)에 소정방(蘇定方)을 보내어 신라 무열왕(武烈王)과 함께 공격해 멸망시켰다. 백제는 모두 5부(部) 37군(郡) 200성(城)이었는데, 당나라가 그 지역에 웅진(熊津), 마한, 동명(東明), 금련(金漣), 덕안(德安)의 5개 도독부(都督府)를 나누어 설치하였다. 얼마 뒤에 당나라 군대가 돌아가자 신라가 그 땅을 모두 병합하였다. 고구려는, 보장왕(寶藏王) 때에 이르러 당 고종이 총장(總章) 2년(669)에 이적(李勣)을 보내어 신라 문무왕(文武王)과 함께 공격해 멸망시켰다. 고구려는 모두 5부 176성이었는데 당나라가 그 지역을 신성(新城), 요성(遼城), 가물(哥勿), 위락(衛樂), 사리(舍利), 거소(居素), 월희(越喜), 거단(去旦), 건안(建安)의 9개 도독부로 나누어 다스렸다. 이윽고 당나라 군대가 돌아가자 그 지역은 대부분 말갈(靺鞨)과 발해(渤海)로 편입되었고, 신라는 그 남쪽 지역을 얻었다.

39 진 회제(晉懷帝)와……되었으니 : 서진의 회제(懷帝)는 재위 기간이 307년부터 311년까지이고, 민제(愍帝)는 재위 기간이 313년부터 316년까지로 이후 진나라는 동진으로 넘어간다. 즉 307년부터 316년까지 서진 말기의 혼란하던 시기에 고구려가 낙랑 지역을 차지했다고 추정한 것이다.

경덕왕(景德王) 때에 전역에 9주(州)를 두었다. 신라 본국의 경계 내에 3주를 두었는데 왕성(王城) 동북쪽을 상주(尙州)라 하고, 왕성 남쪽을 양주(良州)라 하고, 서쪽을 강주(康州)라고 하였다. 옛 백제 지역에 3주를 두었는데 백제 고성 북쪽 웅진(熊津) 어귀를 웅주(熊州)라 하고, 그다음 남쪽을 전주(全州)라 하고, 더 남쪽을 무주(武州)라고 하였다. 옛 고구려 남쪽 지역에 3주를 두었는데 서쪽부터 첫 번째 지역을 한주(漢州)라 하고, 다음 동쪽을 삭주(朔州)라 하고, 또 더 동쪽을 명주(溟州)라고 하였다. 9주가 관할하는 군현이 450곳이었으니, 신라의 지리가 이때에 극도에 이르렀다.

신라 쇠퇴기에 이르자 궁예(弓裔)와 견훤(甄萱)이 반란을 일으켜 점거해서 영토가 분열되었다. 궁예는 한수 이북을 점거하여 '후고려(後高麗)'라고 칭하였고, 견훤은 호남(湖南)을 점거하여 '후백제(後百濟)'라고 칭하였다. 고려 태조(太祖)가 삼국을 하나로 통합하였고, 성종(成宗) 때에 비로소 십도(十道)를 정하였다. 국내를 십도로 나누었으니, 관내도(關內道), 중원도(中原道), 하남도(河南道), 강남도(江南道), 영남도(嶺南道), 영동도(嶺東道), 산남도(山南道), 해양도(海陽道), 삭방도(朔方道), 패서도(浿西道)이다. 도가 관할하는 주현은 모두 580여 곳이었다. 현종(顯宗) 때에 이르러 또 주현을 가감하고, 3경(京), 4도호(都護), 8목(牧), 56지주(知州), 28진장(鎭將), 20현령(縣令)을 두었다. 이후에 오도(五道)와 양계(兩界)로 정해졌다. 오도는 양광도(楊廣道), 경상도(慶尙道), 전라도(全羅道), 교주도(交州道), 서해도(西海道)이고, 양계는 동계(東界)와 북계(北界)이다. 그 서북쪽으로는 압록강과 도련포(都連浦)를 경계로 삼고 동남쪽으로는 바다를 한계로 삼았으니, 고려의 지리가 이때에 가장 극성하였다. 동남쪽으로는 신라와 백제의 땅을 모두 소유하였으나 서북쪽은 고구려의 땅에 미치지 못하였다.

본조가 천명을 받고 대동 지역을 다스리게 되어서는 두만강(豆滿江)까지 땅을 개척하고, 서쪽은 여전히 압록강을 경계로 삼았지만 북쪽으로는 두만강까지 땅을 개척하였다. 전국을 경기도(京畿道), 충청도(忠淸道), 경상도, 전라도, 강원도(江原道), 황해도(黃海道), 함경도(咸鏡道), 평안도(平安道) 등 팔도(八道)로 정하여 부(府), 주(州), 군(郡), 현(縣)을 통괄하였다. 총괄하자면 경(京)이 2개이고, 부(府)가 4개이고, 대도호부(大都護府)가 4개이고, 목(牧)이 20개이고, 도호부(都護府)가 44개이며, 군(郡)이 83개, 현(縣)이 173개이다. 본조의 주현은, 중종(中宗) 이전에는 그 숫자가 이와 같았는데, 후대로 오면서 군읍의 승강(乘降)이 또 많아져서 지금은 부가 □□,[40] 대도호부가 □□, 목이 □□, 도호부가 □□, 군이 □□, 현이 □□이다. 그리고 변방 지역에는 첨절제사진(僉節制使鎭), 만호진(萬戶鎭)을 섞어 설치하여서 방어소(防禦所)로 삼았으니, 험준한 산하와 표리가 되어 방어 체계가 더욱 견고해졌다.

40 □□ : 이하 결락 부분은 모두 해당 행정 구역의 변경된 숫자를 나중에 써넣으려고 유형원이 비워 둔 곳인데 보충이 안 되어 결자로 처리하였다.

제1권

경도
京都

고조선(古朝鮮) 지역이다.[1] 북쪽으로는 화산(華山)을 진산으로 삼아 용이 서리고 범이 웅크린 형세를 띠고 있으며 남쪽으로는 한강(漢江)이 띠처럼 두르고 있고, 동쪽으로는 대관령을 제어하고 있고 서쪽으로는 발해(渤海)가 둘러싸고 있으니, 그 형승(形勝)이 동방에서 제일가는 곳으로 진실로 산하가 험고한 천연의 요새지이다. 백제가 중엽에 한산(漢山)에서 이곳으로 옮겨 와 살았는데 얼마 안 있다가 남쪽으로 파천하였고, 고려 숙종(肅宗) 때에 남경(南京)을 설치하기는 하였으나 가끔 순수하러 올 뿐이었으니, 모두 뛰어난 형세를 감당하기에 부족하였다. 본조 태조 강헌대왕(太祖康獻大王) 때에 이르러 하늘의 밝은 명을 받고 이곳에 도읍을 정하여서 사방에서 조정에 오는 거리를 균등하게 하고 만세토록 흔들리지 않을 웅건한 기업을 세웠다. 훌륭하고 성대하도다.

성곽城郭

경성(京城) 태조 강헌왕 5년(1396)에 돌로 축조했고, 세종(世宗) 4년(1422)에 개수하였다. 둘레는 33리 75보이고 높이는 4길이다. 8개의 문을 세웠으니, 정남쪽은 숭례문(崇禮門)이고, 정북쪽은 숙정문(肅靖門)이고, 정동쪽은 흥인문(興仁門)이고, 정서쪽은 돈의문(敦義門)이고, 동북쪽은 혜화문(惠化門)이고, 서북쪽은 창의문(彰義門)이고, 동남쪽은 광희문(光熙門)이고, 서남쪽은 소덕문(昭德門)이다.

1 고조선(古朝鮮) 지역이다 : 《신증동국여지승람》 권1 〈경도(京都)〉에는 "고조선 마한(馬韓) 지역이다."라고 하였다.

궁성(宮城) 경성 안에 있다. 둘레는 8리이고 높이는 2장 1자이다. 4개의 문을 세웠으니, 남쪽은 광화문(光化門)인데 예전에는 정문(正門)이라고 하였고, 북쪽은 신무문(神武門)이고, 동쪽은 건춘문(建春門)이고, 서쪽은 영추문(迎秋門)이다. ○ 정도전(鄭道傳)이 남쪽 문의 이름을 정문이라고 짓고 아울러 이름을 지은 의의를 글로 써서 올렸는데, 그 글에 "천자와 제후가 그 형세는 비록 다르지만 남면(南面)하여 정사를 베푸는 것으로 말하자면 모두 정(正)에 근본을 두니 그 이치는 같습니다. 옛 전적을 살펴보면 천자의 문을 단문(端門)이라 하였는데,[2] 단(端)이란 바르다(正)는 뜻입니다. 이제 남문을 정문이라고 부르겠습니다. 명령과 정교(政教)가 반드시 이 문을 통해 나가니 자세히 살펴서 윤허한 뒤에 내보내면 참설(讒說)을 행하지 못하고 거짓을 의탁할 곳이 없을 것이며, 상주(上奏)와 복명(復命)이 반드시 이 문을 통해 들어오니 자세히 살펴서 윤허한 뒤에 들이면 간사함이 들어올 길이 없고 공적을 상고할 수 있을 것입니다. 이 문을 닫아서 괴이한 말을 하는 간사한 백성을 근절하고, 이 문을 열어서 사방의 현인을 오게 할 것이니, 이것이 모두 정(正)의 큰 것입니다." 하였다.

2 옛……하였는데 : 《사기(史記)》 권9 〈여태후본기(呂太后本紀)〉에 천자가 있는 궁전의 정남문을 단문(端門)이라고 하였다.

궁궐宮闕

경복궁

태조 3년(1394)에 건립하고, 정도전에게 명하여 이름을 짓게 하였다. 그 기문은 다음과 같다.

"전하께서 즉위하신 지 3년이 되던 해에, 한양(漢陽)에 도읍을 정하고 먼저 종묘(宗廟)를 세운 다음 궁실을 건립했습니다. 그 이듬해 10월 을미일에 상께서 친히 곤룡포와 면류관을 갖추고 새 종묘에서 선왕(先王)과 선후(先后)에게 제사하고, 새 궁전에서 신하들과 잔치를 베풀었으니, 이는 신(神)의 은혜를 널리 펴고 후대에 복을 내리기 위한 것이었습니다. 술이 세 순배가 돌자 신 도전에게 명하시기를 '이제 도읍을 정하여 종묘에서 제향하고 새로운 궁전을 조성하여 기쁘게 신하들과 함께 이곳에서 잔치를 벌이니, 그대는 어서 궁전의 이름을 지어서 이 궁이 나라와 더불어 영원히 기쁨을 함께하게 하라.'라고 하셨습니다. 신은 명을 받고 삼가 머리 조아려 절하였습니다.

《시경》〈대아(大雅) 기취(旣醉)〉의 '좋은 술 실컷 마시고 또 큰 은덕을 흠뻑 입었으니, 바라건대 군자께서 만년토록 큰 복 받으소서.〔旣醉以酒 旣飽以德 君子萬年 介爾景福〕'라는 시구를 인용하여 새 궁전의 이름을 '경복궁'이라고 하소서. 전하와 자손들이 만년토록 태평한 왕업을 누리고 사방의 백성들도 길이 보고 감화되는 바가 있음을 보게 될 것입니다. 그러나 《춘추》에서 백성의 힘을 중히 여기고 토목 공사를 삼가라고 하였으니, 어찌 임금 된 자가 하릴없이 백성을 고생시켜 가며 자신만 받들게 할 수 있겠습니까. 한가로이 넓은 집에 있을 때면 빈한한 선비를 감싸 줄 방도를 생각하고,[3] 시원한 바람이 전각에 불 때면 맑은 그늘을 나누어 줄 방도를 생각해야 하니,[4] 그런 뒤에야 만백성의 받드는 마음을 저버림이 없을 것입니다.”

근정전(勤政殿) 조정의 하례를 받는 정전(正殿)이다. 남쪽에는 근정문(勤政門)이 있고 또 그 남쪽에 홍례문(弘禮門)이 있으며, 동쪽에는 일화문(日華門), 서쪽에는 월화문(月華門)이 있다. 홍례문 안에 대궐의 도랑이 있어 그 다리를 금천교(錦川橋)라 하는데, 동서로 수각(水閣)이 있다. ○ 정도전의 기문은 다음과 같다.

“천하의 일은 부지런히 하면 다스려지고 게을리하면 황폐해지니, 이것은 필연의 이치입니다. 작은 일도 오히려 그러하거늘 하물며 커다란 정사야 말할 나위가 있겠습니까. 《서경》 〈대우모(大禹謨)〉에 ‘근심이 없을 때 경계하여 법도를 잃지 말라.〔儆戒無虞 罔失法度〕’라고 하였고, 또 〈고요모(皐陶謨)〉에 ‘안일과 욕심으로 제후를 가르치지 말고 삼가고 두려워하소서. 하루 이틀 사이에도 기무(幾務)가 만 가지나 되니, 서관을

3 넓은……생각하고 : 위정자가 정사를 할 때 가져야 할 마음가짐을 말한 것인데, 당나라 시인 두보(杜甫)의 〈가을바람에 초가집이 부서진 것을 한탄하는 노래〔茅屋爲秋風所破歌〕〉 구절을 인용한 것이다. 그 시에 “어떻게 하면 천만 칸 넓은 집을 얻어서, 천하의 빈한한 선비들 크게 감싸 주어 모두 다 기쁜 얼굴을 하게 하리.〔安得廣廈千萬間, 大庇天下寒士俱歡顔?〕”라고 하였다. 《漢文大成 卷6 杜甫全詩集》

4 시원한……하니 : 왕이 자신의 편안함에 빠지지 말고 언제나 백성의 어려운 처지를 생각해 은택을 베풀어야 한다는 의미인데, 소식(蘇軾)의 〈유공권의 연구를 채우다〔足柳公權聯句〕〉를 인용한 것이다. 그 시에 “훈풍이 남쪽에서 불어오니, 전각엔 시원한 기운 일어나네. 한번 이런 곳으로 거처를 옮기면 예전의 고락을 영영 잊고 만다네. 원컨대 이런 은택을 골고루 베풀어서 시원한 그늘 사방에 나누어 주었으면.〔薰風自南來, 殿閣生微涼. 一爲居所移, 苦樂永相忘. 願言均此施, 淸陰分四方.〕”이라고 하였다. 《古文眞寶前集 卷1》

비워 두지 마소서. 하늘의 일을 사람이 대신 처리하는 것입니다.〔無教逸欲有邦 兢兢業業 一日二日萬幾 無曠庶官 天工人其代之〕'라고 했으니, 이것은 순(舜) 임금과 우(禹) 임금이 부지런히 하신 바입니다. 또 〈무일(無逸)〉에 '아침부터 해가 기울도록 밥 먹을 겨를도 없이 일하여, 만백성을 모두 화합하게 하였다.〔自朝至于日中昃 不遑暇食 用咸和萬民〕'라고 하였으니, 이것은 문왕(文王)께서 부지런히 하신 바입니다. 임금은 이처럼 부지런하지 않으면 안 되는 것입니다. 그러나 편안히 지낸 지 오래되면 교만과 안일이 생기기 쉽습니다. 또 아첨하는 사람들이 그 틈을 타서 말하기를 '천하 국가의 일 때문에 자신의 정력을 소모하고 자신의 수명을 단축해서는 안 됩니다.' 하고, 또 '이미 더할 수 없이 높은 자리에 있는데 어찌 유독 자신을 낮추고 굽히는 노고를 한단 말입니까.'라고 합니다. 이에 더러는 여악(女樂)이나 사냥으로, 더러는 기호품이나 토목공사로 아첨하여 사람을 황폐시키고 혼란에 빠트리는 일이라면 말하지 않는 것이 없습니다. 그런데도 임금은 그가 자신을 제일 사랑한다고 여겨 나태하고 피폐함에 빠지는 것을 스스로 알지 못하니, 한(漢)나라와 당(唐)나라 왕들이 삼대(三代)만 못했던 이유가 바로 이 때문입니다. 그러하다면 임금이 하루라도 부지런하지 않을 수 있겠습니까.

그러나 임금이 단지 부지런해야 한다는 것만 알고 어떻게 부지런해야 하는지 모른다면, 그 부지런함이 번쇄하고 까다로운 데로 흐르고 말아서 볼만한 것이 못 될 것입니다. 선유(先儒)가 말하기를 '아침에는 정사를 처리하고, 낮에는 어진 이를 방문하고, 저녁에는 조령(朝令)을 만들고, 밤에는 몸을 편히 한다.'[5] 하였는데, 이것이 임금의 부지런함입니다. 또 이르기를 '현인을 구하는 데 부지런하고, 현인에게 맡기는 데서 편안해진다.'[6] 하였습니다. 신은 삼가 '근정전'이라는 이름을 올립니다."

사정전(思政殿) 근정전 북쪽에 있다. ○ 정도전의 기문은 다음과 같다.

"천하의 이치는 생각하면 얻고 생각지 않으면 잃습니다. 대개 한 사람의 임금이 숭고한 지위에 있는데, 수만의 무리 중에 지혜롭고 어진 이와 어리석고 불초한 이가 혼재해 있으며, 수만 가지 일 가운데 시비와 이해가 뒤섞여 있습니다. 임금 된 자가 진실로 깊게 생각하고 세밀하게 관찰하지 않는다면 어떻게 일의 옳고 그름을 변별하여 알맞게 대처하겠으며, 어떻게 사람의 어질고 어리석음을 알아서 등용하고 물리칠 수 있겠습니까. 예로부터 인군이 누구인들 존영(尊榮)을 바라고 위태로움을 싫어하지 않았겠습니까. 그런데도 나쁜 사람을 가까이하고 좋지 못한 계책을 세워 끝내 패망에 이르게 되는 것은 생각을 하지 않았기 때문입니다.

《시경》의 '어찌 너를 생각지 않으리오, 집이 멀어서이다.〔豈不爾思 室是遠爾〕'라는 시를 두고 공자는 '생각하지 않음이지 먼 것이 무슨 상관이겠는가.'라고 하였으며, 《서경》〈홍범(洪範)〉에 '생각은 슬기로워야 한다〔思曰睿〕, 슬기로움이 성을 만든다.〔睿作聖〕' 하였으니, 사람에

5 아침에는……한다 : 《춘추좌씨전(春秋左氏傳)》 소공(昭公) 원년에 "군자도 사시를 두어, 아침에는 정사를 처리하고 낮에는 어진 이를 방문하며, 저녁에는 조령(朝令)을 만들고 밤에는 몸을 편히 하여서, 이에 기운을 소통시키고 막히지 않도록 하여 그 몸을 드러낸다.〔君子有四時, 朝以聽政, 晝以訪問, 夕以修令, 夜以安身. 於是乎節宣其氣, 勿使有所壅閉湫底, 以露其體.〕"라고 하였다.

6 현인을……편안해진다 : 왕포(王褒)의 〈성주득현신송(聖主得賢臣頌)〉에 "인군은 현인을 구하는 데 부지런하고 인재를 얻는 데서 편해진다.〔君人者, 勤於求賢而逸於得人.〕"라고 하였다.

게 있어서 생각의 유용함이 지극하다고 하겠습니다. 이 전각은 매양 조회할 때마다 이곳에서 정사를 살피어 국정의 만기가 모여들어 모두 전하께 품달될 것이니 전하가 조칙을 내리고 지휘하는 데 더더욱 생각지 않아서는 안 될 것입니다. 신은 '사정전'이라고 이름하기를 청합니다."

강녕전(康寧殿) 사정전 북쪽에 있다. ○ 정도전의 기문은 다음과 같다.

"신이 살펴보건대 〈홍범〉의 아홉 번째 덕인 오복(五福)[7]에서 세 번째가 강녕(康寧)입니다. 대개 임금이 마음을 바루고 덕을 닦아 황극(皇極)을 세우면 오복을 누릴 수 있으니, 강녕은 바로 오복 중의 하나인데 그 중간을 거론하여 그 나머지까지 모두 포함한 것입니다.

그러나 이른바 마음을 바루고 덕을 닦는다는 것은 많은 사람이 다 보는 곳에서는 애써 노력해 실천하는 경우도 있지만, 편안하게 혼자 있을 때에는 쉽게 안일에 빠져서 경계하는 뜻이 매양 나태해집니다. 그러면 마음은 바르지 않게 되고 덕은 닦이지 못하여 황극이 확립되지 못하고 오복이 손상됩니다. 옛날 위 무공(衛武公)이 스스로 경계하는 시를 짓기를,

네가 군자와 벗할 때를 보면	視爾友君子
얼굴을 화하고 부드럽게 하며	輯柔爾顔
행여 허물 있을까 저어하는구나	不遐有愆

7 홍범의……오복(五福) : 《서경》 〈홍범(洪範)〉의 아홉 가지 덕은 첫 번째가 오행(五行)이고, 두 번째가 오사로 공경함〔敬用五事〕이고, 세 번째가 농사에 팔정을 쓰는 것〔農用八政〕이고, 네 번째가 오기로 화합하는 것〔協用五紀〕이고, 다섯 번째가 황극을 세우는 것〔建用皇極〕이고, 여섯 번째가 삼덕으로 다스림〔乂用三德〕이고, 일곱 번째가 계의로써 밝힘〔明用稽疑〕이고, 여덟 번째가 서징으로 상고함〔念用庶徵〕이고, 아홉 번째가 오복이다. 이 중 오복의 내용은 수(壽), 부(富), 강녕(康寧), 유호덕(攸好德), 고종명(考終命)이다.

네 집에 있을 때에 살펴보니 相在爾室
어두운 구석에서도 부끄러울 게 없구나 尙不愧于屋漏

했습니다. 무공의 경계하고 조심함이 이와 같았으므로 향년이 90을 넘겼으니, 황극을 세워 오복을 누린 확실한 증거입니다. 대개 그 공부는 마땅히 편안하게 혼자 있는 곳에서부터 시작해야 합니다. 바라건대 전하께서 무공의 시를 본받아 안일을 경계하고 경외심을 가져서 황극의 복을 누리시면, 전하의 자손들도 이를 계승하여 만세토록 전할 것입니다. 그리하여 연침(燕寢)을 '강녕전'이라 이름 지었습니다."

연생전(延生殿), **경성전**(慶成殿) 정도전의 기문에 "천지가 만물에 대해 봄에는 생장시키고 가을에는 성숙시키나니, 성인은 만백성에 대해 인(仁)으로 생장시키고 의(義)로 제어합니다. 그러므로 성인이 하늘을 대신하여 만물을 다스리는데 그 정령(政令)과 시행이 한결같이 천지의 운행을 본받습니다. 그래서 동쪽 소침(小寢)을 연생전, 서쪽 소침을 경성전이라고 하였으니, 전하께서 천지의 생장과 성숙을 법으로 삼아 그 정령을 밝히시는 뜻을 나타낸 것입니다." 하였다.

교태전(交泰殿) 강녕전(康寧殿) 북쪽에 있다.

함원전(含元殿) 강녕전 서북쪽에 있다.

양심당(養心堂) 강녕전 서북쪽에 있다.

비현합(丕顯閤) 사정전(思政殿) 동쪽에 있다.

인지당(麟趾堂), **자미당**(紫薇堂), **청연루**(清讌樓) 모두 교태전 동쪽에 있다.

융문루(隆文樓), **융무루**(隆武樓) 근정전 동편 누각이 융문루이고, 서편 누각이 융무루이다.

경회루(慶會樓) 사정전 서쪽에 있다. ○ 태조(太祖) 초에 세운 것인데 누각을 빙 둘러 못을 만들고 연꽃을 심었으며 가운데에 섬이 두 개 있다. 태종(太宗) 때에 땅이 습하고 기반이 견고하지 못하여서 누각이 기울어 위험해지자 개수하도록 명하였다. 이에 누각을 둘러싼 큰 못을 만들고 누각이 낙성된 뒤에 훈구 대신을 소집하여 다 함께 즐기고서 '경회루'라고 이름 붙였다. 하륜(河崙)의 〈경회루기(慶會樓記)〉[8]가 있다. ○ 윤회(尹淮)의 시에,

삼각산 남쪽에서 한강 어귀까지	華山南畔漢水頭
용호 기세 서린 곳 하늘이 만든 구역이라	虎踞龍盤天作區
성인이 발흥하여 도읍을 정하시니	聖神勃興定神都
거북점 시초점이 계책과 부합하네	龜筮協從符人謀
종묘사직 짓고 나서 궁실을 지었는데	廟社旣成次宮室
침전 서쪽 구석에 층대 누각 지었네	寢殿西角營層樓
조회 마치고 한가로이 올라 임하였으니	朝罷淸讌爲登臨
근로와 휴식 조절함이지 구경 놀이 아니라네	欲節勞逸非觀游
아아, 땅이 습하고 기반이 단단치 못하여	吁嗟地潤基不固
오래되자 기울어지니 참으로 걱정스럽네	歲久欹傾良可憂
우리 임금 이 말 듣고 선업을 계승하려	我后聞之念堂構
유사에 명하여 가서 수리하게 하였네	爰命有司其往修
옛것 철거하고 서쪽으로 옮겨 터를 다지고	撤舊西移固崇基
누각 아래 맑은 못을 파서 사방을 둘러쌌네	下鑿淸池環四周

8 하륜(河崙)의 경회루기(慶會樓記) : 《호정집(浩亭集)》 권2와 《동문선(東文選)》 권81에 있다.

왕은 서두르지 말라 하나 백성이 다투어 달려와[9]	王曰勿亟民爭趨
불일간에 광대한 누각 하늘에 우뚝 솟았네	渠渠不日干斗牛
마루는 시원하게 뚫렸고 섬돌은 드높으니	軒楹敞豁廉陛尊
멀리까지 빠짐없이 샅샅이 다 보이네	遐瞻不遺窮冥搜
낙성하고 새로이 경회라고 이름하니	告成新賜慶會名
편액의 아름다운 필체는 세자의 솜씨로다[10]	儲君題扁橫銀鉤
남강을 굽어보니 천 길이나 깊고 깊어	俯瞰南江千丈深
꿈틀대는 용이 일고 구름이 피어나며	夭矯龍起雲油油
북악을 돌아보니 만 길이나 높고 높아	回首北岳萬仞高
우뚝한 범 울부짖고 바람이 몰아치네	偃蹇虎嘯風颼颼
나직한 하늘 햇살에 훈풍이 불어오니	天低日麗薰風重
울창하고 성대하게 서기가 가득하네[11]	鬱鬱葱葱嘉氣浮
화려해도 사치하지 않고 검소해도 누추하지 않아[12]	華而不奢儉不陋
참으로 군자가 여기에서 쉴 만하도다	允矣君子玆焉休

9 왕은……달려와 : 《맹자》〈양혜왕 상(梁惠王上)〉에 문왕(文王)이 영대(靈臺)를 지은 일에 대해 말하면서 "서둘러 경영하지 말라고 했으나 백성들이 마치 아버지 일에 자식처럼 왔도다.〔經始勿亟, 庶民子來.〕"라고 한 구절을 인용한 것이다.

10 편액의……솜씨로다 : 경회루 편액은 초기에 양녕대군(讓寧大君)이 쓴 것이라고 한다. 임진왜란 때 경회루가 소실되고 나서 다시 건립한 뒤에는 신헌(申櫶)의 글씨로 편액을 달았다.

11 울창하고……가득하네 : 후한 광무제(後漢光武帝)의 가향(家鄕)인 남양(南陽) 용릉(舂陵)의 지형을 술사(術士)인 소백아(蘇伯阿)가 살펴보고는 "상서로운 기운이 울창하고 성대하다.〔佳氣哉! 鬱鬱葱葱然.〕"라고 하였다.《後漢書 卷1 光武帝紀》 여기서도 경회루에 군왕의 덕을 상징하는 상서로운 기운이 가득하다는 의미이다.

12 화려해도……않아 : 장형(張衡)의 〈동경부(東京賦)〉에 "아름다워도 분수에 넘지 않으며 검소해도 누추하지 않으니 선왕의 법도를 따르고 거동이 예의 뜻에 맞도다.〔奢未及侈, 儉而不陋, 規遵王度, 動中得趣.〕"라고 하였다.

용안이 거룩하게 임금 자리 바루시니　　龍顔穆穆正南面
좌우에 질서정연하게 공경이 줄지어 있네　　秩秩左右羅公侯
임금이 기뻐하고 신하들이 흥기하여[13]　　元首喜哉股肱起
도유우불[14] 논의하니 어찌 그리 여유롭나[15]　　都兪吁咈何優優
염매[16]나 배처럼[17] 도와주고 이끌어 주고　　鹽梅啓沃濟川舟
같은 소리로 상응하고 같은 기운 구하네[18]　　同聲相應同氣求
때로 공인에게 녹명가[19]를 부르게 하고　　有時命工歌鹿鳴

13 임금이……흥기하여 : 임금과 신하의 뜻이 서로 잘 어우러져 훌륭한 정치를 구가하게 되는 노래를 말한다. 《서경》 〈익직(益稷)〉에, 순 임금이 노래하기를 "신하들이 기뻐하면 임금이 흥기하여 백공이 화락하다.〔股肱喜哉, 元首起哉, 百工熙哉.〕"라고 하였다

14 도유우불(都兪吁咈) : 《서경》 〈요전(堯典)〉과 〈익직〉에서 군신간에 정사를 논하고 의견을 개진하면서 찬성의 의미로 도(都) 자와 유(兪) 자를 쓰고, 반대의 의미로 우(吁) 자와 불(咈) 자를 썼다. 이로 인하여 군주와 신하가 허심탄회하게 정사를 논하고 의견을 주고받는 것을 이른다.

15 어찌 그리 여유롭나 : 《시경》 〈상송(商頌) 장발(長發)〉에 "급하지도 않고 느슨하지도 않게 하며, 강하지도 않고 유약하지도 않게 하여, 정사를 펼치기를 여유 있게 하니, 온갖 복록이 여기에 모여들도다.〔不競不絿, 不剛不柔, 敷政優優, 百祿是遒.〕"라는 말이 나온다.

16 염매(鹽梅) : 은 고종(殷高宗)이 재상인 부열(傅說)에게 "여러 가지 양념을 넣고 국을 끓일 때면, 그대가 간을 맞출 소금과 매실이 되어 주오.〔若作和羹, 爾惟鹽梅.〕"라고 부탁하였다. 《書經 說命下》 후대에 국사를 총괄하는 재상을 비유하는 말로 쓰인다.

17 배처럼 : 은 고종이 부열에게 이르기를 "내가 만일 큰 냇물을 건넌다면 그대를 배와 노로 삼을 것이며, 만일 큰 가뭄이 들면 그대를 장맛비로 삼을 것이다.〔若濟巨川, 用汝作舟楫; 若歲大旱, 用汝作霖雨.〕"라고 하였는데, 전하여 어진 재상이 임금을 잘 보좌하는 것을 의미한다. 《書經 說命上》

18 같은 소리로……구하네 : 《주역》 〈건괘(乾卦) 문언(文言)〉에 "같은 소리끼리 서로 응하고 같은 기운끼리 서로 찾나니……이는 각자 비슷한 부류를 따르는 것이다.〔同聲相應, 同氣相求,……則各從其類也.〕" 하였다. 여기서는 군신간에 같은 도로 협력하여 정사하는 것을 말한다.

19 녹명가(鹿鳴歌) : 〈녹명〉은 《시경》 〈소아(小雅)〉의 편명으로, 본디 임금이 신하들에게 연회를 베푼 자리에서 연주하던 악가(樂歌)인데, 후대에는 과거에 급제한 거인(擧人)들을 축하하는 자리에서 이 시를 노래하여 그들의 전도(前途)를 축복하였다.

구부러진 무쇠 뿔잔에 맛있는 술 부드럽네[20]	兕觥其觩旨酒柔
북과 거문고, 생황에 훈과 지도 어우러져[21]	鼓瑟吹笙奏壎篪
치소 각소 흥겨우니 생각도 유유하다[22]	徵招角招思悠悠
군신의 즐거운 잔치에 즐김도 법도가 있으니	君臣燕譽樂有儀
끊임없이 오가는 말 모두 나라의 큰 계책일세	衮衮旅語皆大猷
신하들이 덕에 취해 절하고 머리 조아리며	臣隣醉德拜稽首
천보시[23]를 차운해 부르며 만수무강 기원하네	載賡天保祈千秋
명군 양신 만남은 금고에 드문 일이니	明良相得罕今古
큰물에 풀린 대어[24]를 어찌 이에 비하리오	巨魚縱壑寧足儔
미천한 신이 태평의 시대에 태어난 덕분에	微臣幸生太平世

20 구부러진……부드럽네 : 《시경》 〈소아(小雅) 상호(桑扈)〉에 "뿔잔이 굽어 있으니 맛있는 술이 부드럽도다. 교제가 오만하지 않으니 만복이 찾아오도다.〔兕觥其觩, 旨酒思柔. 彼交匪敖, 萬福來求.〕"라고 한 구절에서 인용한 것이다.

21 훈(壎)과 지(篪)도 어우러져 : 훈지는 질나발과 저라는 악기이다. 《시경》 〈소아 하인사(何人斯)〉의 "맏형은 질나발을 불고 둘째 형은 저를 분다.〔伯氏吹壎, 仲氏吹篪.〕"라는 말에서 비롯된 것으로, 화목하게 지내는 형제 혹은 형제처럼 친하게 지내는 관계를 뜻한다.

22 치소(徵招)……유유하다 : 군신간에 화합하는 노래를 말한다. 《맹자》 〈양혜왕 하(梁惠王下)〉에 제 경공(齊景公)이 신하의 간언을 받아들여 바른 정사에 힘쓰고, 태사를 불러서 군신이 함께 기뻐하는 음악을 만들라고 명하였으니 치소와 각소(角招)가 이것이다. 그 시에 이르기를 "임금을 그치게 하게 하는 것이 어찌 허물이 되리오." 하였으니, 임금을 그치게 함은 임금을 좋아하는 것이라고 하였다.

23 천보시(天保詩) : 《시경》 〈소아 천보(天保)〉에 "초승달처럼, 아침 해처럼, 변함없는 저 남산처럼, 이지러지지도 않고 무너지지도 않으리.〔如月之恒, 如日之升. 如南山之壽, 不騫不崩.〕"라고 하여, 국가가 하늘의 보우를 받아 길이 평안할 것을 기원하는 내용이다.

24 큰물에 풀린 대어 : 한나라 왕포(王褒)의 〈성주득현신송(聖主得賢臣頌)〉에 "거침없음은 큰 물고기가 큰물에 풀린 듯하며〔沛乎如巨魚縱大壑〕"라고 하였는데, 인재가 적재적소에 쓰여 자신의 재능을 한껏 발휘하는 것을 비유한 말이다.

경회루에 올라 둘러보며 길이 배회하네　　　極目仰攀長夷猶
바라건대 높은 자리에서 위태로움 생각하여　　　願言居高更思危
길이 만백성이 고루 은택을 입게 하소서　　　永使萬姓均庇庥

하였다.

흠경각(欽敬閣) 강녕전 서쪽에 있다. 장헌왕(莊憲王) 때에 건립하였다.[25] ○ 김돈(金墩)의 기문은 다음과 같다.

"살펴보건대 제왕(帝王)이 정사를 베풀고 사업을 성취하는 데 반드시 역법을 밝혀 정확한 때를 알려 주는 것을 먼저 하였다. 정확한 때를 알려 주는 요점은 실로 천문을 살피고 기후를 관찰하는 데에 달려 있으니, 이것이 기형(璣衡)과 의표(儀表)가 설치된 연유이다. 그러나 조사해 증명하는 방법이 지극히 정밀하여서 한두 가지 기구만으로 정확성을 취할 수 있는 것이 아니다.

우리 주상 전하께서 유사에게 명하여 여러 기구를 제작하게 하였는데 대간의(大簡儀), 소간의(小簡儀), 혼의(渾儀), 혼상(渾象), 앙부일구(仰釜日晷), 일성정시(日星定時), 규표(圭表),[26] 금루(禁漏) 같은 것들이 모두 지극히 정교하여 예전의 것보다 월등히 뛰어났는데도 오히려 제도가 미진할 것을 염려하였다. 또 여러 기구가 모두 후원(後苑)에 설치

25 장헌왕(莊憲王) 때에 건립하였다 : 흠경각(欽敬閣)은 1438년(세종20) 옥루(玉漏)를 설치하기 위해 건립하였다.

26 규표(圭表) : 표(表)는 지상에 수직으로 세운 막대이고, 규(圭)는 표의 아래 끝에 붙여서 수평으로 북을 향하여 누인 자를 말한다. 황도(黃道)의 적도(赤道)에 대한 경사 때문에 태양이 적도로부터 남북으로 이탈되는 각도를 규표의 그림자로 측정하여서 1년의 길이와 계절을 측정하는 것이다.

되어 수시로 관찰하기 어려우므로 마침내 천추전(千秋殿) 서쪽 뜰에 한 칸의 작은 각(閣)을 지었다. 종이를 발라서 높이가 7자쯤 되는 산을 만들어서 각 가운데 두고, 내부에 옥루기륜(玉漏機輪)을 설치하여 물로 움직이게 하였다. 그리고 크기가 탄환만 한 쇠로 만든 해가 오색구름에 둘러싸여서 산허리 위로 운행하는데 하루 한 바퀴를 돌아서 낮에는 산 너머에 보이고 밤에는 산속으로 사라진다. 궤도의 기울어진 형세가 천행(天行)에 준하니, 극(極)에서 떨어진 거리의 원근과 출입의 분계가 각각 절기(節氣)에 따라서 진짜 태양의 궤도와 합치되었다.

해 아래에는 옥녀(玉女) 4인이 금방울을 잡고 구름을 타고 사방에 서 있는데, 인시(寅時)·묘시(卯時)·진시(辰時)의 초정(初正)이 되면 동쪽에 있는 옥녀가 매번 방울을 흔들고, 사시(巳時)·오시(午時)·미시(未時)의 초정이 되면 남쪽에 있는 옥녀가 방울을 흔들며, 서쪽과 북쪽에 있는 자도 다 그렇게 하였다. 아래에는 사신(四神)이 각기 맡은 방위에 서서 모두 산을 마주 보고 있는데, 인시가 되면 청룡(青龍)이 북쪽으로 향하고, 묘시가 되면 동쪽으로 향하고, 진시가 되면 남쪽으로 향하고, 사시가 되면 다시 서쪽으로 향하였다. 그리고 주작(朱雀)이 다시 동쪽으로 향하여 차례대로 방위를 향하는 것이 앞에 보인 바와 같으니, 다른 것도 다 이와 같다.

산의 남쪽 기슭에는 높은 대(臺)가 있는데, 사신(司辰) 1인이 붉은 공복(公服) 차림으로 산을 등지고 서 있다. 무사(武士) 3인은 모두 갑옷을 갖춰 입고 있는데, 무사 1인은 종(鍾)을 치는 망치를 들고 서쪽을 보면서 동쪽에 서 있고, 또 1인은 북채를 들고 동쪽을 보면서 북쪽에 가까운 서쪽에 서 있고, 1인은 징채를 들고 역시 동쪽을 보면서 남쪽에 가까운 서쪽에 서 있다. 시각이 될 때마다 사신은 종인(鍾人)을 돌아보고 종인도 역시 사신을 돌아보고서는 그제야 종을 친다. 경(更)이 될 때마다 고인(鼓人)이 북을 치고, 점(點)이 될 때마다 정인(鉦人)이 징을 치는데, 서로 돌아보는 것은 똑같으며, 경점(更點)마다 북과 징을 치는 횟수는 모두 정해진 법대로 한다.

또 그 아래 땅바닥에는 십이신장(十二神將)이 각각 자기 방위에 엎드려 있고 십이신장 뒤에는 각각 구멍이 있는데 항상 닫혀 있다. 자시(子時)가 되면 쥐를 맡은 신장의 뒤에 있는 구멍이 저절로 열리고 옥녀가 시패(時牌)를 들고 나오면 쥐가 앞에서 일어나며, 자시가 다 지나면 옥녀가 도로 들어가고 그 구멍이 다시 저절로 닫히고 쥐는 다시 엎드린다. 축시가 되면 소를 맡은 신장의 뒤에 있는 구멍이 저절로 열리고 옥녀가 또한 나오고 소도 역시 일어나니, 12시진이 될 때마다 모두 그렇게 된다.

남쪽 자리 앞에 또 대가 있는데 대 위에 의기(欹器)를 설치하였다. 의기의 북쪽에서 관인(官人)이 금병(金甁)을 들고 물을 붓는데, 물시계의 남은 물을 이용하여 언제나 끊어지지 않게 하였다. 의기는 물이 비면 비스듬하고, 중간쯤 올라오면 반듯하고, 가득 차면 엎어지는 것이 모두 옛 가르침[27]대로이다. 또 산의 동쪽에는 봄 석 달의 경치를 만들고, 남쪽에

27 옛 가르침 : 의기(欹器)에 대한 공자의 가르침을 말한다. 공자가 노 환공(魯桓公)의 사당에서 의기를 보고 사당을 지키는 이에게 이것이 무슨 기구냐고 묻자, 임금의 자리를 돕는 그릇(宥座之器)이라고 하였다. 이에 공자가 말하기를 "내 듣건대, 자리를 돕는 그릇은 비면 기울고 알맞으면 바르게 되며 가득 차면 뒤집어져서 명군(明君)이 이로써 지극한 경계를 삼고 항상 자리 옆에 두었다고 한다." 하고, 제자를 돌아보면서 "물을 부어 보아라." 하였다. 물을 붓자, 물이 알맞으면 그릇이 바르고 가득 차면 뒤집어졌다. 공자가 탄식하기를 "아아, 사물이 어찌 가득 찼으면서도 뒤집어지지 않는 것이 있겠는가." 하였다.《孔子家語 卷2 三恕》

는 여름 석 달의 경치를 만들며, 가을과 겨울도 역시 그렇게 만들었다. 〈빈풍도(豳風圖)〉[28]에 의거하여 나무를 새겨 인물·금수·초목의 형상을 만들어 그 절후에 맞춰서 배치해 놓으니, 〈칠월편(七月篇)〉의 전경(全景)이 구비되지 않은 것이 없다. 누각의 이름을 흠경(欽敬)이라 하였으니, 이것은 〈요전(堯典)〉의 '하늘의 뜻을 공경히 받들어 백성에게 일할 때를 가르쳐 준다.〔欽若昊天 敬授民時〕'라는 뜻을 취한 것이다.

무릇 당우(唐虞) 시대부터 측후(測候)하는 기구가 시대마다 각각 제작되었고 당송(唐宋) 시대 이래로 그 법이 차츰 정비되었다. 이를테면 당나라의 황도유의(黃道游儀)·수운혼천(水運渾天), 송나라의 부루표영(浮漏表影)·혼천의상(渾天儀象), 원나라의 앙의(仰儀)·간의(簡儀)에 이르기까지 모두 정밀하고 신묘하다고 일컬어졌다. 그러나 대개는 각각 하나의 기구만 되었을 뿐 겸비하지는 못했으며, 운용하는 기구도 대부분 인위적인 힘을 빌려야 했다. 그런데 지금은 천일(天日)의 도수(度數)와 구루(晷漏)의 각수(刻數)와 사신(四神), 십이신장(十二神將), 고인(鼓人), 종인(鍾人), 사신(司辰), 옥녀(玉女) 등 온갖 기관이 차례로 같이 작동하되 사람의 힘을 빌리지 않고 저절로 치고 저절로 운행되는 것이 마치 귀신이 부리는 듯하다. 구경하는 자들은 깜짝 놀라며 그 연유를 헤아릴 수 없는데, 위로 하늘의 운행과 털끝만큼도 오차가 나지 않으니, 제작의 규모가 절묘하다고 이를 만하다.

28 빈풍도(豳風圖) : 농촌 생활을 노래한 《시경》 〈빈풍(豳風) 칠월(七月)〉의 내용을 그림으로 옮긴 것이다. 원(元)나라 조맹부(趙孟頫)가 그린 〈빈풍도〉가 유명한데, 궁중에서만 생활하는 왕에게 백성들의 고달픈 생활을 알려 주는 뜻에서 병풍으로 만들어 비치하곤 하였다.

또 물시계의 남은 물을 이용하여 의기를 제작해서 천도(天道)의 차고 비는 이치를 관찰하며, 산의 사방에 〈빈풍도〉의 모습을 진열하여 민생이 농사짓는 고생을 나타내었다. 그 하늘을 본받고 때를 순히 따라서 공경하는 뜻이 극진하며, 백성을 사랑하고 농사를 중히 여기는 인후한 덕이 마땅히 주나라와 명성을 함께하여 무궁토록 전할 것이다."

보루각(報漏閣) 경회루(慶會樓) 남쪽에 있다. 세종조에 건립하였다. ○ 김돈(金墩)의 기문은 다음과 같다.

"상께서 옛 누기(漏器)가 정밀함이 부족하다는 이유로 누기를 개조할 것을 명하였다. 파수호(播水壺)는 4개인데 크고 작은 차이가 있으며, 수수호(受水壺)는 2개인데 물을 교체할 때 번갈아 사용한다. 수호의 길이는 11자 2치이고 지름은 1자 8치이다. 살대는 2개인데 길이가 10자 2치이고, 그 면을 12시(時)로 나누고 시마다 8각(刻)으로 나눈 뒤 초정(初正)의 여분을 합하여 100각으로 만들고[29] 각마다 12분(分)으로 만들었다. 야전(夜箭)이 예전에는 21개였는데, 바꿔 쓰기에 부질없이 번잡하기만 하였으므로 다시 〈수시력(授時曆)〉에 의거하여 주야(晝夜)를 승강(升降)으로 나누어서 대략 이기(二氣)가 하나의 살대에 해당하게 하니, 모두 12개의 살대가 되어 간의(簡儀)와 대조해 보아도 조금도 틀리지 않았다.

29 초정(初正)의……만들고 : 조선은 중국의 역법을 따라 시간을 나누었다. 양 무제(梁武帝) 6년(507) 역법을 재정비하여 하루를 100각(刻)으로 정하고 이를 12시진으로 나누었는데 1시진을 8각으로 배분하자 96각이 되어 4각의 여분이 남으니, 이 여분을 매 시(時)의 초(初)와 정(正)에 6분의 1각씩 배분하여 100각의 수를 채웠다. 즉 매시의 초정의 각까지 합하면 1시는 8과 6분의 2각이 되므로 이를 12시로 곱하면 100각이 되는 것이다.

상이 또 시각을 알리는 자가 착오가 없지 않을까 염려하여 호군(護軍) 장영실(蔣英實)에게 명하여 사신목인(司辰木人 시각을 알리는 나무 인형)을 제작하게 하였는데, 때가 되면 저절로 시각을 알리고 사람의 힘을 빌리지 않는 것이다. 그 제도는, 먼저 각(閣)에 세 개의 기둥을 세우고 동쪽 기둥 사이에 2층으로 자리를 설치하는데, 상층에는 3신(神)을 세워서 하나는 시(時)를 맡아 종을 울리게 하고, 하나는 경(更)을 맡아 북을 울리고, 하나는 점(點)을 맡아 징을 울리게 하였다. 중층의 아래에 평평한 바퀴를 설치하고 그 바퀴를 따라 12신(神)을 배열하여서 12신이 각각 쇠줄을 기둥으로 삼아 오르내릴 수 있게 했는데 각각 시패(時牌)를 잡고 서로 번갈아 가며 시를 알리는 것이다.

그 기계가 움직이는 기술은, 중간 기둥 사이에 누(樓)를 만들어 위에는 파수호를 줄지어 놓고 아래는 수수호를 설치한다. 수호(水壺) 위에 방목(方木)을 꽂았는데, 이 방목은 속과 표면이 다 비어 있으며 길이는 11자 4치, 너비는 6치, 두께는 8푼, 깊이는 4치이다. 비어 있는 내부에 칸막이를 두었는데 표면에서 한 치쯤 들어가 있다. 왼쪽에 동판(銅板)을 설치하였는데 길이는 살대와 같고 너비는 2치이다. 동판의 표면에 12개의 구멍을 뚫어서 크기가 탄환만 한 작은 동환(銅丸)을 받게 하였는데, 구멍마다 모두 열고 닫을 수 있는 기계 장치가 있어 12시(時)를 맡게 하였다. 오른쪽에 동판을 설치하였는데 길이는 살대와 같고 너비는 2치 5푼이다. 동판의 표면에 25개의 구멍을 뚫어 왼쪽의 동판처럼 역시 작은 동환을 받게 하였다. 12개의 살대에 준하여 모두 12개의 판이 절기에 따라 번갈아 운용되며 경과 점을 맡게 하였다.

수수호에 살대를 띄우는데 살대 머리가 젓가락과 같이 횡철(橫鐵)을 떠받치고 있으며 길이는 4치 5푼이다. 수호 앞에 구덩이가 있고, 구덩이 안에 횡판(橫板)을 비스듬히 설치하였는데 머리 쪽은 속이 빈 방목 밑에 대고 꼬리 쪽은 동쪽 기둥까지 이어져 있다. 자리 아래 용도(甬道)의 형상처럼 칸막이 4개를 설치하고 칸막이 위에 계란만 한 큰 철환을 앉혔는데, 왼쪽의 12환은 시(時)를 맡고, 중간의 5환은 경(更)과 매경의 초점(初點)을 맡으며, 오른쪽 20환은 점(點)을 맡았다. 그 환을 앉힌 곳에는 모두 고리를 두어 열렸다 닫혔다 하게 하였다.

또 횡기(橫機)를 설치하였는데 그 기계의 모양은 숟가락과 비슷하여 한쪽 끝은 굽어서 고리를 걸 수 있고 한쪽 끝은 둥글어서 철환을 받을 수 있으며, 가운데 허리는 둥근 축(軸)을 두어 오르내릴 수 있게 하였다. 횡기의 둥근 끝이 동통(銅筒)의 구멍과 맞닿아 있고, 두 개의 동통을 칸막이 위에 비스듬히 설치하였는데, 왼쪽 동통은 길이가 4자 5치, 지름이 1치 5푼이고, 시(時)를 맡고 있으며 하면에 12개의 구멍이 뚫려 있다. 오른쪽 동통은 길이가 8자, 지름은 왼쪽 동통과 같고 경(更)과 점(點)을 맡고 있으며 하면에 25개의 구멍이 뚫려 있다. 구멍마다 기계 장치가 있어서 처음에 구멍이 모두 열리게 되면 동판에 있는 작은 철환이 떨어져서 기계를 건드리고 그러면 기계가 저절로 구멍을 막아서 다음 철환의 굴러가는 길을 만들어 주니, 차례차례 다 그런 식으로 된다.

동쪽 기둥 자리 상층의 아래에는 왼쪽에 단통(短筒) 두 개를 달아서 하나는 철환을 받고, 하나는 안으로 숟가락기계〔機匙〕를 설치하는데, 숟가락의 둥근 끝이 반쯤 나와서 철환을 받는 통의 밑바닥에 맞닿아 있다. 오른쪽에는 원주(圓柱)와 방주(方柱) 각각 두 개를 세우되, 원주는 속을 비워서 안에다 또 숟가락 모양의 기계를 설치하는데 반은 나오고 반은 들어가 있게 하여, 이 숟가락기계를 왼쪽 기둥에는 5개, 오른쪽 기둥에는 10개 설치한다. 방주에는 작은 통을 비스듬하게 꿰뚫어 기둥마다 각각 4개씩을 다는데, 작은 통의 한쪽 끝은 연잎을 만들고 한쪽 끝은 용의 입을 만들어서, 연잎은 철환을 받고 용의 입은 철환을 토해 내어 용의 입과 연잎이 오르내리는 것이 서로 딱 들어맞는다. 그 위에 따로 두 개의 단통을 달아서 하나는 경(更)을 알리는 철환을 받고, 하나는 점(點)을 알리는 철환을 받는다.

오른쪽 방주는 연잎마다 아래에 각각 직단통(直短筒) 2개와 횡단통(橫短筒) 1개가 붙어 있는데, 그 횡단통 한쪽 끝이 왼쪽 방주의 연잎 아래와 접해 있다. 왼쪽 원주의 5개의 숟가락과 오른쪽 원주의 5개의 숟가락은 그 둥근 끝이 각각 용의 입과 연잎 사이에 맞닿아 있고, 오른쪽 원주의 5개 숟가락은 그 둥근 끝이 반쯤 직통(直筒) 안에 들어가 있다.

누수(漏水)가 수수호에 쏟아지면 떠 있는 살대가 점점 올라가서 시(時)에 응해서 왼쪽 동판 구멍의 기(機)에 부딪친다. 그러면 작은 철환이 떨어져 내려와서 동통(銅筒)으로 굴러 들어가고 구멍을 따라서 떨어져서 그 기(機)에 부딪치면 기가 열리면서 큰 철환이 떨어져 자리 아래 달아 놓은 단통 속으로 굴러 들어간다. 철환이 단통에 떨어지면서 숟가락기계를 건드리면, 기계의 한쪽 끝이 통 안에서 올라가서 시(時)를 맡은 신(神)의 팔목을 건드리니, 그러면 곧 종이 울린다. 경점(更點)을 알리는 원리도 그러하다.

다만 경(更)을 맡은 철환은 달려 있는 단통으로 쏟아져 들어가 떨어지면서 숟가락기계를 치고 왼쪽 원주 안으로부터 올라가서 경을 맡은 신(神)의 팔목을 건드려 북을 울린다. 그런 뒤에 점통(點筒)으로 굴러 들어가서 다시 초점(初點)의 기(機)에 부딪쳐서 오른쪽 기둥 속으로부터 올라가서 점(點)을 맡은 신을 건드려서 징을 울리고, 연잎 아래 세워진 작은 통에서 멈춘다. 그 굴러 들어가는 곳에 기계를 설치하여 처음에는 경환(更丸)의 길이 닫혀 있다가 철환이 굴러 들어오면 들어온 길은 닫히고 경의 길이 열린다. 나머지 경도 모두 그러하다. 오경(五更)이 끝나거든 문을 밀고 내보낸다.

매 경(更) 2점(點) 이후의 철환은 달려 있는 단통으로 떨어져서 연잎으로 굴러 들어가 그 점을 맡은 기계에 부딪치고서 멈춘다. 다음 점의 철환이 굴러 지나가서 역시 그 점을 맡은 기계에 부딪치고서 멈춘다. 그 정지한 철환을 받는 통에 구멍이 있는데 문을 달아서 닫아 두었다가 5점의 철환이 떨어져서 그 가장 아래에 있는 기계를 건드리게 되면 기(機)와 연결된 쇠줄이 차례로 모든 문을 밀어서, 3점의 철환과 더불어 한꺼번에 같이 내려온다.

그 시(時)를 맡은 큰 철환이 매달린 단통으로 떨어져서 원주에 붙은 통으로 굴러 들어가 떨어져 횡목(橫木)의 북단을 밟게 되는데, 횡목은 길이가 6자 6치, 너비가 1치 5푼, 두께가 1치 7푼이다. 횡목의 중간에 짧은 기둥을 세워서 횡목을 끼고 둥근 축(軸)과 접하여 오르내릴 수 있게 하였다. 횡목의 남단에는 손가락 같은 둥근 나무를 세웠는데, 길이는 2자 2치이고 시를 알리는 신(神)의 발 아래에 맞닿아 있다.

발끝에는 작은 윤축(輪軸)이 있어서 큰 철환이 떨어져서 북단을 누르면, 남단이 올라가 신의 발을 떠받쳐서 자리 중층의 위로 올라가게 되고, 횡목 북단의 북쪽에 작은 판(板)을 세워 열렸다 닫혔다 할 수 있게 하였으며, 판에 있는 쇠줄은 위로 시(時)를 맡은 현통(懸筒)의 숟가락기계와 연결되어서, 순가락이 움직이면 판이 열리고 앞의 철환을 나가게 하며, 횡목 남단이 낮아지면서 시를 알리는 신이 윤면(輪面)에 돌아오고, 다음 시를 맡은 신이 대신하여 올라가게 하였다.

그 바퀴가 돌아가는 제도는 바퀴의 밖에 가로로 작은 판(板)을 설치했는데 길이가 1자쯤 되고 그 중심에 4, 5치쯤 구덩이를 파서 동판(銅板)을 그 위에 가로로 걸쳐 놓되 그 형세가 기울어져 있고, 한쪽 끝에 축(軸)을 설치하여 열었다 닫았다 할 수 있게 하였다. 시(時)를 알리는 신(神)의 발이 처음 동판 아래 반치쯤 들어가서 올라갈 때는 동판을 열고 올라가고, 올라가면 도로 닫힌다. 그 시가 다 끝나서 윤면으로 돌아오게 되면 발끝의 철륜이 동판을 따라 굴러 내려가 잠시도 멈추지 않는다. 다음 시를 맡은 신도 역시 그렇게 된다. 모든 기계 장치가 다 숨어 있어 드러나지 않고, 보이는 것은 오직 관디를 갖춘 목인(木人)뿐이다. 이것이 그 대략이다."

간의대(簡儀臺) 궁성 서북쪽 모퉁이에 있다. ○ 김돈의 기문은 다음과 같다.

"선덕(宣德) 7년(1432, 세종14) 임자 가을 7월 아무 날에 상이 경연에 나아가 역상(曆象)의 이치를 논하고, 이어서 예문관 제학 정인지(鄭麟趾)에게 이르기를 '우리 동방이 멀리 바다 밖에 있으나 모든 정책을 시행하는 것은 한결같이 중국의 제도를 따랐는데, 유독 천문을 관찰하는 기구가 부족한 점이 있다. 경이 이미 역산(曆算)을 관할하는 직을 맡고 있으니, 대제학 정초(鄭招)와 함께 옛 법도를 연구하여 기구를 만들어서 측험(測驗)을 대비하도록 하라. 그러나 그 요점은 북극(北極)의 출지(出地)의 고하(高下)를 정하는 데 달려 있으니, 먼저 간의(簡儀)를 제작해 올리도록 하라.' 하였다.

이에 정초와 정인지가 옛 제도를 조사하는 일을 맡고, 중추원사(中樞院使) 이천(李蕆)은 공역을 감독하는 일을 맡았다. 먼저 목제 양식을 만들어서 북극의 출지를 36도로 정하니, 거의 《원사(元史)》의 측정 기록과 부합하였다. 마침내 동(銅)으로 주조한 기구〔儀〕가 완성되려 할 적에 호조 판서 안순(安純)에게 명하여 후원 경회루의 북쪽에 돌을 쌓은 대를 만들게 하였으니, 높이가 31자, 길이가 47자, 너비가 32자이다. 돌난간으로 둘러싸고 꼭대기에 간의를 설치하였으며, 정방안(正方案)을 그 남쪽에 놓고, 대의 서쪽에 높이가 5배나 되는 동표(銅表)를 세웠다.

8자의 말뚝에 푸른 돌을 깎아서 규(圭)를 만들되 규의 표면에 장(丈)·자(尺)·치(寸)·푼(分)을 그어서 용영부(用影符)가 일중(日中)의 그림자를 취하여 이기(二氣)의 차고 줄어드는 단표(端表)를 이를 통해 알게 하였다. 서쪽에 작은 각(閣)을 세워 혼의(渾儀)와 혼상(渾象)을 두었는데 혼의는 동으로, 혼상은 서로 향하게 하였다. 혼의의 제도는 시대마다 같지 않은데, 지금은 오씨(吳氏)의 《서찬(書纂)》에 실린 것처럼 칠목(漆木)으로 혼의·혼상을 만드는 제도에 의거하여 제작하였다. 칠포(漆布)로 체(體)를 만들어 탄환처럼 둥글게 하였으며 둘레를 10자 8치 6푼으로 하여 가로 세로 주천도분(周天度分)을 그렸다. 적도(赤道)가 중앙을 차지하고, 황도(黃道)는 적도의 안팎에서 나고 들되 각각 24도 약(弱)으로 하고, 중외(中外)의 관성(官星)을 두루 배열하여 하루 한 바퀴를 돌면 1도(度)가 지난다. 노끈을 이용하여 해를 황도에 연결하여 매일 1도씩 뒤로 운행하여 천행(天行)과 합하였다. 물에 부딪쳐 기계가 운전하는 교묘한 법은 속에 들어서 드러나지 않게 하였으니, 이 다섯 가지는 옛 사서에 상세히 나와 있다.

경회루의 남쪽에 세 기둥의 각(閣)을 세워 누기(漏器)를 두고, 이름을 보루각(報漏閣)이라 하였다. 동영(東楹)의 사이에 2층으로 자리를 만들되, 3신(神)이 위에 있어 시(時)를 맡은 자는 종을 치고, 경(更)을 맡은 자는 북을 치고, 점(點)을 맡은 자는 징을 쳤다. 12신(神)은 아래에 있어 각각 신패(辰牌)를 들었는데, 인력을 빌리지 않고 때에 따라 저절로 울리게 하였다. 천추전(千秋殿)의 서쪽에 소각(小閣)을 세워 이름을 흠경각(欽敬閣)이라 하였다. 여기에 종이로 발라 산을 만들되 높이는 7자쯤 되게 하여 각(閣) 속에 두고, 안으로 기륜(機輪)을 설치하여 옥루수(玉漏水)를 이용하여 부딪치게 하고, 오색구름이 해를 에워싸고 나타났다 사라졌다 하며, 옥녀(玉女)가 때를 따라 방울을 흔들고 사신(司辰)과 무사(武士)가 저절로 서로 돌아보게 하고, 사신(四神) 십이신(十二神)이 돌아가면서 차례로 일어났다 엎드렸다 하게 하였다. 산의 사면에 〈빈풍(豳風)〉과 사시(四時)의 풍경을 진열한 것은 백성들의 의식주에 대한 고생을 생각한 것이다. 비스듬한 그릇을 두어 누수의 여분을 받게 한 것은 천도(天道)가 차고 비는 이치를 관찰하고자 한 것이다.

간의(簡儀)가 비록 혼의(渾儀)보다 간편하나 전용(轉用)하기 어려워서 소간의(小簡儀) 두 대를 만들었으니, 아주 간단한 기구이지만 쓰기는 간의와 다름이 없어서이다. 그래서 하나는 천추전 서쪽에 두고, 하나는 서운관(書雲觀)에 주었다. 우매한 백성들이 시각을 잘 모르기 때문에 앙부일구(仰釜日晷) 두 대를 만들고 그 안에 시신(時神)을 그렸으니, 이는 아무리 어리석은 자라도 굽어보면 때를 알 수 있게 하려는 것이다. 하나는 혜정교(惠政橋) 가에 두고, 하나는 종묘 남쪽 거리에 두었다.

낮에 측후하는 기구는 이미 갖추어졌으나 밤에 하는 것은 고험할 길이 없으므로, 밤낮으로 때를 알 수 있는 기구를 만들어 이름을 일성정시의(日星定時儀)라 하였다. 네 대를 만들어 하나는 만춘전(萬春殿) 동쪽에 두고, 하나는 서운관에 주고, 둘은 동서 두 경계의 원수영(元帥營)에 나누어 주었다. 일성정시의는 무거워서 군용(軍用)에 불편하므로 소정시의(小定時儀)를 만들었는데, 그 제도는 대동소이하다. 이 여섯 건에 대하여는 각각 서(序)와 명(銘)을 두어 설명을 다 하였다."

동궁(東宮) 일화문(日華門) 밖에 있다.

선원전(璿源殿) 문소전(文昭殿) 동북쪽에 있다. 선왕(先王)과 선후(先后)의 초상화를 봉안한 곳이다. 가정(嘉靖) 초기에 처음 건립하였다.

○ 이상의 궁전들은 만력 임진년(1592, 선조25)에 모두 병란에 불타 버렸다.

창덕궁

북부(北部) 광화방(廣化坊)에 있다.

인정전(仁政殿) 조회를 받는 정전(正殿)이다. 남쪽은 인정문(仁政門)이고 또 그 서남쪽은 진선문(進善門)이고 또 그 남쪽은 돈화문(敦化門)이다. 동쪽은 건양문(建陽門)이고 또 그 동쪽은 선인문(宣仁門)이다. 서쪽은 금호문(金虎門)이고 북쪽은 광지문(廣智門)이다.

선정전(宣政殿) 인정전 동쪽에 있다.

보경당(寶慶堂) 인정전 서쪽에 있다.

동궁(東宮) 건양문 밖에 있다. 예전 구현전(求賢殿)과 광연정(廣延亭)이 있던 터인데 앞에 연지(蓮池)가 있다. 성화 22년(1486, 성종17)에 건립하여 춘궁(春宮)이라고 명칭을 바꾸었다.

비궁당(匪躬堂) 바로 창덕궁의 남쪽 빈청으로 연영문(延英門) 밖에 있다.

○ 이상의 궁전들은 만력 임진년(1592, 선조25)에 모두 병란에 소실되었는데 만력 기유년(1609, 광해군1)에 중건하였다.

창경궁

창덕궁 동쪽에 있다. 옛날 수강궁(壽康宮)의 터로서 성화(成化) 계묘년(1483, 성종14)에 성종(成宗)이 정희왕후(貞熹王后), 인수왕대비(仁粹王大妃), 안순왕후(安順王后) 삼궁을 위해 세웠다.

명정전(明政殿) 성종이 정월 초하루와 동지 때마다 신하들을 거느리고서 삼궁에 하례하고는 이어서 이 전에 나와서 조회를 받았다. 동문은 명정문(明政門), 또 그 동문은 홍화문(弘化門)이다. 문 안에는 개울이 있고, 다리 이름은 옥천교(玉川橋)이다.

문정전(文政殿) 명정전 남쪽에 있다.

인양전(仁陽殿) 명정전 서쪽에 있다.

경춘전(景春殿) 수녕전(壽寧殿) 북쪽에 있다.

통명전(通明殿) 경춘전 북쪽에 있다.

양화당(養和堂) 환경전(歡慶殿) 북쪽에 있다.

여휘당(麗暉堂) 통명전 서쪽에 있다.

환경전(歡慶殿) 경춘전 동쪽에 있다.

수녕전(壽寧殿) 인양전 북쪽에 있다.

환취정(環翠亭) 통명전 북쪽에 있다. ○ 김종직(金宗直)이 지은 기문은 대략 다음과 같다.

"창경궁의 후원(後苑)에 '환취정'이라는 새 정자가 있으니, 바로 통명전의 북쪽 구석이다. 언덕의 형세가 옆으로 펼쳐 있는데 만 그루의 장송

(長松)이 빙 둘러 서 있고 또 빽빽하게 대나무 수천 그루를 심어서 그 틈새를 메워 놓았다. 앞으로 대궐을 마주하여 건물이 들쭉날쭉한데 원앙와(鴛鴦瓦)의 지붕과 푸르게 아로새긴 문이나, 잔디풀 덮인 섬돌과 이끼 낀 벽돌이 서로 도와서 푸르른 기운을 이루고 있다.

가까운 데에서 멀리까지 보자면 높은 담장 밖에는 저자가 있고, 저자 밖에는 성곽이 있으며, 성곽 밖에는 바위산이 있다. 종남산(終南山)의 안개 구름과 동쪽 교외의 수목이 푸른빛을 쓸어 모아 이 난간 아래에서 앞다퉈 기이한 경치를 뽐내는 것이 헤아릴 수 없으니, 이 때문에 이 정자가 이런 이름을 얻게 된 것이다. 그러나 임금이 이곳을 휴식하는 곳으로 삼은 까닭은 실로 다른 데에 있지 이 경치 때문이 아니다.

바라건대 전하께서 게으름이나 황음에 빠지지 말고 언제나 한마음을 견지하여, 이곳에 올라 구경할 적마다 그럭저럭 허송세월하기 쉬움을 깊이 두려워하고, 반드시 백성들을 보호하는 것으로써 하늘에 영구한 국운(國運)을 기도하는 실상으로 삼는다면 우리 조선은 억만년토록 무궁한 복을 누리게 될 것이다."

○ 이상의 궁전들은 만력 임진년(1592)에 모두 병화에 소실되었는데 숭정 병자년(1636, 인조14)에 중건하였다.

경운궁

서부(西部) 황화방(皇華坊)에 있다. 만력 임진년에 경복궁, 창덕궁, 창경궁이 모두 병화에 소실되어서 선조(宣祖)가 도성으로 돌아온 뒤에 이곳에 계셨으므로 행궁(行宮)이라고 칭하였다. 광해군 때에 경운궁이라고 칭호를 고쳤다.

경덕궁

인경궁(仁慶宮) 남쪽에 있다. 광해군 때에 건립하였다.

단묘 壇廟

사직단(社稷壇) 경성 안 서쪽 인달방(仁達坊)에 있다. 사(社)는 동쪽에 있고 직(稷)은 서쪽에 있다. 두 단은 각기 사방 2장 5자이고, 높이는 3자이다. 사방으로 나 있는 계단은 각각 3층으로 되어 있다. 단은 방위색(方位色)[30]을 따라 꾸미고 황토로 덮었다. 사에 있는 석주는 길이가 2자 5치이고 사방이 1자이다. 그 윗부분을 둥글게 깎고 아랫부분 반은 바닥에 흙으로 덮어 묻었는데 단의 남쪽 섬돌 위쪽에 세웠다. 사방의 문이 하나의 유(壝)를 공유하는데, 유는 사방 25보이고 담으로 둘리어 있다. 국사(國社), 국직(國稷)의 신좌(神座)는 모두 남쪽에 있으면서 북쪽을 향해 있다. 후토신(后土神)은 국사에 배향하고 후직신(后稷神)은 국직에 배향하였는데, 각각 정위(正位) 왼쪽에 두되 북쪽 가까이에서 동쪽을 향해 있다. ○ 사전(祀典)은 대사(大祀)에 실려 있다.

풍운뇌우산천성황단(風雲雷雨山川城隍壇) 남교에 있다. 제단은 사방 2장 3자이고, 높이가 2자 7치이며, 사방으로 나 있는 계단은 2층이고, 유(壝)의 둘레는 25보이다. 풍운(風雲)과 뇌우(雷雨)의 신좌가 가운데에 있고 산천(山川)의 신좌가 왼쪽에 있으며 성황(城隍)의 신좌가 오른쪽에 있는데 모

30 방위색(方位色) : 동서남북 사방을 주장하는 색으로 각각 청(靑), 백(白), 적(赤), 흑(黑)이고 중앙은 황색이다.

두 북쪽에 있으면서 남쪽을 향해 있다.

악단(嶽壇), 해단(海壇), 독단(瀆壇) 남교에 있다. 제도는 풍운뇌우단과 같다. 다만 하나의 유만 있고 단이 없으며 사당은 세 칸이다. ○ 악(嶽) : 남악은 남원(南原)에 있는 지리산(智異山)이고, 중악은 삼각산(三角山)이다. 서악은 개성(開城)에 있는 송악(松嶽)이고, 북악은 정평(定平)에 있는 비백산(鼻白山)이다. ○ 해(海) : 동해 제단은 양양(襄陽)에 있고, 남해 제단은 나주(羅州)에 있고, 서해 제단은 풍천(豐川)에 있다. ○ 독(瀆) : 남독은 공주(公州)에 있는 웅진(熊津), 양산(梁山)에 있는 가야진(伽耶津)이며, 중독은 한강(漢江)이다. 서독은 장단(長湍)에 있는 덕진(德津), 평양(平壤)에 있는 평양강(平壤江), 의주(義州)에 있는 압록강(鴨綠江)이고, 북독은 경원(慶源)에 있는 두만강(豆滿江)이다.

선농단(先農壇) 동교에 있다. 제도는 풍운뇌우단과 같은데 신좌가 북쪽에 있으면서 남쪽을 향해 있다. 성종 7년(1476)에 제단 남쪽 10보 되는 곳에 관경대(觀耕臺)를 축조하였다. 정월에 친히 선농단에 제사하고 적전례(籍田禮)를 행하였다.

선잠단(先蠶壇) 동교에 있다. 제도는 풍우뇌우단과 같은데 신좌가 북쪽에 있으면서 남쪽을 향해 있다. 성종 9년 봄에 창덕궁 후원에 또 단을 축조하였다. 왕비가 명부(命婦)를 거느리고 친히 제사하고 친잠례(親蠶禮)를 행하였다.

우사단(雩祀壇) 동교에 있다. 제도는 풍운뇌우단과 같다. 다만 사방이 4장이고 구망(句芒), 축융(祝融), 후토, 욕수(蓐收), 현명(玄冥), 후직의 신좌가 모두 북쪽에 있으면서 남쪽을 향해 있는데, 서쪽을 상위로 삼는다.

○ 이상의 사전은 중사(中祀)에 실려 있다.

영성단(靈星壇)[31] 남교에 있다. 사방 2장 1자이며, 높이는 2자 5치이다. 사방으로 계단 하나를 내었고 유(壝)는 둘레가 25보이다. 신좌는 북쪽에 있으면서 남쪽을 향해 있다.

노인성단(老人星壇)[32] 남교에 있다.

마조단(馬祖壇), **선목단**(先牧壇), **마사단**(馬社壇), **마보단**(馬步壇)[33] 모두 동쪽 교외에 있다.

마제단(禡祭壇)[34] 동북쪽 교외에 있다.

사한단(司寒壇)[35] 남교에 있다. 제도가 영성단과 같다.

명산대천단(名山大川壇) 제도는 영성단과 같다. 신좌가 북쪽에 있으면서 남쪽을 향해 있고, 단이 없으며 사당은 세 칸이다. ○ 명산(名山) : 동쪽은 원주(原州)에 있는 치악산(雉岳山)이고, 남쪽은 공주(公州)에 있는 계룡산(鷄龍山), 단양(丹陽)에 있는 죽령산(竹嶺山), 울산(蔚山)에 있는 우불산(于佛山), 문경(聞慶)에 있는 주흘산(主屹山), 나주(羅州)에 있는 금성산(錦城山)이다. 중앙은 목멱산(木覓山)이다. 서쪽은 장단(長湍)에 있는 오

31 영성단(靈星壇) : 영성은 천전성(天田星)이라고도 하는데 농사를 맡아본다.

32 노인성단(老人星壇) : 노인성은 남극 또는 남극노인성(南極老人星)이라고도 하며 사람의 수명을 주관한다고 알려져 있다.

33 마조단(馬祖壇)……마보단(馬步壇) : 마조는 천사(天駟) 방성(房星)의 신이고, 선목(先牧)은 제일 처음 말 기르는 법을 창조한 자이다. 마사(馬社)는 처음으로 말을 탄 자로 마구간에 사는 신이고, 마보는 말을 해치는 귀신으로 마역(馬疫)이라고 한다.

34 마제단(禡祭壇) : 마제는 출병할 때 군대가 주둔하는 곳에서 처음 병법을 만든 자에게 지내는 제사이다. 전쟁이 황제(黃帝)로부터 시작되었기 때문에 전승(戰勝)을 기원하여 헌원(軒轅)에게 마제를 지냈다고 한다.

35 사한단(司寒壇) : 사한은 겨울의 추위를 맡은 신이다. 겨울 날씨가 너무 따뜻하거나 눈이 오지 않을 때, 얼음을 꺼낼 때와 봄에 빙고(氷庫)의 문을 열 때에 제사하였다고 한다.

관산(五冠山), 해주(海州)에 있는 우이산(牛耳山)이고, 북쪽은 적성(積城)에 있는 감악산(紺岳山), 회양(淮陽)에 있는 의관산(義館山)이다. ○ 대천(大川) : 남쪽은 충주(忠州)에 있는 양진명소(楊津溟所), 양주(楊州)에 있는 양진(楊津)이다. 서쪽은 장연(長淵)에 있는 장산곶(長山串), 장련(長連)에 있는 아사진송곶(阿斯津松串), 안주(安州)에 있는 청천강(淸川江), 평양(平壤)에 있는 구진익수(九津溺水)이다. 북쪽은 회양에 있는 덕진명소(德津溟所), 영흥(永興)에 있는 비류수(沸流水)이다. ○ 만일 가물어서 기우제를 지낼 때에는 북교(北郊)에 나아가 악(嶽)·해(海)·독(瀆) 및 여러 산천의 신위를 배설하되 각각 자기 방위에서 모두 안쪽을 향하게 한다.

여단(厲壇) 북교에 있다. 제도는 영성단과 같다. 신좌는 성황신은 단상의 북쪽에 있으면서 남쪽을 향해 있고, 제사가 없는 귀신은 단하의 좌우에 있으면서 서로 향해 있다.

○ 이상의 사전은 소사(小祀)에 실려 있다.

종묘(宗廟) 경성 안 동쪽 연화방(蓮花坊)에 있다. 태실(太室)은 중앙에 위치해 있으면서 남쪽을 향해 있다. 모두 7칸으로 앞에 3층의 계단이 있고, 동서로 각각 협실(夾室) 2칸이 있으며 협실의 남쪽에는 각각 행랑이 있다. 뜰의 동서에 또 각기 사당이 3칸 있는데 서쪽에는 칠사(七祀)의 신주를 보관하고 동쪽에는 배향하는 공신(功臣)의 신주를 보관한다. 신좌는 태조가 1위이고 소목(昭穆)이 각각 2위이며 각기 실내에서 남쪽을 향하여 있는데 서쪽을 상위로 한다. 칠사의 신주 자리는 묘정의 서쪽에 있으면서 동쪽을 향해 있고, 공신의 신좌는 묘정의 동쪽에 있으면서 서쪽을 향해 있다.

영녕전(永寧殿) 종묘 서쪽에 있다. 태실은 북쪽에 자리하면서 남쪽을 향해 있다. 모두 4칸으로 앞에 3층의 계단이 있다. 종묘에서 옮겨 온 신주를 봉안한다.

○ 이상의 사전은 대사(大祀)에 실려 있다.

문소전(文昭殿) 경복궁 성내 동쪽에 있다. 후침(後寢)이 5칸이고 전전(前殿)이 3칸이며 각각 감실(龕室)이 있고 앞에 3층의 계단이 있다. 신좌는 전 앞에 있는데 태조가 중앙에 있으면서 남쪽을 향해 있고 소 2위가 동쪽에 있으면서 서쪽을 향해 있고, 목 2위가 서쪽에 있으면서 동쪽을 향해 있다. 후침은 모두 북쪽에 있으면서 남쪽을 향해 있는데 서쪽을 상위로 한다. 초하루와 보름에 후침에 제사를 올리고 사시 대향 때에는 신주를 전전으로 내와서 합제한다. ○ 참봉 2인이 있다.

연은전(延恩殿) 경복궁 성내 서북쪽 구석에 있다. 성종이 명나라 조정에 주청하여 회간왕(懷簡王)을 추존하고 부묘(祔廟)한 뒤에[36] 이어서 이 전을 건립하여 어진을 봉안하였는데, 그 제사는 문소전에 비의하였다. ○ 참봉 2인이 있다.

효사묘(孝思廟) 북부 진장방(鎭長坊)에 있다.

문묘(文廟) 성균관 명륜당(明倫堂)의 남쪽에 있다. 대성전(大成殿)은 북쪽에 자리하여 남쪽을 향해 있는데, 모두 5칸이다. 앞에는 2층의 계단이 있으며, 뜰의 동서로 각각 무(廡)가 있다. 신주(神廚)는 서무(西廡)의 서북에

36 회간왕(懷簡王)을……뒤에 : 회간왕은 명(明)나라에서 성종의 아버지인 덕종(德宗)에게 내린 시호(諡號)이다. 덕종은 세조의 첫째 아들로, 이름은 장(暲), 자는 원명(原明)이며, 처음 이름은 숭(崇)이다. 왕세자로 책봉되었으나 즉위하지 못하고 20세에 요절하였다. 1471년(성종2) 왕으로 추존(追尊)되었다. 부묘(祔廟)는 임금의 신주(神主)를 삼년상을 마친 뒤 태묘(太廟)에 모시는 것을 말한다. 본래 왕이 사친을 추존하는 경우는 부묘하지 않고 따로 전을 두어 모시는 것이 예이다.

있고, 전사청(典祀廳)은 또 그 서쪽에 있다. ○ 신좌는 대성지성문선왕(大成至聖文宣王)이 중앙에 자리하여 남쪽을 향해 있다. 그 배향(配享)으로 연국복성공(兗國復聖公) 안자(顔子)와 기국술성공(沂國述聖公) 자사(子思)가 정위(正位)의 동남쪽에 있으면서 서쪽을 향해 있고, 성국종성공(郕國宗聖公) 증자(曾子)와 추국아성공(鄒國亞聖公) 맹자(孟子)가 정위의 서남쪽에 있으면서 동쪽을 향해 있는데, 모두 북쪽을 상위로 삼는다. 전(殿) 안의 종향(從享)으로는 비공(費公) 민손(閔損), 설공(薛公) 염옹(冉雍), 여공(黎公) 단목사(端木賜), 위공(衛公) 중유(仲由), 위공(魏公) 복상(卜商)은 동쪽 벽에 있으면서 모두 서쪽으로 향해 있고, 운공(鄆公) 염경(冉耕), 제공(齊公) 재여(宰予), 서공(徐公) 염구(冉求), 오공(吳公) 언언(言偃), 영천후(穎川侯) 전손사(顓孫師)는 서쪽 벽에 있으면서 모두 동쪽을 향해 있는데, 모두 북쪽을 상위로 삼는다.

동무(東廡)의 종향은 금향후(金鄕侯) 담대멸명(澹臺滅明), 임성후(任城侯) 원헌(原憲), 여양후(汝陽侯) 남궁괄(南宮适), 내무후(萊蕪侯) 증점(曾點), 수창후(須昌侯) 상구(商瞿), 평여후(平輿侯) 칠조개(漆雕開), 수양후(雎陽侯) 사마경(司馬耕), 평음후(平陰侯) 유약(有若), 동아후(東阿侯) 무마시(巫馬施), 양곡후(陽穀侯) 안신(顔辛), 상채후(上蔡侯) 조휼(曹卹), 지강후(枝江侯) 공손룡(公孫龍), 풍익후(馮翊侯) 진상(秦商), 뇌택후(雷澤侯) 안고(顔高), 상규후(上邽侯) 양사적(壤駟赤), 성기후(成紀侯) 석작촉(石作蜀), 거평후(鉅平侯) 공하수(公夏首), 교동후(膠東侯) 후처(后處), 제양후(濟陽侯) 해용잠(奚容箴), 부평후(富平侯) 안조(顔祖), 도양후(塗陽侯) 구정강(句井疆), 견성후(甄城侯) 진조(秦祖), 즉묵후(卽墨侯) 공조구자(公祖句玆), 무성후(武城侯) 현성(縣城), 연원후(汧源侯) 연급(燕伋), 완구

후(宛句侯) 안지복(顔之僕), 건성후(建成侯) 악해(樂欬), 당읍후(堂邑侯) 안하(顔何), 임려후(林慮侯) 적묵(狄墨), 운성후(鄆城侯) 공충(孔忠), 서성후(徐城侯) 공서잠(公西箴), 임복후(臨濮侯) 시지상(施之常), 화정후(華亭侯) 진비(秦非), 문등후(文登侯) 신정(申棖), 제음후(濟陰侯) 안쾌(顔噲), 사수후(泗水侯) 공리(孔鯉), 난릉백(蘭陵伯) 순황(荀況), 수양백(睢陽伯) 곡량적(穀梁赤), 내무백(萊蕪伯) 고당생(高堂生), 약수백(藥壽伯) 모장(毛萇), 팽성백(彭城伯) 유향(劉向), 중모백(中牟伯) 정중(鄭衆), 후지백(緱氏伯) 두자춘(杜子春), 양향후(良鄕侯) 노식(盧植), 영양백(滎陽伯) 복건(服虔), 사공(司空) 왕숙(王肅), 사도(司徒) 두예(杜預), 창려후(昌黎侯) 한유(韓愈), 예국공(豫國公) 정호(程顥), 신안백(新安伯) 소옹(邵雍), 온국공(溫國公) 사마광(司馬光), 화양백(華陽伯) 장식(張栻), 위국공(魏國公) 허형(許衡)으로 동쪽에 있으면서 서쪽을 향해 있다.

서무(西廡)의 종향은 선보후(單父侯) 복부제(宓不齊), 고밀후(高密侯) 공야장(公冶長), 북해후(北海侯) 공석애(公晳哀), 곡부후(曲阜侯) 안무요(顔無繇), 공성후(共城侯) 고시(高柴), 수장후(壽長侯) 공백료(公伯寮), 익도후(益都侯) 번수(樊須), 거야후(鉅野侯) 공서적(公西赤), 천승후(千乘侯) 양전(梁鱣), 임기후(臨沂侯) 염유(冉孺), 목양후(沐陽侯) 백건(伯虔), 제성후(諸城侯) 염계(冉季), 복양후(濮陽侯) 칠조치(漆雕哆), 고원후(高苑侯) 칠조도보(漆雕徒父), 추평후(鄒平侯) 상택(商澤), 당양후(當陽侯) 임부제(任不齊), 모평후(牟平侯) 공량유(公良孺), 신식후(新息侯) 진염(秦冉), 양문후(梁文侯) 공견정(公肩定), 요성후(聊城侯) 효단(鄡單), 기향후(沂鄕侯) 한문묵(罕文墨), 유천후(淄川侯) 신당(申黨), 염차후(厭次侯) 영기(榮旂), 남화후(南華侯) 좌인영(左人郢), 구산후(朐山侯) 정국(鄭國), 낙

평후(樂平侯) 원항(原亢), 조성후(胙城侯) 염결(廉潔), 박평후(博平侯) 숙중회(叔中會), 고당후(高堂侯) 규손(邽巽), 임구후(臨朐侯) 공서여(公西輿), 여내황후(如內黃侯) 거백옥(蘧伯玉), 장산후(長山侯) 임방(林放), 남중후(南中侯) 진항(陳亢), 양평후(陽平侯) 금장(琴張), 박창후(博昌侯) 보숙승(步叔乘), 중도백(中都伯) 좌구명(左丘明), 임치백(臨淄伯) 공양고(公羊高), 승지백(乘氏伯) 복승(伏勝), 고성백(考城伯) 대성(戴聖), 강도백(江都伯) 동중서(董仲舒), 곡부백(曲阜伯) 공안국(孔安國), 기양백(岐陽伯) 가규(賈逵), 부풍백(扶風伯) 마융(馬融), 고밀백(高密伯) 정강성(鄭康成), 임성백(任城伯) 하휴(何休), 언사백(偃師伯) 왕필(王弼), 신야백(新野伯) 범녕(范寗), 도국공(道國公) 주돈이(周敦頤), 낙국공(洛國公) 정이(程頤), 미백(郿伯) 장재(張載), 휘국공(徽國公) 주희(朱熹), 개봉백(開封伯) 여조겸(呂祖謙)으로 서쪽에 있으면서 동쪽을 향해 있는데, 모두 북쪽을 상위로 삼는다. ○ 우리나라는 홍유후(弘儒侯) 설총(薛聰), 문성공(文成公) 안향(安珦), 문경공(文敬公) 김굉필(金宏弼), 문정공(文正公) 조광조(趙光祖), 문순공(文純公) 이황(李滉)이 동무의 서쪽에 있으면서 북쪽을 향해 있는데 동쪽을 상위로 삼았다. 문창공(文昌公) 최치원(崔致遠), 문충공(文忠公) 정몽주(鄭夢周), 문헌공(文獻公) 정여창(鄭汝昌), 문원공(文元公) 이언적(李彦迪)이 서무의 남쪽에 있으면서 북쪽을 향해 있는데, 서쪽을 상위로 삼았다. 중사(中祀)에 실려 있다. ○ 태종조(太宗朝)에 문묘비(文廟碑)를 세웠는데, 변계량(卞季良)이 비명을 다음과 같이 지었다.

"영락(永樂) 7년 기축년(1409, 태종9) 가을 9월에 국왕 전하께서 신 계량(季良)에게 명하기를 '우리 선고(先考) 태조께서 하늘의 밝은 명을 받아 비로소 국가를 창건하고 한양에 수도를 정하여 급히 문묘(文廟)와 학궁(學宮)을 건립한 것은 선성(先聖)을 높이고 문교(文敎)를 소중히 여겼기 때문이다. 내가 왕업을 계승하여 이미 이루어진 법을 따라서 문묘와 학궁을 중수하게 했는데 이미 준공되었다. 학관(學官) 최함(崔諴) 등이 글을 지어 비석에 새겨 후대에 전하기를 청했으니, 그대가 쓰도록 하라.' 하셨습니다. 신 계량은 명을 받고 황공하여 물러 나와 그 전말을 찾아보았습니다.

갑술년(1394, 태조3)에 태조께서 도읍을 세웠으니 그 종묘와 사직, 조정과 저자, 성곽과 궁실의 제도가 다 마땅하게 되었습니다. 곧 문묘와 학궁의 경영을 계획하여 도성의 동북쪽 모퉁이에 땅을 측량하였는데, 산은 우뚝하고 땅은 평탄하며 물이 주위를 감돌아 흐르는 남향에 자리 잡았습니다. 여흥부원군(驪興府院君) 민제(閔霽)에게 명하여 공사를 주관하게 하여 공장(工匠)을 모으고 재목을 다듬어 정축년(1397) 3월에 짓기 시작했고, 무인년(1398) 7월에 완공했습니다.

선성(先聖)과 십철(十哲)은 대성전에 모시고 종사(從祀)하는 이들은 동무(東廡)와 서무(西廡)에 모셨습니다. 학궁은 문묘의 뒤에 있고 중간에는 명륜당이 있으며, 좌우로 협실(夾室)을 두고 양쪽 협실의 남쪽에 긴 회랑을 따라 붙였으며 왼쪽 협실의 동쪽에는 마루와 행랑을 두었습니다. 이에 스승, 생도의 자리와 학정(學正), 학록(學錄)의 처소 등 한 가지도 완비되지 않은 것이 없었습니다. 집의 규모는 크고 시원하게 트였으며, 얽고 쌓은 것은 견고하고 치밀하였으니, 크고 작은 건물이 칸수로 계산하면 모두 96칸이나 되었습니다. 전답을 마련하여 제사에 이바지하고 생도의 양식을 공급하게 했으며, 요역(徭役)을 면제해 주어 청소에 응하고 사령으로 쓰기에 충분하게 했습니다. 이에 문묘와 학궁의 일이 완비되었다고 할 수 있었습니다.

그러나 경진년(1400, 정종2) 2월에 화재가 발생하였습니다. 그해 11월에 전하께서 송경(松京)에서 즉위하여, 학궁에 나아가 선성을 배알하고 세자에게 명하여 학궁에 나아가게 하였습니다. 을유년(1405, 태종5)에 도성으로 돌아와 친히 선성과 선사(先師)에게 제사를 드리고, 3년 뒤 정해년(1407) 1월 문묘의 옛터에 신축할 것을 명하셨습니다. 이에 성산군(星山君) 이직(李稷)과 중군동지총제(中軍同知摠制) 박자청(朴子靑)이 공사를 감독하였습니다. 새벽부터 저녁까지 독려해 살피고 계획하고 지시하며 공인들을 권면하여 4개월 만에 문묘가 낙성되니, 높고 깊으며 단아하고 커서 옛 건물에 비하여 더욱 뛰어났습니다. 신주(神廚)를 문묘 서쪽에 만들고, 동문과 서문을 양서(兩序) 아래에 만들었습니다. 전지와 노비를 더 지급하였으니, 전지는 1만여 묘(畝)에 이르고 노비는 300명이나 되었습니다. 의정부 좌정승 하륜(河崙)의 헌의(獻議)를 받아들여 성국공(郕國公)과 기국공(沂國公)을 배위(配位)에 올리고 자장(子張)을 십철에 올리니,[37] 문묘와 학궁의 제도는 더욱 유감이 없게 되었습니다.

37 하륜(河崙)의……올리니 : 《태종실록》 4년 2월 6일 기사에 "성국공(郕國公) 증자(曾子)와 기국공(沂國公) 자사(子思)를 선성(先聖)의 배향위(配享位)로 올렸다. 처음에 증자는 십철(十哲)의 위(位)에 있고, 자사는 종사(從祀)의 열(列)에 있었는데, 좌정승 하륜이 명나라에 사신 갔다가 두 분의 도상(圖像)을 얻어 와서 헌의(獻議)하여 상(像)을 만들어 배위(配位)에 승향(陞享)시킨 것이다. 또 자장(子張)의 상을 만들어 십철에 배열시켰다." 하였다. 십철은 공자 문하의 뛰어난 제자 열 사람인데, 안회(顏回), 민자건(閔子騫), 염백우(冉伯牛), 중궁(仲弓), 재아(宰我), 자공(子貢), 염유(冉有), 자로(子路), 자유(子游), 자하(子夏)이다. 당나라 때에는 안회를 배향하고 증삼을 올리기도 하였고, 뒤에는 또 증삼을 배향하고 자장을 올리기도 하였다.

신은 삼가 생각건대 성인의 도는 너무도 커서 찬양할 수조차 없으니, 비록 억지로 말한다 하더라도 천지와 일월을 그리는 일과 비슷하지 않을 자가 거의 없을 것입니다. 우리 공부자(孔夫子)는 주(周)나라 말년에 태어나 여러 성인들이 이룬 큰 덕을 집대성하여 절충해서 백왕(百王)의 큰 법을 만들어 가르침을 남겼으니, 공덕은 교화의 처음에 지극하고 은택은 무궁하게 흘러 전합니다. 인간이 생긴 이래로 그보다 더 훌륭한 이가 없었으니, 재여(宰予)가 이른바 '부자가 요순(堯舜)보다 더 낫다.'라고 한 것은 까닭이 있는 것입니다. 당(唐)나라 이래로 천지간에 문묘가 잇따라 건립되어 받드는 제사가 어긋남이 없었습니다. 더구나 우리 동방은 옛날부터 풍속이 예의(禮義)를 숭상하였고 기자(箕子)의 팔조(八條)의 가르침을 실행하여 인륜(人倫)을 펴고 전장(典章) 문물(文物)을 완비함은 중국에 비견되었습니다. 공자께서 일찍이 여기에 살고자 한 뜻이 있었으니, 문묘와 학궁을 세우고 문교(文敎)를 일으켜 숭상하는 것은 본래 다른 나라에 비길 바가 아닙니다.

삼가 생각건대 태조 강헌대왕(太祖康獻大王)께서 천명에 응하고 인심을 좇아서 크나큰 왕업을 처음 열어 문득 동방을 다스리어 수도를 정한 초기에 바로 선성의 제사를 높이 받들고 유도(儒道)를 흥기시키는 것을 우선으로 삼았습니다. 대개 그 덕을 존중하고 도를 즐기는 정성은 천성에서 나온 것으로서, 나라를 다스리는 근원과 급무(急務)로 삼아야 할 일에 대해 우뚝이 뛰어난 견해가 있었던 것입니다. 그리하여 자손을 위한 계책을 세상에 남겨 주어 인심을 선하게 하고 나라의 명맥을 장구하게 하였으니, 아, 지극합니다.

전하께서는 어질고 효성스러우며 겸손하고 공경하며 강건하고 지혜로워 선왕의 유업을 빛나게 계승하였습니다. 정사에 임하시는 여가에 경서(經書)와 사서(史書)를 즐겨 보며 매양 밤이 깊을 때까지 책을 손에서 놓지 않아 격물치지(格物致知) 성의정심(誠意正心)의 학문을 극진히 하고 이미 이룩한 성대한 왕업을 지키는 도리를 다하였으니, 이러한 경우는 옛날 역사에서 찾아보아도 대개 전혀 없거나 있어도 몇 안 됩니다. 지금 세도(世道)가 바야흐로 형통하고 인문(人文)이 밝게 베풀어져서 일시의 훈척(勳戚) 대신(大臣)과 여러 관부의 백관들로부터 숙위(宿衛)하는 신하들에 이르기까지 학문에 마음을 두지 않는 이가 없습니다. 이는 우리 태조께서 문치를 숭상하고 교화를 흥기시켜 인재를 양육하고, 우리 전하께서 선왕의 공렬(功烈)을 넓히고 키워 몸소 위에서 실천하여 많은 선비들을 고무시키고 이 백성들을 새롭게 진작한 소치가 아니겠습니까.

학업을 익히는 데 학궁이 있고 제사를 받드는 데 문묘가 있으니, 여기에서 주선하고 오르내리며 공경스러운 마음으로 선성의 영령을 우러러 대하고, 보고 느껴서 개발하여 부지런히 힘쓰고 순서대로 따라야 할 것입니다. 문을 거쳐서 마루에 오르고 그 방에 들어가기를 구하여 덕을 이루고 재능을 이루어 임금을 성군으로 만들고 백성에게 은택을 끼치는 인물이 잇따라 나온다면, 점차로 삼대(三代)의 태평 시대로 나아갈 것이니, 인재를 진작한 성대한 효과를 볼 수 있을 것입니다. 어찌 다만 건물의 면모만 확연히 바뀌어 한때 빛나는 데에만 그칠 뿐이겠습니까. 실로 우리 조선 종묘사직 만세(萬世)의 복이 될 것입니다. 신 계량은 삼가 손 모아 절하고 머리 조아리며 명(銘)을 올립니다. 명에,

아, 거룩하신 선성이여	於穆宣聖

때에 응하여 탄생하시어	應時而生
복희에서 주나라에 이르기까지	包羲迄周
여러 성덕을 집대성했으니	集厥大成
인간이 있은 이래로	自生民來
그 성대함을 비길 이 없도다	孰盛與京
혁혁하구나, 높여 받드는 제사가	赫哉崇祀
온 천하에 두루 퍼져 있네	周于普天
더구나 기자가 봉해진 이곳은	矧曰箕封
예의를 오직 우선해 왔네	禮義惟先
예모를 갖추고 제사를 행함이	揖讓俎豆
예부터 그러하였네	從古則然
하늘이 태조를 내리시니	天錫太祖
신성하고 문무겸전하여	神聖武文
밝게 상제의 명을 받아	昭受帝命
능히 대훈을 이룩하시고	克集大勳
장엄해라 새 도읍을 정하여	翼翼神都
한양의 언덕에 건설하였네	惟漢之原
이에 학궁을 경영하였는데	迺經學宮
성묘가 그 가운데 있었네	聖廟在中
제사를 드리고 학문을 강론하여	奠薦講肄
많은 선비들 그림자처럼 따랐네	多士景從
밝고 밝은 우리 임금은	明明我王
선왕의 유업 이어 공을 더하셨네	纘緒增功

성학을 밝게 계승하시니	緝熙聖學
고금에 이 같은 왕 드물었네	今古罕同
우뚝한 신궁에	有倬新宮
증자 안자 올려 배향하고	躋祀二公
원자가 학궁에 입학하니	元良入學
국본이 드높아졌네	國本攸隆
태조가 창건하고 주상이 계승하니	我作我述
선성을 숭앙하고	先聖是崇
인재를 양육하여	人材是育
풍화가 아름답게 되었네	風化是懿
누군들 떳떳한 본성이 없으리오	孰無秉彝
스스로 해치고 스스로 버려서라	而自暴棄
사람은 날마다 학문에 나아가고	人日進學
세상은 날마다 치세로 향한다면	世日趨治
삼대에 오르고 오제를 짝하기를	登三咸五
날을 정하여 기다릴 수 있으리라	刻日以俟
화산은 높고 높으며	華山嶙嶙
한강은 쉼 없이 흐르네	漢水亹亹
나라와 더불어 무궁하게	與國無疆
선성의 제사를 받들리라	惟聖之祀
큰 비석에 글을 새겨	穹石琢詞
영원히 보게 하노라	于永厥視

하였다.”

독신묘(纛神廟) 예조 서쪽에 있다. 신좌는 북쪽에 있으면서 남쪽을 향하였다.

원유 苑囿

경복궁(景福宮) 후원 서현정(序賢亭), 취로정(翠露亭), 관저전(關雎殿), 충순당(忠順堂)이 있다.

창덕궁(昌德宮) 후원 창경궁(昌慶宮) 후원과 통한다. 열무정(閱武亭)이 있고, 정자 옆에 우물이 4개 있는데 마니정(摩尼井), 파리정(玻瓈井), 유리정(琉璃井), 옥정(玉井)으로 세조(世祖) 때에 판 것이다.

함춘원(含春苑) 창경궁 동쪽에 있다.

문관직 공서 文職公署

종친부(宗親府) 북부(北部) 관광방(觀光坊)에 있다. 종실과 여러 군(君)의 부서이다. 그 속하에 전첨사(典籤司)[38]가 붙어 있다. ○ 종친은 정수가 없다. 전첨(典籤) 1인 정4품이고, 전부(典簿) 1인 정5품이다.

의정부(議政府) 광화문(光化門) 남쪽 왼편에 있다. 어떤 때는 창덕궁 인정전(仁政殿) 서쪽에 있었다. 그 임무는 백관을 총괄하고 모든 정사를 균평하게 다스리고 음양을 순조롭게 다스리고, 나라를 경영하는 것이다. 그 속하

38 전첨사(典籤司) : 세종 때 종실 제군(宗室諸君)의 일을 맡아보던 제군부(諸君府)를 종친부(宗親府)로 고치고, 그 실무 담당을 위해 설치한 아문이다. 종부시(宗簿寺)는 종친의 규찰과 《선원보감(璿源寶鑑)》의 편찬을, 종친부 전첨사는 종친 고강(考講) 및 각종 잡사(雜事)를 관장하였다.

에 사인사(舍人司)와 검상사(檢詳司)가 붙어 있다. ○ 영의정(領議政)·좌의정(左議政)·우의정(右議政) 각 1인 정1품이고, 좌찬성(左贊成)·우찬성(右贊成) 각 1인 종1품이고, 좌참찬(左參贊)·우참찬(右參贊) 각 1인 정2품이고, 사인(舍人) 2인 정4품이고, 검상(檢詳) 1인 정5품이고, 사록(司錄) 2인 정8품이다.

충훈부(忠勳府) 북부 광화방(光化坊)에 있다. 공신들의 부서이다. 그 속하에 경력소(經歷所)가 붙어 있다. ○ 정1품의 친공신(親功臣)과 왕비의 부친은 부원군(府院君)이라 칭하고, 그 나머지 종2품까지는 모두 군(君)이라 칭하는데 정수가 없다. 경력(經歷) 1인 종4품이고, 도사(都事) 1인 종5품이다. 경력과 도사의 관품은 다른 관사도 같다. ○ 연산군(燕山君) 갑자년(1504, 연산군10)에 옛 부서를 철거하였는데, 중종(中宗) 초에 중부(中部) 관인방(寬仁坊)으로 옮겨 창설하였다.

의빈부(儀賓府) 중부 정선방(貞善坊)에 있다. 공주(公主)·옹주(翁主)에게 장가간 자들의 부서이다. 그 속하에 경력소가 붙어 있다. ○ 종2품 이상은 위(尉)라고 호칭하고, 정3품 당상관이면 부위(副尉)라고 호칭하고, 당하관이면 첨위(僉尉)라고 호칭하며, 종3품도 첨위라고 호칭하는데 모두 정수가 없다. 경력과 도사 각 1인이다. 연산군 갑자년(1504, 연산군10)에 철거해서 다른 곳으로 이설하였는데, 중종 11년(1516)에 북부 광화방(廣化坊)에 건립하였다.

돈녕부(敦寧府) 중부 정선방에 있다. 왕의 친척과 외척들의 부서이다. ○ 영사(領事) 1인 정1품이고, 판사(判事) 1인 종1품이고, 지사(知事) 1인 정2품이고, 동지사(同知事) 1인 종2품이다. 도정(都正) 1인과 정(正) 1인은 모두 정3품이며, 부정(副正) 1인 종3품이다. 첨정(僉正) 2인 종4품이고, 판관(判

官) 2인 종5품이고, 주부(主簿) 2인 종6품이고, 직장(直長) 2인 종7품이고, 봉사(奉事) 2인 종8품이고, 참봉(參奉) 2인 종9품이다. ○ 영사부터 참봉까지의 관품은 다른 관사도 이와 같다.

의금부(義禁府) 중부 견평방(堅平坊)에 있다. 전교를 받들어 추국하는 일을 관장한다. 그 속하에 경력소가 붙어 있다. 또 당직청(當直廳)이 있는데, 낭청 1원이 하루씩 번갈아 입직하여 사서인들이 호소하고 고발하는 등의 일을 관장한다. ○ 판사, 지사, 동지사가 모두 4인인데 다 다른 관직을 가지고서 겸임한다. 경력과 도사는 모두 10인인데 다들 이전의 자급을 그대로 지닌다.

이조(吏曹) 의정부 남쪽에 있다. 문관의 선임(選任)·훈봉(勳封)·고과(考課)의 정사를 관장한다. 그 속하에 문선사(文選司)·고훈사(考勳司)·고공사(考功司)[39] 3사가 있고, 충익부(忠翊府)·내시부(內侍府)·상서원(尙瑞院)·종부시(宗簿寺)·사옹원(司饔院)·내수사(內需司)·액정서(掖庭署)가 예속되어 있다. ○ 판서(判書) 1인 정2품이고, 참판(參判) 1인 종2품이고, 참의(參議) 1인 정3품이고, 정랑(正郞) 3인 정5품이고, 좌랑(佐郞) 3인 정6품이다. 다른 조(曹)도 모두 이와 같다. 다만 병조에는 참지(參知)·정랑·좌랑이 각각 1인씩 더 있고, 형조에는 정랑과 좌랑이 각각 1인씩 더 있다.

39 문선사(文選司)·고훈사(考勳司)·고공사(考功司) : 문선사는 종친·문관·잡직(雜職)·승직(僧職) 임명의 고신(告身)과 녹패(祿牌), 그리고 문과(文科)의 생원진사패를 관장하고, 재능을 시험하여 사람을 뽑는 일과 이름을 고치는 일 및 장오(贓汚)와 윤상(倫常)을 범한 사람의 녹안(錄案) 등의 일을 맡았다. 고훈사는 종재(宗宰)와 공신(功臣) 들에게 봉호와 증직, 시호를 내리는 일과 향관(享官)과 노직(老職)·명부작첩(命婦爵帖)·향리급첩(鄕吏給帖) 등의 일을 맡았다. 고공사는 문관들의 공과(功過)·근만(勤慢)·휴가와 여러 관서의 아전들의 근무 실적과 향리(鄕吏)의 자손을 변리(辨理)하는 일들을 맡았다.《燃藜室記述 別集 卷6 官職典故》

호조(戶曹) 한성부(漢城府) 남쪽에 있다. 호구(戶口)·공부(貢賦)·전량(田糧)·식화(食貨)의 정사를 관장한다. 그 속하에 판적사(版籍司)·회계사(會計司)·경비사(經費司)[40] 3사가 있고, 내자시(內資寺)·내섬시(內贍寺)·사도시(司䆃寺)·사섬시(司贍寺)·군자감(軍資監)·제용감(濟用監)·사재감(司宰監)·풍저창(豐儲倉)·광흥창(廣興倉)·전함사(典艦司)·평시서(平市署)·사온서(司醞署)·의영고(義盈庫)·장흥고(長興庫)·사포서(司圃署)·양현고(養賢庫)·오부(五部) 등이 예속되어 있다.

예조(禮曹) 광화문 남쪽 오른편에 있다. 예악(禮樂)·제사(祭祀)·연향(宴享)·조빙(朝聘)·학교(學校)·과거(科擧)의 정사를 관장한다. 그 속하에 계제사(稽制司)·전향사(典享司)·전객사(典客司)[41]의 3사가 있고, 홍문관(弘文館)·예문관(藝文館)·성균관(成均館)·춘추관(春秋館)·승문원(承文院)·통례원(通禮院)·봉상시(奉常寺)·교서관(校書館)·내의원(內醫院)·예빈시(禮賓寺)·장악원(掌樂院)·관상감(觀象監)·전의감(典醫監)·사역원(司譯院)·세자시강원(世子侍講院)·종학(宗學)·소격서(昭格署)·종묘서(宗廟署)·사직

40 판적사(版籍司)·회계사(會計司)·경비사(經費司) : 판적사는 호구(戶口)·토전(土田)·조세(租稅)·부역(賦役)·공헌(貢獻), 농상(農桑)의 권장, 풍흉의 고검(考檢), 구휼 등의 일을 맡았다. 회계사는 서울과 지방에 쌓아 둔 세계(歲計), 해유(解由)의 포흠(逋欠) 유무 등의 일을 관장하였다. 경비사는 중앙의 경비, 왜인(倭人)의 양료(糧料) 등을 맡았다.《燃藜室記述 別集 卷6 官職典故》

41 계제사(稽制司)·전향사(典享司)·전객사(典客司) : 계제사는 의식(儀式)·제도(制度)·조회(朝會)·경연(經筵)·사관(史官)·학교(學校)·과거(科擧)·인신(印信)·표전(表箋)·책명(冊命)·천문(天文)·누각(漏刻)·국기(國忌)·묘휘(廟諱)·상장(喪葬) 등의 일을 맡았고, 전향사는 연향(宴享)·제사(祭祀)·생두(牲豆)·음선(飮膳)·의약(醫藥) 등의 일을 맡았고, 전객사는 사신(使臣)·왜야인(倭野人)의 영접과 외방 조공(外方朝貢)·연설(宴設)·사여(賜與) 등의 일을 맡았다.《燃藜室記述 別集 卷6 官職典故》

서(社稷署)·빙고(氷庫)·전생서(典牲署)·사축서(司畜署)·혜민서(惠民署)·도화서(圖畫署)·활인서(活人署)·귀후서(歸厚署)·사학(四學) 등이 예속되어 있다.

병조(兵曹) 사헌부(司憲府) 남쪽에 있다. 어떤 때는 창덕궁 금호문(金虎門) 밖에 있었다. 무관의 선임·군무(軍務)·의전 호위·우역(郵驛)·병갑(兵甲)·기장(器仗)·문호관약(門戶管鑰) 등의 정사를 관장한다. 그 속하에 무선사(武選司)·승여사(乘輿司)·무비사(武備司)[42] 3사가 있고, 오위(五衛)·훈련원(訓鍊院)·사복시(司僕寺)·군기시(軍器寺)·전설사(典設司)·세자익위사(世子翊衛司) 등이 예속되어 있다.

형조(刑曹) 병조의 남쪽에 있다. 법률(法律)·상언(詳讞)·사송(詞訟)·노예(奴隷) 등의 정사를 관장한다. 그 속하에 상복사(詳覆司)·고율사(考律司)·장금사(掌禁司)·장례사(掌隷司)[43] 4사가 있고, 장례원(掌隷院)·전옥서(典獄署)가 예속되어 있다.

공조(工曹) 형조의 남쪽에 있다. 산택(山澤)·공장(工匠)·영선(營繕)·도야

42 무선사(武選司)·승여사(乘輿司)·무비사(武備司) : 무선사는 무관·군사의 잡직(雜職)의 제수와 고신(告身)·녹패(祿牌)·부과(附過)·급가(給暇)와 무과(武科) 등의 일을 맡았고, 승여사는 노부(鹵簿)·여련(輿輦)·구목(廏牧) 등 정역(程驛)과 조례(皁隷)·나장(羅將)·반당(伴倘)을 보충하는 일을 맡았다. 무비사는 군적(軍籍)·마적(馬籍)·병기(兵器)·전함(戰艦), 군사의 점열(點閱), 무예(武藝)의 훈련, 숙위(宿衛)·순작(巡綽)·성보(城堡)·진수(鎭戍)·비어(備禦)·정토(征討)와 군관·군인의 임명 파견과 번휴(番休)·급보(給保)·급가와 시정(侍丁)의 복호(復戶)와 화포(火砲)·봉수(烽燧)·개화(改火)·금화(禁火)와 부신(符信)·경첨(更籤) 등의 일을 맡았다.《燃藜室記述 別集 卷6 官職典故》

43 상복사(詳覆司)……장례사(掌隷司) : 상복사는 사형할 죄인을 상복(詳覆)하는 일을 맡았고, 고율사(考律司)는 율령(律令)을 안핵(按覈)하는 일을 맡았고, 장금사(掌禁司)는 형옥(刑獄)과 금령(禁令)의 일을 맡았고, 장례사는 노예의 부적(簿籍)과 부수(俘囚) 등의 일을 맡았다.《燃藜室記述 別集 卷6 官職典故》

(陶冶)의 정사를 관장한다. 그 속하에 영조사(營造司)·공야사(攻冶司)·산택사(山澤司)[44] 3사가 있고, 상의원(尙衣院)·선공감(繕工監)·수성금화사(修城禁火司)·전연사(典涓司)·장원서(掌苑署)·조지서(造紙署)·와서(瓦署) 등이 예속되어 있다.

사헌부(司憲府) 중추부(中樞府) 남쪽에 있다. 시정(時政)을 논하고, 백관을 규찰하고, 풍속을 바로잡으며, 원통하고 억울한 일을 풀어 주며, 외람되고 거짓된 행위를 금하는 등의 일을 관장한다. 그 속하에 감찰방(監察房)이 붙어 있다. ○ 대사헌(大司憲) 1인 종2품이고, 집의(執義) 1인 종3품이고, 장령(掌令) 2인 정4품이고, 지평(持平) 2인 정5품이고, 감찰(監察) 24인 정6품이다.

충익부(忠翊府) 북부 양덕방(陽德坊)에 있다. 원종공신(原從功臣)의 부서이다. ○ 도사 2인이다.

승정원(承政院) 월화문(月華門) 밖에 있다. 어떤 때는 창덕궁 인정전 동쪽에 있었고, 또 어떤 때는 창경궁 금마문(金馬門) 남쪽에 있었다.[45] 왕명의 출납을 관장한다. ○ 도승지(都承旨), 좌승지(左承旨), 우승지(右承旨), 좌

44 영조사(營造司)·공야사(攻冶司)·산택사(山澤司) : 영조사는 궁실(宮室)·성지(城池)·공해(公廨)·옥우(屋宇)의 토목·공역과 피혁·모직물 등의 일을 맡았고, 공야사는 백공(百工)의 제작, 금은·주옥·동납철(銅鑞鐵)의 야주(冶鑄)와 도와(陶瓦)·권형(權衡) 등의 일을 맡았으며, 산택사는 산택(山澤)·진량(津梁)·원유(苑囿)·종식(種植)·탄목석(炭木石)·주거(舟車)·필묵(筆墨)·무쇠〔水鐵〕·칠기(漆器) 등의 일을 맡았다.《燃藜室記述 別集 卷6 官職典故》

45 어떤……있었다 : 관청의 소재지를 설명하는 부분에서 '일재창경궁(一在昌慶宮)' 등의 표현이 종종 보인다. 일반적으로 경복궁이 정궁이므로 경복궁을 중심으로 관청이 배치되어 있는데, 왕이 어떤 사정으로 창덕궁이나 창경궁으로 이어한 경우에는 그 근처로 주요 관청을 옮긴다.

부승지(左副承旨), 우부승지(右副承旨), 동부승지(同副承旨) 각 1인 정3품이고, 주서(注書) 2인 정7품이다.

장례원(掌隸院) 공조 남쪽에 있다. 노예(奴隸)의 장부와 송사(訟事)를 처결하는 일을 관장한다. ○ 판결사(判決事) 1인 정3품이고, 사의(司議) 3인 정5품이고, 사평(司評) 4인 정6품이다.

사간원(司諫院) 북부 관광방(觀光坊)에 있다. 간쟁(諫諍)과 논박(論駁)에 관한 일을 관장한다. 대사간(大司諫) 1인 정3품이고, 사간(司諫) 1인 종3품이고, 헌납(獻納) 1인 정5품이고, 정언(正言) 2인 정6품이다.

홍문관(弘文館) 승정원 서쪽에 있다. 바로 옛날 집현전(集賢殿)으로 장서각(藏書閣)이 있다. 어떤 때는 창덕궁 도총부(都摠府) 남쪽에 있었으니 곧 옛날 사인사(舍人司)이고, 어떤 때는 창경궁 승정원의 동쪽에 있었다. 내부(內府)의 경적(經籍)·경연(經筵)·문한(文翰)에 관한 임무를 관장한다. ○ 영사(領事) 1인이고, 대제학(大提學) 1인 정2품이고, 제학(提學) 1인 종2품인데, 모두 다른 관직을 가지고서 겸임한다. 부제학(副提學)과 직제학(直提學) 각 1인인데 모두 정3품이고, 전한(典翰) 1인 종3품이고, 응교(應敎) 1인 정4품이고, 부응교(副應敎) 1인 종4품이고, 교리(校理) 2인 정5품이고, 부교리(副校理) 2인 종5품이고, 수찬(修撰) 2인 정6품이고, 부수찬(副修撰) 2인 종6품이고, 박사(博士) 1인 정7품이고, 저작(著作) 1인 정8품이고, 정자(正字) 2인 정9품이다. 대제학·제학·직제학·응교·박사·저작·정자의 관품은 다른 관사도 이와 같다.

성균관(成均館) 동부 숭교방(崇敎坊)에 있다. 유생(儒生)을 가르치는 일을 관장한다. 명륜당(明倫堂)은 문묘(文廟) 북쪽에 있고, 존경각(尊經閣)은 명륜당 동쪽에 있고, 향관청(享官廳)은 명륜당 북쪽에 있다. 명륜당 북쪽에 수많은 소나무가 울창한 곳을 벽송정(碧松亭)이라 부른다. 그 속하에 정록청(正錄廳)이 붙어 있고, 중학(中學)·동학(東學)·남학(南學)·서학(西學)이 예속되어 있다. ○ 지사(知事) 1인과 동지사(同知事) 2인은 모두 다른 관직을 가지고서 겸임한다. 대사성(大司成) 1인 정3품이고, 사성(司成) 2인 종3품이고, 사예(司藝) 3인 정4품이고, 직강(直講) 4인 정5품이고, 전적(典籍) 13인 정6품이고, 박사 3인 정7품이고, 학정(學正) 3인 정8품이고, 학록(學錄) 3인 정9품이고, 학유(學諭) 3인 종9품이다.

상서원(尙瑞院) 보루각(報漏閣) 남쪽에 있다. 새보(璽寶)·부패(符牌)·절월(節鉞)을 지키는 일을 관장한다. ○ 정(正) 1인은 도승지가 겸임한다. 판관(判官)·직장(直長) 각 1인이고, 부직장(副直長) 2인은 정8품이다. 부직장의 관품은 다른 관사도 이와 같다.

춘추관(春秋館) 상서원 서쪽에 있다. 시정(時政)을 기록하는 일을 관장한다. ○ 영사 1인이고, 감사·지사·동지사 각 2인이고, 수찬관(修撰官) 정3품이고, 편수관(編修官) 종4품 이상이고, 기주관(記注官) 종5품 이상이고, 기사관(記事官) 정9품 이상인데 이들은 모두 다른 관직을 가지고서 겸임한다.

예문관(藝文館) 경복궁 승정원 서쪽에 있다. 사명(辭命)을 짓는 일을 관장한다. ○ 영사·대제학·제학 각 1인인데, 모두 다른 관직을 가지고서 겸임한다. 직제학 1인은 도승지가 겸임하고, 응교(應教) 1인은 홍문관의 직제학 이하 교리 이상의 관원이 겸임한다. 봉교(奉教) 2인 정7품이고, 대교(待教) 2인 정8품이고, 검열(檢閱) 4인 정9품이다.

승문원(承文院) 홍례문(弘禮門) 밖에 있다. 사대(事大)와 교린(交隣)의 문서를 관장한다. ○ 판교(判校) 1인 정3품이고, 참교(參校) 1인 종3품이고, 교감(校勘) 1인 종4품이고, 교리(校理) 2인 종5품이고, 교검(校檢) 2인 정6품이고, 박사(博士)·저작(著作)·정자(正字) 각 2인이고, 부정자(副正字) 2인은 종9품이다.

통례원(通禮院) 서부 적선방(積善坊)에 있다. 조하(朝賀)·제사(祭祀)·찬알(贊謁) 등의 일을 관장한다. ○ 좌통례(左通禮)·우통례(右通禮) 각 1인 정3품이고, 상례(相禮) 1인 종3품이고, 봉례(奉禮) 1인 정4품이고, 찬의(贊儀) 1인 정5품이며, 인의(引儀) 8인 종6품이다.

봉상시(奉常寺) 서부 여경방(餘慶坊)에 있다. 제사와 시호(諡號)를 의논하는 등의 일을 관장한다. 동적전(東籍田)과 서적전(西籍田)이 소속되어 있다. ○ 정(正)·부정(副正) 각 1인이고, 첨정(僉正)·판관(判官)·주부(主簿) 각 2인이며, 직장(直長)·봉사(奉事) 각 1인이고, 부봉사 1인 정9품이며, 참봉 1인이다. 부봉사의 관품은 다른 관사도 이와 같다.

종부시(宗簿寺) 중부 정선방(貞善坊)에 있다. 《선원보첩(璿源譜牒)》을 편찬하고, 종실(宗室)의 잘못을 규찰하는 임무를 관장한다. ○ 정·첨정·주부·직장 각 1인이다.

교서관(校書館) 경복궁 사옹원(司饔院) 남쪽에 있는 것을 내관(內館)이라 칭하고, 남부 훈도방(薰陶坊)에 있는 것을 외관(外館)이라 칭한다. 경적(經籍)을 인쇄·반포하는 일과 향축(香祝)·인전(印篆)에 관한 임무를 관장한다. 문무루(文武樓)[46]의 서적 또한 출납을 주관한다. 세조 때에 종오품아문

46 문무루(文武樓) : 융문루(隆文樓)와 융무루(隆武樓)를 합쳐서 부른 것이다. 《점필재집(佔畢齋集)》 시집 권6 〈문무루에서 서적을 구경하다(文武樓觀書籍)〉에 "근정전(勤政殿) 좌우측에 두 층루(層樓)가 있어 동쪽의 것은 융문이라 하고 서쪽의 것은 융무라 하였는데, 정도전(鄭道傳)이 이름 지은 것이다. 세종(世宗) 때부터 명하여 어부(御府)의 서적들을 여기에 갈무리하고 전교서(典校署)로 하여금 출납을 맡도록 하였다."라고 하였다.

(從五品衙門)의 예(例)로 전교서(典校署)라 하였는데, 성종 때에 옛 이름을 회복하고 정삼품아문으로 승격하였다. ○ 판교(判校) 1인은 다른 관직을 가지고서 겸임한다. 교리(校理) 1인이고, 박사·저작·정자·부정자가 각 2인인데, 교리와 박사 이하 관직의 관품은 승문원과 같다. 또 별좌(別坐)·별제(別提)가 모두 4인인데 다 이전의 자급을 겸대한다.

사옹원(司饔院) 승정원 남쪽에 있다. 어떤 때는 창덕궁 승정원 동쪽에 있었고, 또 어떤 때는 창경궁 명정전(明政殿) 북쪽에 있었다. 어선(御膳)과 궐내에서 음식을 마련하는 일들을 관장한다. ○ 정·첨정·판관·주부 각 1인이고, 직장 1인이고, 봉사·참봉 각 3인이고, 또 제거(提擧)·제검(提檢)이 모두 4인인데 다 이전의 자급을 겸대한다.

내의원(內醫院) 관상감(觀象監) 남쪽에 있다. 임금의 약을 처방하는 일을 관장한다. ○ 정·첨정·판관·주부 각 1인이고, 직장 3인, 봉사 2인, 부봉사 2인, 참봉 1인이다.

상의원(尙衣院) 영추문(迎秋門) 안에 있다. 임금의 의대(衣襨)를 진공(進供)하고 내부(內府)의 재화, 금은보화 등의 물품을 관장한다. ○ 정·첨정·판관 각 1인이고, 별좌·별제가 모두 2인이고, 주부 1인, 직장 2인이다.

사복시(司僕寺) 중부 수진방(壽進坊)에 있다. 내사복(內司僕)은 영추문 안에 있고, 어떤 때는 창경궁 홍문관 남쪽에 있었다. 임금의 수레와 말, 어구(御廐)와 목장의 사무를 관장한다. ○ 정·부정·첨정·판관 각 1인이고, 주부 2인이고, 겸사복(兼司僕) 50인이다. 내승(內乘) 3인인데 그중 1인은 사복시 정이 겸직한다.

군기시(軍器寺) 서부 황화방(皇華坊)에 있다. 병기(兵器)의 제조를 관장한다. 화약고(火藥庫)는 소격서동(昭格署洞)에 있고, 자문감(紫門監)[47]은 궐내에 있다. ○ 정·부정 각 1인이고, 첨정·판관·별좌(別坐)·별제(別提)·주부 각 2인이고, 직장·봉사·부봉사·참봉 각 1인이다.

내자시(內資寺) 서부 인달방(仁達坊)에 있다. 궁중에 미면(米麪)·주장(酒醬)·유밀(油蜜)·소과(蔬果) 등을 공급하고, 궁중 연회, 직조(織造) 등의 일을 관장한다. ○ 정·부정·첨정·판관·주부·직장·봉사 각 1인이다.

내섬시(內贍寺) 북부 준수방(俊秀坊)에 있다. 여러 궁전에 술을 진공하는 일, 왜인(倭人)·야인(野人)에게 음식물을 접대하는 일, 직조 등의 일을 관장한다. ○ 정·부정·첨정·판관·주부·직장·봉사 각 1인이다.

사도시(司䆃寺) 예전에는 내의원 남쪽에 있었는데, 지금은 창덕궁 금호문(金虎門) 밖으로 옮겼다. 궁궐 창고의 미곡(米穀)과 개장(芥醬) 등의 물품을 관장한다. ○ 정·부정·첨정·주부·직장 각 1인이다.

예빈시(禮賓寺) 의정부 남쪽에 있다. 빈객(賓客)에게 연향(宴享)을 베푸는 일, 종재(宗宰)에게 음식물을 접대하는 등의 일을 관장한다. ○ 정·부정·첨정 각 1인이고, 제검·별좌·별제가 모두 6인이며, 판관·주부·직장·봉사·참봉 각 1인이다.

사섬시(司贍寺) 동부 숭교방(崇敎坊)에 있다. 저화(楮貨)의 제조 및 제도(諸道)의 노비(奴婢) 공포(貢布) 등의 일을 관장한다. ○ 정·부정·첨정·주부·직장 각 1인이다.

군자감(軍資監) 서부 여경방(餘慶坊)에 있는데, 분감(分監)은 숭례문 안에

47 자문감(紫門監) : 조선 초기 대궐 내에 두었던 군기감의 분사인 자문군기감(紫門軍器監)을 말한다. 후에 자문감은 궁내의 수리와 관청의 영선 등을 맡기도 하였다.

있고, 강감(江監)은 용산강(龍山江) 북쪽에 있다. 군수(軍需) 물자의 저장을 관장한다. ○ 정·부정 각 1인이고, 첨정 2인이고, 판관·주부 각 3인이고, 직장·봉사·부봉사 각 1인이다.

제용감(濟用監) 중부 수진방(壽進坊)에 있다. 진헌(進獻)하는 저마포(苧麻布)·피물(皮物)·인삼(人蔘)과 하사하는 의복과 사라(紗羅)·능단(綾段)·포백(布帛)·채염(綵染)·직조(織造) 등의 일을 관장한다. ○ 정·부정·첨정·판관·주부·직장·봉사·부봉사·참봉이 각 1인이다.

선공감(繕工監) 북부 의통방(義通坊)에 있는데, 용산강에 있는 것은 강감(江監)이라 하고, 창덕궁 금호문 밖에 있는 것은 자문감(紫門監)이라 한다. 토목 사업과 건물의 영선(營繕)을 관장한다. ○ 정·부정·첨정·판관·주부·직장·봉사·부봉사·참봉 각 1인이다.

사재감(司宰監) 북부 의통방에 있다. 어염(魚鹽)·땔감〔燒木〕·싸리나무홰〔杻炬〕 등의 일을 관장한다. ○ 정·부정·첨정·주부·직장·참봉 각 1인이다.

장악원(掌樂院) 서부 여경방에 있다. 아악(雅樂)과 속악(俗樂)의 교열(敎閱)을 관장한다. ○ 정·첨정·주부·직장 각 1인이다.

관상감(觀象監) 상의원(尙衣院) 남쪽에 있는데, 어떤 때는 북부 광화방(廣化坊)에 있었다. 천문(天文)·지리(地理)·역수(曆數)·점산(占算)·측후(測候)·각루(刻漏) 등의 일을 관장한다. 본감(本監) 내에 관천대(觀天臺)를 설치하였다. ○ 영사(領事) 1인, 정·부정·첨정 각 1인이고, 판관·주부 각 2인이고, 천문학교수·지리학교수 각 1인 종6품이고, 직장·봉사 각 2인이고, 부봉사 3인이고, 천문학훈도·지리학훈도 각 1인 종9품이고, 명과학훈도(命課學訓導) 2인이고, 참봉 3인이다. 교수와 훈도의 관품은 다른 관사와 같다.

전의감(典醫監) 중부 견평방(堅平坊)에 있다. 의약(醫藥)을 공급하는 일을 관장한다. ○ 정·부정·첨정·판관·주부 각 1인이고, 의학교수·직장·봉사 각 2인이고, 부봉사 4인, 의학훈도 1인이고, 참봉 5인이다.

사역원(司譯院) 서부 적선방(積善坊)에 있다. 여러 나라의 말을 통역하는 일을 관장한다. ○ 정·부정·첨정 각 1인이고, 판관 2인, 주부 1인이고, 한학교수(漢學教授) 4인이고, 직장 2인이고, 봉사 3인이고, 부봉사 2인이고, 한학훈도 4인이며, 몽고학(蒙古學)·왜학(倭學)·여진학(女眞學) 훈도 각 2인이고, 참봉 2인이다.

세자시강원(世子侍講院) 세자에게 경사(經史)를 강설하고 도의(道義)를 간언하는 일을 관장한다. ○ 사(師) 1인, 부(傅) 1인 정1품이고, 이사(貳師) 1인 종1품이며, 좌빈객(左賓客)·우빈객(右賓客) 각 1인 정2품이고, 좌부빈객(左副賓客)·우부빈객(右副賓客) 각 1인 종2품인데, 모두 다른 관직을 가지고서 겸임한다. 보덕(輔德) 1인 종3품이고, 필선(弼善) 1인 정4품이고, 문학(文學) 1인 정5품이고, 사서(司書) 1인 정6품이며, 설서(說書) 1인 정7품이다.

종학(宗學) 북부 관광방(觀光坊)에 있다. 종실(宗室)을 교육하는 임무를 관장한다. ○ 도선(導善) 1인 정4품이고, 전훈(典訓) 1인 정5품이고, 사회(司誨) 2인 정6품인데 모두 성균관직을 가지고서 겸임한다.

수성금화사(修城禁火司) 종루(鍾樓) 동쪽에 있다. 궁성(宮城)·도성(都城)의 수축과 궁궐·관청·민간의 화재를 소방하는 등의 일을 관장한다. ○ 제검(提檢) 4인 중에 3인은 다른 관직을 가지고서 겸임하고, 별좌(別坐) 6인 중에 4인은 다른 관직을 가지고서 겸임하며, 별제(別提) 3인 중에 1인은 다른 관직을 가지고서 겸임한다.

전설사(典設司) 홍례문(弘禮門) 동쪽에 있다. 장막(帳幕)을 진공(進供)하는 일을 관장한다. ○ 수(守) 1인 정4품이고, 제검·별좌·별제 모두 5인이다. 수(守)의 관품은 다른 관사도 같다.

풍저창(豐儲倉) 북부 의통방(義通坊)에 있다. 미두(米豆)·초둔(草芚)·지물(紙物) 등의 물품을 관장한다. ○ 수·주부·직장·봉사·부봉사 각 1인이다.

광흥창(廣興倉) 서강(西江) 북쪽에 있다. 백관의 봉록을 관장한다. ○ 수·주부·직장·봉사·부봉사 각 1인이다.

전함사(典艦司) 중부 징청방(澄淸坊)에 있는데, 외사(外司)는 서강에 있다. 서울과 지방의 주함(舟艦)을 관장한다. 그 속하에 경기 좌도(京畿左道)와 경기 우도(京畿右道)의 수참(水站)이 있다. ○ 제검·별좌·별제 모두 5인이다.

전연사(典涓司) 홍례문 서쪽에 있다. 궁궐을 청소하고 수선하는 임무를 관장한다. ○ 제검·별좌·별제 모두 5인이고, 직장·봉사 각 2인이며, 참봉 6인이다.

내수사(內需司) 서부 인달방(仁達坊)에 있다. ○ 대내(大內)에서 사용하는 미포(米布)와 잡물 및 노비를 관장한다. ○ 전수(典需) 1인 정5품이고, 별좌·별제 모두 2인이며, 부전수(副典需) 1인 종6품이고, 전회(典會) 1인 종7품이고, 전곡(典穀) 1인 종8품이고, 전화(典貨) 2인 종9품이다.

사직서(社稷署) 사직단 밖의 북쪽에 있다. ○ 제단과 담장의 청소를 관장한다. ○ 영(令) 1인이고, 참봉 2인이다.

종묘서(宗廟署) 종묘 원내(垣內)의 동쪽에 있다. ○ 침묘(寢廟)를 지키는 일을 관장한다. ○ 영·직장·봉사·부봉사 각 1인이다.

평시서(平市署) 중부 견평방에 있다. 시장의 가게를 단속하고 두곡(斗斛), 장척(丈尺)과 같은 도량형을 균평하게 하며 물가를 조절하는 등의 일을 관장한다. ○ 영·직장·봉사 각 1인이다.

사온서(司醞署) 서부 적선방(積善坊)에 있다. 술과 단술을 공급하는 일을 관장한다. ○ 영·주부·직장·봉사 각 1인이다.

의영고(義盈庫) 서부 적선방에 있다. 유밀(油蜜), 황랍(黃蠟), 소물(素物), 호초(胡椒) 등의 물품을 관장한다. ○ 영·주부·직장·봉사 각 1인이다.

장흥고(長興庫) 남부 호현방(好賢坊)에 있다. 자리, 유둔(油芚), 지물(紙物) 등의 물품을 관장한다. ○ 영·주부·직장·봉사 각 1인이다.

빙고(氷庫) 얼음을 보관하고 얼음을 내주는 일을 관장한다. 서빙고(西氷庫)는 둔지산(屯智山)에 있는데 얼음을 궁궐 주방에 공급하고 백관에게 나누어 준다. 동빙고(東氷庫)는 두모포(豆毛浦)에 있는데 제사에 쓰는 얼음을 공급한다. ○ 별좌·별제·별검 모두 4인이다.

장원서(掌苑署) 북부 진장방(鎭長坊)에 있다. 원유(苑囿)의 꽃과 과일을 관장한다. ○ 장원(掌苑) 1인 정6품이고, 별제 3인이다.

사포서(司圃署) 북부 준수방(俊秀坊)에 있다. 채마밭의 채소를 관장한다. ○ 사포(司圃) 1인 정6품이고, 별좌·별검 모두 7인이다.

양현고(養賢庫) 성균관 북쪽에 있다. 성균관 유생에게 쌀, 콩 등의 물품을 공급하는 일을 관장한다. ○ 주부·직장·봉사 각 1인인데 모두 성균관직을 가지고서 겸임한다.

전생서(典牲署) 목멱산(木覓山) 남쪽에 있다. 희생을 기르는 일을 관장한다. ○ 주부·직장·봉사·참봉 각 1인이다.

사축서(司畜署) 무악산(毋岳山) 남쪽에 있다. 여러 가축을 먹이는 일을 관장한다. ○ 사축(司畜) 1인 종6품이고, 별제 2인이다.

조지서(造紙署) 창의문(彰義門) 밖에 있다. 표전(表箋), 자문(咨文)에 쓸 종이와 여러 가지 지물(紙物)을 제조하는 일을 관장한다. ○ 사지(司紙) 1인 종6품이고, 별제 4인이다.

혜민서(惠民署) 남부 대평방(大坪坊)에 있다. 백성들의 질병을 치료하는 일, 의녀(醫女)를 교습하는 일을 관장한다. ○ 주부 1인이고, 의학교수 2인이고, 직장·봉사·의학훈도 각 1인이고, 참봉 4인이다.

도화서(圖畫署) 중부 견평방에 있다. 그림 그리는 일을 관장한다. ○ 별제 2인이다.

전옥서(典獄署) 중부 서린방(瑞麟坊)에 있다. 옥의 죄수를 관장한다. ○ 주부·봉사·참봉 각 1인이다.

활인서(活人署) 백성의 질병을 치료하는 일을 관장한다. 하나는 동부 연희방(燕喜坊)에 있고, 하나는 용산(龍山)에 있다. 성안의 역병을 앓는 자들을 모두 치료해 준다. ○ 별제 4인이고, 참봉 2인이다.

와서(瓦署) 용산 동쪽에 있다. 벽돌과 기와를 제조하는 일을 관장한다. ○ 별제 3인이다. 또 별서(別署)가 있는데 구운 기와를 화매(和賣)하는 일을 관장한다. 별제 2인이다.

귀후서(歸厚署) 용산강(龍山江)에 있다. 관곽(棺槨) 제조를 관장한다. 분서(分署)는 남부 호현방(好賢坊)에 있는데, 예장(禮葬)과 관련된 여러 가지 일을 관장한다. ○ 별제 6인이다.

중학(中學) 북부 관광방(觀光坊)에 있다. 소학(小學)의 생도들을 가르치는 일을 관장한다. ○ 교수·훈도 각 2인인데 모두 성균관직을 가지고서 겸임한다. 항상 유생 100인을 양성하는데 다른 학교도 같다.

남학(南學) 남부 성명방(誠明坊)에 있다.

서학(西學) 서부 여경방(餘慶坊)에 있다.

동학(東學) 동부 창선방(彰善坊)에 있다.

중부(中部) 징청방(澄淸坊)에 있다. 관내 불법(不法)을 검찰하는 것과 교량, 도로, 반화(頒火), 금화(禁火), 이문 경수(里門警守), 집터 측량, 시체 검험(檢驗) 등의 일을 관장한다. ○ 주부 1인이고, 참봉 2인인데 다른 부도 이와 같다. ○ 관할하는 8개 방은 징청방, 서린방(瑞麟坊), 수진방(壽進坊), 견평방(堅平坊), 관인방(寬仁坊), 경행방(慶幸坊), 정선방(貞善坊), 장통방(長通坊)이다.

동부(東部) 연화방(蓮花坊)에 있다. 관할하는 12개 방은 숭신방(崇信坊), 연화방, 서운방(瑞雲坊), 덕성방(德成坊), 숭교방(崇敎坊), 연희방(燕喜坊), 관덕방(觀德坊), 천달방(泉達坊), 흥성방(興盛坊), 창선방(彰善坊), 달덕방(達德坊), 인창방(仁昌坊)이다.

남부(南部) 명례방(明禮坊)에 있다. 관할하는 11개 방은 광통방(廣通坊), 호현방(好賢坊), 명례방, 대평방(大平坊), 훈도방(薰陶坊), 성명방(誠明坊), 낙선방(樂善坊), 정심방(貞心坊), 명철방(明哲坊), 성신방(誠身坊), 예성방(禮成坊)이다.

서부(西部) 중부 서린방에 있다. 관할하는 8개 방은 인달방(仁達坊), 적선방(積善坊), 여경방(餘慶坊), 황화방(皇華坊), 양생방(養生坊), 신화방(神化坊), 반송방(盤松坊), 반석방(盤石坊)이다.

북부(北部) 중부 징청방에 있다. 관할하는 10개 방은 광화방(廣化坊), 양덕방(陽德坊), 가회방(嘉會坊), 안국방(安國坊), 관광방(觀光坊), 진장방(鎭長坊), 명통방(明通坊), 준수방(俊秀坊), 순화방(順和坊), 의통방(義通坊)이다.

내시부(內侍府) 북부 준수방에 있다. 내시들의 부서이다. 대내(大內)에서 음식을 살피고, 명을 전하고, 문을 지키고, 소제하는 임무를 관장한다. 모두 140인이다.

신증 新增[48]

내반원(內班院) 경회루 남문 서쪽에 있다. 한때는 창덕궁 선정문(宣政門) 안의 동쪽에도 있었다. ○ 김종직(金宗直)의 기문에 "국초부터 내시부를 연추문(延秋門) 밖에 설치하였고, 또 액정(掖庭) 골목 곁에는 내소방(內小房)을 만들어서 모시거나 심부름하는 자들이 밤낮없이 바삐 드나드는 곳으로 삼았는데 지금 성상 때에 이르러 비로소 내반원이라는 이름을 내렸다."라고 하였다.

기로소(耆老所) 중부 징청방에 있다. 2품 이상의 관원으로 나이 70이 된 자가 모이는 곳이다.

금증 今增

비변사(備邊司) 돈화문(敦化門) 서쪽에 있다. 명종 10년(1555)에 처음 설치하였는데 재상들이 모여 변방의 일을 논의한다.

무관직 공서 武職公署

중추부(中樞府) 예조 남쪽에 있다. 문무 당상관 중에 직임이 없는 자를 대우하는 곳이다. 그 속하에 경력소(經歷所)가 있다. ○ 영사(領事) 1인이고, 판사(判事) 2인이고, 지사(知事) 6인이고, 동지사(同知事) 7인이며, 첨지사

48 신증(新增) : 신증의 표기가 되어 있는 항목은 《신증동국여지승람》에도 중종(中宗) 이후의 변천사로 '신증'이란 표기가 되어 있는 부분인데 《동국여지지》에서 저자가 참고하면서 그대로 따온 것으로 보인다. 그 이후의 시대에 다시 추가된 사항에 대해서는 '금증(今增)'이란 용어를 써서 구분하였다.

(僉知事) 8인은 정3품이다. 경력·도사 각 1인이다.

오위도총부(五衛都摠府) 광화문 안 동쪽에 있다. 한때는 창덕궁 인정전(仁政殿) 서쪽에 있었고, 또 한때는 창경궁 홍화문(弘化門) 안 남쪽에 있었다. 오위(五衛)의 군무를 다스리는 일을 관장한다. 그 속하에 경력소가 있다. ○ 도총관(都摠管) 정2품, 부총관(副摠管) 종2품 모두 10인인데 다른 관직을 가지고서 겸임한다. 경력·도사 각 4인이다.

의흥위(義興衛) 중위(中衛), 갑사(甲士), 보충대(補充隊)가 여기에 속한다.

용양위(龍驤衛) 좌위(左衛), 별시위(別侍衛), 대졸(隊卒)이 여기에 속한다.

호분위(虎賁衛) 우위(右衛), 족친위(族親衛), 친군위(親軍衛), 팽배(彭排)가 여기에 속한다.

충좌위(忠佐衛) 전위(前衛), 충의위(忠義衛), 충찬위(忠贊衛), 파적위(破敵衛)가 여기에 속한다.

충무위(忠武衛) 후위(後衛), 충순위(忠順衛), 정병(正兵), 장용위(壯勇衛)가 여기에 속한다. ○ 위장(衛將)이 12인 종2품인데 다른 관직을 가지고서 겸임한다. 부장(部將) 25인 종6품이다.

선전관(宣傳官) 모두 8인으로 돌아가며 궐내에 입직한다.

내금위(內禁衛) 모두 190인으로 정전 남쪽을 숙위한다. 낭장(廊將)이 3인인데 다른 관직을 가지고서 겸임한다. 겸사복장(兼司僕將)도 낭장과 같다.

훈련원(訓鍊院) 남부(南部) 명철방(明哲坊)에 있다. 과거에서 무재(武才)를 시험하고, 무경(武經)을 익히는 일을 관장한다. ○ 지사는 1인인데 다른 관직을 가지고서 겸임한다. 도정(都正) 2인 중 1인은 다른 관직을 가지고서 겸임한다. 정 1인이고, 부정·첨정·판관·주부 각 2인이고, 참군 2인 정7품이며, 봉사 2인이다.

세자익위사(世子翊衛司) 동궁을 배위(陪衛)하는 일을 관장한다. ○ 좌익위(左翊衛)·우익위(右翊衛) 각 1인 정5품이고, 좌사어(左司禦)·우사어(右司禦) 각 1인 종5품이고, 좌익찬(左翊贊)·우익찬(右翊贊) 각 1인 정6품이고, 좌위솔(左衛率)·우위솔(右衛率) 각 1인 종6품이고, 좌부솔(左副率)·우부솔(右副率) 각 1인 정7품이고, 좌시직(左侍直)·우시직(右侍直) 각 1인 정8품이고, 좌세마(左洗馬)·우세마(右洗馬) 각 1인 정9품이다.

신증 新增

정로위(定虜衛) 공희왕(恭僖王) 7년(1512, 중종7)에 처음 설치하였다. 소속된 겸사복장이 1500인이다.

금증 今增

훈련도감(訓鍊都監) 남부 명철방에 있다. 선조(宣祖) 27년(1594)에 처음 설치하였다. 병사를 모집하여 총포, 활, 검술의 세 가지 기예를 훈련시키고 잘하는 대로 의복과 식량을 지급한다. 지금은 5000여 명이고, 창덕궁 북쪽에 군영을 설치하고 번을 나누어 둔수(屯守)한다. 제조(提調), 대장(大將), 중군(中軍), 파총(把摠), 초관(哨官)이 있는데 모두 다른 관직을 가지고서 겸임한다.

어영청(御營廳)

한성부漢城府

동쪽으로 양주(楊州) 경계까지 10리이고, 남쪽으로 과천현(果川縣) 경계까지 10리이고, 서쪽으로 고양군(高陽郡) 경계까지 10리이고, 북쪽으로 양주 경계까지 10리이다.

한전旱田

수전水田

건치연혁建置沿革

본래 백제 북한산성(北漢山城)이다. 근초고왕(近肖古王)이 남한산(南漢山)에서 이곳으로 도읍을 옮겼다. 개로왕(蓋鹵王) 때에 이르러 고구려 장수왕(長壽王)이 공격해 취하고 장수왕이 도성을 포위하자 개로왕은 도망가다가 화를 당하고, 아들 문주왕(文周王)이 웅천(熊川)으로 도읍을 옮겼으니, 백제가 북한산성에 도읍한 것이 모두 105년 동안이었다. 북한산군(北漢山郡)을 두었다가 얼마 뒤에 이름을 남평양(南平壤)이라고 고쳤다. 후에 신라 진흥왕(眞興王)이 이곳에 이르러 강역을 정하고 다시 북한산주(北漢山州)라고 하였다. 경덕왕(景德王) 때 한양군(漢陽郡)으로 고쳤다.

고려 초에 양주(楊州)라고 고쳤다. 성종(成宗) 초에 양주에 좌신책군(左神策軍)을 두어서 해주(海州)와 더불어 좌우 이보(二輔)로 삼았다. 현종(顯宗) 때에 강등하여 지양주사(知楊州事)로 삼았다가 문종(文宗) 때에 승격하여 남경(南京)으로 삼았다. 숙종(肅宗) 때에 김위제(金謂磾)가 《도선비기(道詵秘記)》에 의거하여 남경으로 천도하기를 청하자 이에 궁궐을 건립하였다. 위위승(衛尉丞) 김위제가 《도선비기》를 근거로 상서해서 남경으로 천도하기를 청하고 일관인 문상(文象)이 이어서 호응하니, 왕이 직접 그곳을 살펴본 뒤에 평장사 최사추(崔思諏)와 지주사 윤관(尹瓘)에게 명하여 그 공사를 감독하게 하였는데,[49] 5년 만에 완성하였다. 충렬왕(忠烈王) 때에 한양부로 고쳤다.

본조(本朝) 태조 3년(1394)에 이곳에 도읍을 정하고 한성부로 고쳤다. 관장하는 방(坊)은 49개이다. 경부에 또 오부(五部)를 설치하여 여러 방을 관할하게 하였다. 중부는 8개의 방을 관할하고, 동부는 12개의 방을 관할하고, 남부는 11개의 방을 관할하고, 서부는 8개의 방을 관할하고, 북부는 10개의 방을 관할한다. 오부는 지금 호조에 예속되어 있고 모두 관원이 있다. 상세한 내용은 경도(京都)에 보인다. 관원은 판윤(判尹), 1인 정2품이다. 좌윤(左尹)과 우윤(右尹), 각 1인 종2품이다. 서윤(庶尹), 1인 종4품이다.

49 평장사……하였는데 : 1101년(숙종6) 남경개창도감(南京開創都監)을 설치하고 문하시랑평장사 최사추(崔思諏), 어사대부(御史大夫) 임의(任懿), 지주사(知奏事) 윤관(尹瓘) 등에게 명하여 돕게 하였다.《高麗史節要 卷6 肅宗明孝大王6年》

판관(判官), 2인 종5품이다. 참군(參軍)이다. 3인 정7품인데 1인은 다른 관직을 가지고서 겸임한다.

군명郡名

북한산(北漢山), 남평양(南平壤), 한양(漢陽), 양주(楊州), 남경(南京)

형승形勝

북쪽으로 화산(華山)에 의지하고 남쪽으로 한강(漢江)을 앞에 두고 있다. 《고려사(高麗史)》에 "한양은 북쪽으로 화산에 의지하고 남쪽으로 한강을 앞에 두고 있으며 토지가 평탄하게 펼쳐져 있어 백성들이 많고 부유하며 번화하다."라고 하였다.

오덕(五德)을 고루 갖춘 지역이다. 고려 김위제가 상서하여 이르기를 "삼각산(三角山) 남쪽은 오덕을 갖춘 땅입니다. 오덕이란 중앙에는 면악(面岳 남산)이 있어 둥근 형상이 되니 토덕(土德)이요, 북쪽에는 감악(紺岳)이 있어 굽은 형상이 되니 수덕(水德)이요, 남쪽에는 관악산(冠岳山)이 뾰족하게 솟아 있으니 화덕(火德)이요, 동쪽에는 양주 남행산(南行山)이 곧은 형상으로 있으니 목덕(木德)이요, 서쪽에는 수주(樹州)의 북악(北岳)이 있어 모난 형상이니 금덕(金德)으로, 수도를 세우기에 합당합니다." 하였다.

산하가 거듭 막혀 있고, 사방에서 오는 거리가 균등하다. 본조 박의중(朴宜中)의 〈한도(漢都)〉란 시에 나오는 구절이다.

하늘이 만든 험고함이다. 본조 권근(權近)의 시에 "화산이 우뚝하고 한강이 넘실거리니 하늘이 만든 험고함은 금성탕지보다 장엄하다.〔華山峨峨 漢水湯湯 天作之固 壯于金湯〕"라고 하였다. 또 "거리가 균등하며 수레와 배가 모두 도달한다.〔道里攸均 舟車畢達〕" 하였다.

범이 웅크리고 용이 서린 기세이다. 본조 권우(權遇)의 시에 "범이 웅크리고 용이 서린 기세이니, 금성탕지 같은 천연의 요새라.〔虎踞龍盤 金城天府〕" 하였다.

천연의 요새인 도성이다. 본조 유성룡(柳成龍)이 이르기를 "우리나라의 형세 중에는 한양만큼 험고한 곳이 없다. 한강과 임진강(臨津江)이 전후로 둘러싸고 있고, 동북으로 높은 산과 큰 산마루의 험조함이 있으며, 서쪽으로는 큰 바다가 감싸고 있으니 바로 천연의 요새라 말하는 곳이다." 하였다.

북악이 뒤에서 솟아 있고, 남산이 앞에 우뚝하다. 명나라 예겸(倪謙)의 〈태평루부(太平樓賦)〉에 "북악이 뒤에서 솟아 있어 궁전의 휘황함을 더해주고 남산이 앞에 우뚝하며 성곽이 사방에서 둘러싸고 있다.〔北岳後聳 宮殿增輝 南峯前峙 城郭四圍〕" 하였다.

산천이 아름답다. 산천의 아름다움이 나라 안에서 으뜸이다.

풍속風俗

신의를 숭상하고 유술(儒術)이 돈독하다. 〈함허자(涵虛子)〉에 이르기를 "사람들이 모두 신의를 숭상하고 유술이 돈독하여 중국의 풍조를 양성하였다." 하였다.

의관과 제도가 모두 중국과 같다. 출전은 위와 같다. "의관과 제도가 모두 중국과 같으므로 '시서예악(詩書禮樂)의 고을'이나 '인의(仁義)의 나라'

라고 불린다." 하였다.

천성이 유순하다. 《후한서(後漢書)》에 "천성이 유순하여 다른 지역의 이민족과 다르다." 하였다.

인물이 지혜롭고 총명하다. 지지(地志)

백성과 물산이 많고 성대하다. 명나라 예겸의 부(賦)[50]에 나온다.

예의를 잘 차리는 지역이다. 명나라 진감(陳鑑)의 〈희청부(喜晴賦)〉에 "조선은 동번(東藩) 가운데 중요한 나라이니, 예의를 잘 차리는 지역이고 시서(詩書)를 많이 공부하는 곳이기 때문에 특별히 으뜸으로 칭한다." 하였다.

선비에게 시서를 가르친다. 《풍속첩(風俗帖)》에 이르기를 "선비에게 시서를 가르치고 상사(喪事)는 반드시 삼년상을 행하니, 비록 노복과 군졸이라 할지라도 삼년상 행하는 것을 허락해 주어 그 효성을 이루도록 하고, 사대부 집안과 종가(宗家) 자제들은 모두 가묘(家廟)를 설립하여 그 선조를 제향한다." 하였다.

문벌(門閥)을 중하게 여긴다. 출전은 위와 같다. "나라의 풍속이 문벌을 가장 중요시하여 선대에 문무 관직을 지낸 적이 있는 자를 양반이라고 부르는데, 대대로 양반의 반열에 속한 자들은 같은 부류가 아니면 모두 예모를 갖추지 않는다. 양반의 자제들은 독서하는 것만 허락받아서 잡된 기예를 익히지 않으며 더러 행실이 좋지 않으면 온 나라 사람들이 모두 비난한다."[51] 하였다.

50 예겸의 부(賦) : 예겸(倪謙)이 지은 〈설제등루부(雪霽登樓賦)〉이다.

51 나라의……비난한다 : 《동국여지지》에서는 앞에 나오는 《풍속첩(風俗帖)》을 출전으로 제시하고 있으나, 본문은 동월(董越)의 《조선부(朝鮮賦)》에 보이는 글과 매우 유사하다.

혼인에서 중매를 신중히 한다. 명나라 동월(董越)의 《조선부(朝鮮賦)》에 "혼인에서 중매를 신중히 하며, 풍속이 재가를 부끄럽게 여겨서 재가한 부인의 소생과 정조를 잃은 부인의 자식과 서첩(庶妾)의 자식은 아무리 학식이 많더라도 사류에 끼어서 벼슬에 오르지 못한다."라고 서술하였다.

사족의 여인은 일부종사한다. 사족의 여인은 남편이 죽으면 재가하지 않고 모두 죽을 때까지 신의를 지킨다.

○ 이상에서 언급한 내용은 온 나라의 풍속이 대체로 모두 같은데 경도가 특히 심하고 또 근본이 되므로 여기에서 기록한 것이다. 여러 고을의 풍속이 거의 같으면서도 조금 구별되는 점이 있는 것은 해당 고을 아래에 각각 기록한다.

산천山川

삼각산(三角山) 양주(楊州)의 경계에 있다. 일명 화산(華山)이라고 한다. 신라 때에는 부아악(負兒岳)이라고 칭하였다. 강원도 평강현(平康縣)의 분수령(分水嶺)에서부터 첩첩이 연이어진 산봉우리가 높아졌다 낮아졌다 구불구불 이어지면서 서쪽으로 500여 리를 뻗어 양주 서남쪽에 이르러 도봉산(道峯山)이 되고 또 삼각산이 되니, 실로 경성의 진산(鎭山)이다. 고구려 동명왕(東明王)의 아들 비류(沸流)와 온조(溫祚)가 남쪽으로 와 한산(漢山)에 이르러서 부아악에 올라 거주할 만한 땅을 살펴본 것이 바로 이 산이다. 그 가장 높은 봉우리를 백운봉(白雲峯)이라고 하고, 그 옆에 또 국망봉(國望峯)과 인수봉(仁壽峯)이 있는데 우뚝이 높이 솟아서 운무가 그

위에 있는 경우가 많다. ○ 고려 이장용(李藏用)의 시[52]에,

험한 산길 더위잡고 오르니 비탈진 돌길이요　試攀崎嶇石徑斜
점차 몽롱한 곳 벗어나니 바위산이 막혀 있네　漸出濛籠巖嶺隔
깊은 골짝을 굽어보니 아득하기만 하고　俯臨絶谷但蒼茫
높은 정상에 올라 보니 더욱 오그라드네　上到危巓增跼蹐
청명한 봉우리는 하늘과 겨우 두어 길이요　晴峯距日纔數尋
허공에 걸친 구름다리는 몇천 척이라　雲棧凌虛幾千尺
한번 올라 배회하며 홀로 탄식하나니　一回徙倚獨嗟咨
잠시나마 팔방을 멋대로 휘저을 만하네　八極須臾可揮斥

하였다. ○ 고려 이색(李穡)의 시[53]에,

태초에 세 봉우리 깎은 듯 솟았으니　三峯削出太初時
하늘 향한 선인장[54] 천하에 드물도다　仙掌指天天下稀
젊어서부터 진작 참된 모습 알았는데　自少已知眞面目
사람들은 뒷모습이 살진 양귀비라 하네[55]　人言背後玉環肥

하였다. ○ 본조 김시습(金時習)의 시에,

묶여 솟은 세 봉우리 하늘을 꿰뚫으니　束聳三峯貫太淸
오르면 두성 우성도 따 볼 만하네　登臨可摘斗牛星

52　이장용(李藏用)의 시 : 〈삼각산 문수사(三角山文殊寺)〉이다. 《동문선(東文選)》에 실린 글과 문자의 출입이 있으나 대본에 의거하여 번역하였다.
53　이색(李穡)의 시 : 〈삼각산을 바라보며〔望三角山〕〉이다. 《牧隱藁 牧隱詩藁 卷4》
54　선인장(仙人掌) : 중국 화산(華山)의 봉우리 이름인데, 삼각산을 화산이라고도 부르므로 차용한 말이다.
55　사람들은……하네 : 삼각산의 뒷모습이 앞모습에 비해 풍만하기 때문에 양귀비(楊貴妃)의 풍만한 자태에 비유한 것이다.

큰 산이 한갓 운우를 낼 뿐만 아니라　　非徒嶽岫興雲雨
나라를 만세토록 편안하게 하리　　能使邦家萬世寧

하였다.

백악(白嶽) 경도(京都) 북쪽에 있다. 삼각산에서 남쪽으로 뻗어 내려오다가 다시 솟아올라 이 백악이 되는데, 성이 그 산등성이를 따라 있다.

인왕산(仁王山) 백악 서쪽에 있다. 도성(都城)이 그 위를 따라 있다.

목멱산(木覓山) 바로 서울의 남산(南山)이니, 일명 인경산(引慶山)이라고 한다. 인왕산 아래 평지에서 남쪽으로 뻗어 가다가 동쪽으로 돌아 솟아나서 이 목멱산이 되는데, 도성이 그 위를 따라 있다. 한강이 그 바깥쪽을 감싸 흐르고 북쪽으로 성내를 돌아보면 궁궐, 원유, 거리, 온갖 관사가 모두 한눈에 들어온다. 매양 따뜻한 봄철이 되면 꽃과 버들이 성에 가득 피고 청화한 기운을 느낄 수 있으므로 경성 십경(京城十景) 중의 하나로 꼽혀 '목멱산 꽃구경〔木覓賞花〕'이라 불렀다. 본조 이승소(李承召)의 시[56]에,

남산에서 앉아 보니 층진 성이 드높고　　南山坐對層城高
궁궐 냇가 수양버들 홍교를 스치네　　御溝楊柳拂虹橋
상원에 만발한 꽃은 붉은 노을 엉긴 듯하고　　上苑花發蒸紅霞
태액지 따뜻한 물결은 포도주 넘실대는 듯　　太液波煖漲葡萄
구름에 닿는 저택들, 봄이 성에 가득한데　　甲第連雲春滿塢
봄바람은 촉촉한 가랑비 보내누나　　東風吹送如酥雨
천만 송이 붉은 꽃들 모두 자태 머금었으니　　萬紫千紅總含姿

56 이승소(李承召)의 시 : 〈한도십영(漢都十詠)〉 중 〈목멱상화(木覓賞花)〉이다. 《三灘集 卷7》

정자에서 북을 쳐 꽃 피길 재촉할 것 없네[57] 相催不用臨軒鼓

하였다.

타락산(駝酪山) 경도 동쪽에 있다. 성곽이 그 위에 연이어져 있다.

무악(毋岳) 도성 서쪽 6리에 있다. 일명 안현(鞍峴)이라고도 하며, 기봉(岐峯)이라고도 한다. 산 위에 옛 성터가 있다. 인조(仁祖) 때에 원수 장만(張晩)이 이곳에서 이괄(李适)을 격파하였다.

녹반현(綠礬峴) 도성 서쪽 10리 되는 홍제원(弘濟院) 서쪽에 있다.

용산(龍山) 도성 서남쪽 9리에 있다. 무악산의 남쪽 줄기가 서울을 감싸고 돌다가 강변에서 끝나는데 용산이라고 이름하였다. 그 아래가 용산포(龍山浦)가 된다. 《대명일통지(大明一統志)》에서 "용산은 도성의 한강 동쪽에 있다."라고 한 것이 바로 이것이다.

잠두봉(蠶頭峯) 세속에서 가을두(加乙頭)라고 부르는데 또 용두봉(龍頭峯)이라고도 한다. 도성 서쪽 14리 양화도(楊花渡) 동쪽 언덕에 있다. ○ 본조 강희맹(姜希孟)의 서문[58]에 이르기를 "서호(西湖)는 도성에서 10리도 되지 않는데 뛰어난 경치가 동방에서 으뜸이다. 서호 북쪽에 모습이 자라 머리처럼 생긴 끊어진 언덕이 있는데 그것을 잠두(蠶頭)라고 부르기도 한다. 언덕 발치가 서호에 잠겨 들다가 중간에 형세가 또 높아져서 호수의 승경을 온전히 감상할 수 있다." 하였다. ○ 명나라 사신 기순(祁順)의 시에,

57 정자에서……없네 : 당 현종(唐玄宗)이 봄에 궁궐의 버들개지, 살구꽃 등이 봉오리 맺은 것을 보고는 친히 〈춘호광(春好光)〉 한 곡조를 지어서 정자에서 갈고(羯鼓)를 연주하여 꽃 피기를 재촉하니, 버들개지, 살구꽃 등이 다 터져 나왔다는 고사가 있다. 《開元天寶遺事》 이후 봄꽃을 감상하는 데 늘상 이용되는 고사이다.

58 강희맹(姜希孟)의 서문 : 〈서호잠령계음서(西湖蠶嶺契飮序)〉이다. 《私淑齋集 卷8》

용두 제일봉을 걸어서 올라 보니	步上龍頭第一峯
한없는 풍광에 흥이 어찌 다하리오	煙光無限興何窮
사방의 산수는 시의 감흥 넘어서니	四旁山水詩情外
드넓은 천지가 한눈에 들어오네	萬里乾坤望眼中
마을은 북으로 이어지니 성곽에 가깝고	村舍北連城郭近
고깃배는 서쪽으로 가니 해문과 통하네	漁舟西去海門通
주인이 술자리 두어 객을 자주 만류하니	主人置酒頻留客
석양에 저녁놀 사라지는 줄도 모르네	不覺殘陽失晩紅

하였다.

중흥동(重興洞) 삼각산 서남쪽에 있다. 위에 중흥사(重興寺)가 있기 때문에 이름 붙은 것이다. 좌우에 산봉우리가 솟아 있어 골짝이 깊고 그윽하며 암석과 반석이 희고 깨끗한 데다 냇물이 폭포로 떨어지기도 하고 깊은 못을 이루기도 하여 굽이굽이 즐길 만하니 도성 사람들이 놀러 가는 곳이 되었다.

동교(東郊) 도성 동쪽 10리에 있다. 세속에서 살곶이〔箭串〕라고 칭한다. 그 땅이 평평하고 널찍하며 수초가 매우 풍성하므로 주변에 우리를 둘러치고 나라의 말을 길렀는데 넓이가 30여 리나 된다. 남쪽으로 한강에 임해 있다. 본조 정인지(鄭麟趾)가 서문에서 "동교는 토질이 비옥하고 수초가 좋아서 목축에 알맞다."라고 하였다.

한강(漢江) 옛날에는 한산하(漢山河)라고 불렀다. 신라 때에 북독(北瀆)이라 하여 중사(中祀)에 실려 있다. 그 원류는 강릉부(江陵府) 오대산(五臺山)에서 나왔는데 충주(忠州) 서북쪽에 이르러서 달천(達川)과 합류하고 원주(原州) 서쪽에 이르러 섬수(蟾水)와 합하고, 양근(楊根) 서쪽에 이르러 회수(淮水)에 합하고, 광주(廣州) 경계에 이르러 두미진(斗迷津), 광진

(廣津), 삼전도(三田渡)를 지나서, 경성 동쪽에 이르러 두모포(豆毛浦), 한강나루가 된다. 이로부터 서쪽으로 흘러서 노량도(露梁渡), 용산포(龍山浦)를 지나고 또 서쪽으로 가서 서강(西江) 양화도(楊花渡)가 되고, 양천(楊川) 북쪽에 이르러 공암도(孔巖渡)를 지난 뒤 교하(交河) 서쪽에 이르러 단수(湍水)와 합류하고, 통진(通津) 북쪽에 이르러 조강(祖江)이 되어 바다로 들어간다. ○ 명나라 기순의 〈한강사(漢江辭)〉 서문에 "조선국 도성 남쪽 10리쯤에 있는 강을 한강이라고 하는데, 수원(水源)이 오대산과 금강산(金剛山)에서 나와 합류하여 바다로 들어간다. 그 경치가 그윽하고 뛰어나기로 유명하고 올라가 조망할 만한 누각이 강 앞에 있으므로 중국에서 사신 온 선배들이 모두 여기에 가서 유람하였다. 성화(成化) 병신년(1476, 성종7) 봄에 내가 이곳에 사신으로 왔는데 한강에서 노닐기를 청하는 자가 있었다. 당시 지난밤에 내리던 비가 막 개어서 산천이 맑고 아름다우며 하늘빛과 물색이 서로 이어졌는데 누대에 올라 실컷 구경하며 술잔을 들어 서로 따라 주었다. 얼마 있다가 함께 배를 타고 강물을 따라 수십 리를 내려가 용산포에 이르렀으니 바로 각 도의 군향미가 모이는 곳이다. 또 몇 리를 가서 양화도에 이르러 용두봉에 올라갔다. 봉우리에서 물가 건너편 언덕을 바라보니 민가와 섬, 돛단배가 모두 한눈에 들어왔다. 조선은 중국에서 수천 리나 떨어져 있어서 국사(國事)가 아니면 이를 수 없으니 한강의 유람이 어찌 우연이겠는가." 하였고, 그 사(辭)에,

강물이 유유히 흐름이여	江水兮悠悠
거마가 강 머리에 북적대는구나	車馬雜遝兮江之頭
누선을 타고 물결을 가로지르니	駕樓舡兮橫波
아, 내 잔잔한 흐름을 건너는구나	謇吾渡兮安流

풍륭더러 뒤따르게 하고 令豐隆兮追隨
비렴에게 선봉이 되게 하네[59] 命飛廉兮前驅
산은 분분히 다가와 맞이하고 山紛紛兮來迎
구름은 표표히 나를 호위하네 雲飄飄兮護予
회포를 풀어 크게 노래하고 放懷兮浩歌
술잔을 드느라 지체하네 擧杯兮延滯
사람 그림자는 물속에 비치고 人影兮波心
새는 하늘 가로 날아가네 鳥飛兮天際
동고에서 그윽한 난초를 잡고 擥幽蘭兮東皐
남포에서 향긋한 지초를 캐도다 采芳芷兮南浦
미인을 그리워하나 오지 않음이여 思美人兮不來
주머니를 묶으며 머뭇거리네 結佩纕兮容與

하였다. ○ 본조 유성룡(柳成龍)의 시[60]에,

멀고 멀리 한강 물은 遙遙漢江水
오대산에서 발원하였네 出自五臺山
서쪽으로 천 리를 흘러 西流一千里
아득히 층층의 물결 이네 渺渺生層瀾
백운은 도성 궐에 드높고 白雲城闕高
창해는 질펀하게 크고 너르네 滄海浩漫漫
본래 조종의 뜻이 있으니 自有朝宗意

59 풍륭(豐隆)더러……하네 : 풍륭은 구름의 신이고, 비렴(飛廉)은 바람의 신이다.

60 유성룡(柳成龍)의 시 : 〈한강음(漢江吟)〉이다. 《西厓集 卷1》

만번 꺾인들 어찌 마다하리오 寧辭萬折難

하였다. ○ 본조 허적(許樀)의 시[61]에,

툭 트인 강 양안이 길고 긴데 天開兩岸長
그 사이로 한 줄기 강 흐르네 一水其中由
거침없는 흐름은 태곳적부터요 奔放自太古
도도한 기세는 쉴 때가 없어라 滔滔無時休
가을비 지난 뒤에 배를 띄우니 泛舟秋雨後
긴 모래섬에 물결 더욱 넘치네 波漲彌長洲
굽어보니 천 길이나 되는 깊이라 俯壓千丈深
흘깃 보아도 용과 규룡 보이네 睥睨觀龍虯
천지간에 멋대로 휘파람 길게 불고 長嘯傲乾坤
뱃전을 두드리며 중류를 능지르네 鼓枻凌中流
빠르게 흐르는 것은 강가의 산이요 荏苒江上山
아득히 보이는 것은 강가의 누각이라 縹緲江上樓
저물녘 백사장에 배를 대고 보니 晩泊沙洲際
드넓은 안개 물결 유유히 흐르네 煙波浩悠悠

하였다.

신포(新浦) 광주(廣州) 경계에 있으니 도성에서 27리 떨어져 있다. 광진 나루 아래에서 한강(漢江) 물이 넘쳐 물길이 갈라지는데, 그 본류는 삼전도(三田渡)로 흘러가고 갈라진 물길을 신포라고 부른다. 가뭄이 들 때는 맨몸으로 건널 수 있으나 물이 불어나면 두 개의 강이 된다. 허적의 〈삼전도〉

61 허적(許樀)의 시 : 〈한강을 건너며(渡漢江)〉이다. 《水色集 卷1》

시[62]에 "두 강에 흐르는 물 가을빛이 맑구나.〔二江流水澄秋色〕"라고 한 것이 이것이다. 저자도(楮子島) 아래에서 합류하여 하나가 된다. 중종 때에 그 물의 기세가 선릉(宣陵)에 곧장 부딪친다고 하여 군졸을 동원해 돌을 옮겨서 강안의 이 빠진 곳을 막으려고 하였으나 끝내 해내지 못하였다.

두모포(豆毛浦) 도성 동쪽 10리에 있다. 한수가 흐르는 물이 모여 호수를 이룬 것을 동호(東湖)라고 한다. 본조 심수경(沈守慶)의 시에 "동호의 승경을 세상 사람이 다 아네.〔東湖勝槪世人知〕"라고 한 것이 바로 이곳이다. 이수포(二水浦)라고도 칭한다.

용산포(龍山浦) 도성 서남쪽 10리 용산(龍山) 아래에 있다. 한강 물이 여기에 이르러 두 줄기로 나뉘는데, 한 줄기는 용산포, 마포, 서강이 되고, 또 한 줄기는 곧장 금천현(衿川縣) 경계에서부터 서쪽으로 흘러서 양화도(楊花渡)에 이르러 다시 합하여 하나가 된다. 고려 이인로(李仁老)의 〈용산〉 시[63]에 "두 물이 넘실넘실 제비꼬리처럼 갈라지네.〔二水溶溶分燕尾〕"라고 한 것이 바로 이것이다. 바다의 조수와 통하여 경상도, 강원도, 충청도, 경기 상류의 조운(漕運)이 모두 여기에 집합한다.

마포(麻浦) 도성 서쪽 10리에 있다. 위로 용산포와 이어지고 아래로 서강과 접해 있다.

서강(西江) 도성 서쪽 15리에 있다. 황해도, 전라도, 충청도, 경기 하류의 조운이 모두 여기에 집합한다. 그 아래가 양화도가 되는데 용산포, 마포와 함께 서호(西湖)라고 통칭하였다. ○ 본조 서거정(徐居正)의 〈서호〉 시에,

62 허적의 삼전도 시 : 〈삼전도를 바라보며〔望三田渡〕〉이다. 《水色集 卷1》

63 이인로(李仁老)의 용산 시 : 〈한상국의 강변 별장〔韓相國江居〕〉이다. 《東文選 卷13》

양화도 어귀에 목란 배를 매고 보니　　楊花渡口繫蘭船
참으로 인간 세상에 별천지가 있구나　　須信人間別有天
굳이 신선과 함께 학을 타진 않더라도　　不必神仙同鶴駕
요컨대 용면[64] 시켜 그림은 그려야겠네　　要將圖畫倩龍眠
햇살 퍼진 바다엔 황금 물결이 출렁이고　　日明鰲背黃金浪
바람 치는 용두봉엔 푸른 옥빛 흩뿌려졌네　　風撼龍頭碧玉濺
모름지기 서호를 서자에 비유할 만하니[65]　　須把西湖比西子
강가에 흥취가 끌리는 걸 어이하리　　江上其奈興相牽

하였다.

개천(開川) 백악산, 인왕산, 목멱산의 여러 계곡의 물이 합류하여 도성 안을 가로질러 관통하여 동쪽으로 나아가 삼수구(三水口) 9리쯤에서 중량천(中梁川)과 합류하여 한강으로 들어간다. ○ 장헌왕(莊憲王) 때에 술사 이현로(李賢老)가 풍수설을 가지고서 도성 안 개천에 오물을 투기하는 것을 금지하여 명당(明堂)의 물을 맑게 할 것을 청하였다. 집현전 교리 어효첨(魚孝瞻)이 상소하기를 "풍수지리설은 삼대 이전에는 없었고 양한(兩漢) 이후에야 비로소 그 학설이 생긴 것입니다. 그런데 거기서 말하는 '명당에 냄새나는 더러운 물이 있으면 불길한 상이다.'라는 것은 장지(葬地)의 길

64 용면(龍眠) : 송(宋)나라 이공린(李公麟)의 호이다. 시와 그림에 능했다.
65 모름지기……만하니 : 소식(蘇軾)의 〈호상에서 술을 마시는데 처음에는 날이 맑았다가 뒤에 비가 왔다〔飮湖上初晴後雨〕〉에 "서호를 가져다가 서시에 비교할진댄, 엷은 화장 짙은 색칠이 둘 다 서로 어울리리.〔欲把西湖比西子, 淡粧濃抹總相宜.〕"라고 한 데서 온 말이다. 《蘇東坡詩集 卷9》 역대로 한시에서 서강(西江)과 서시(西施)를 함께 거론하여 아름다움을 찬탄한 비유가 많이 사용되었다.

흉을 논한 것이지 도성에 대해 논한 것이 아닙니다. 도성이란 지역은 인가가 번성하여 이미 사람이 많고 번화하니 냄새나는 오물이 쌓이게 마련이므로, 반드시 수도와 너른 내가 그 사이를 종횡으로 소통하여서 그 더러운 것을 흘려보낸 뒤에야 도성을 깨끗이 할 수 있으니 그 물이 깨끗할 리가 없습니다. 이제 도성의 물을 산속의 물처럼 청정하게 만들려고 한다면 형세상 되지 않을 뿐만이 아닙니다. 장지에나 적용할 일을 어찌 도성에 적용할 수 있겠습니까."라고 하였다. 상이 "어효첨의 논리가 옳다." 하여 마침내 이현로의 주장을 쓰지 않았다.

중량천(中梁川) 또 다른 이름은 속계(涑溪)이다. 도성 동쪽 13리에 있다. 물이 양주로부터 시작되어 살곶이〔箭串〕 들녘을 거쳐 남쪽으로 흘러서 두모포(豆毛浦)에 이르러서 한강으로 들어간다.

도요연(桃夭淵) 전관교에 있다.

남지(南池) 숭례문(崇禮門) 밖에 있다. 연꽃을 심어서 연지(蓮池)라고도 부른다.

서지(西池) 돈의문(敦義門) 밖 모화관(慕華館) 남쪽에 있다. 또 다른 이름은 반송지(盤松池)이다. 예전에 수십 보를 뒤덮을 만한 반송이 못가에 있어서 고려 왕이 일찍이 남경에 행차하였을 때 이곳에서 비를 피하였다. 본조 초까지도 그 반송이 여전히 남아 있었으므로 이런 이름이 붙은 것이다.

동지(東池) 흥인문(興仁門) 밖에 있다. 연꽃이 있다.

초정(椒井) 인왕산 아래에 있다. 거기서 목욕하면 병이 나으니, 효종(孝宗)과 금상(현종)이 이곳에 행차한 적이 있다.

율주(栗洲) 도성 서남쪽 15리 한강 용산포(龍山浦) 안에 있다. 세속에서는 밤섬〔栗島〕이라고 칭한다. 그 길이가 7리인데 뽕나무 숲이 있고, 또 약초를 심는 약밭이 있다.

나의주(羅衣洲) 도성 서쪽 15리 서강(西江) 안에 있다. 세속에서는 잉화도(仍火島)라고 칭한다. 본래 율주와 서로 이어져 있었는데 장맛비가 범람하는 바람에 갈라져서 두 개가 되었다. 짐승을 기르는 목장이 있어서 사축서(司畜署)와 전생서(典牲署)의 관원을 나누어 파견해서 감목한다.

삼전주(三田洲) 도성 동쪽 29리 삼전도(三田渡)와 신포(新浦) 사이에 있다. 그 안은 사토가 매우 비옥하여 사포서(司圃署)에 소속되어서 채마밭을 가꾸어 공상하였다. 또 뽕나무 숲도 있다.

저자도(楮子島) 도성 동쪽 25리에 있다. 한강 가운데 작은 섬이 우뚝 솟아서 모래섬을 앞에 마주하고 있는데 고려 때 한종유(韓宗愈)가 이곳에 별장을 두었다. 본조 세종이 이 섬을 정의공주(貞懿公主)에게 하사하였는데, 공주의 아들 안빈세(安貧世)가 그 위에 정자를 짓고 화공에게 명하여 그림을 그리게 하니, 한때 이에 대해 시를 읊은 이가 매우 많았으며, 정인지의 서문이 있다. ○ 한종유의 시[66]에,

십 리 서호에 가랑비 지나갈 제	十里西湖細雨過
한 가락 젓대 소리 갈꽃 너머 들려라	一聲長笛隔蘆花
조정에서 경륜하던 솜씨를 가지고	直將金鼎調羹手
낚대 잡고 저물녘 모래밭에 내려오네	還把漁竿下晚沙

하였다.

66 한종유의 시 : 〈한양촌장(漢陽村莊)〉이다. 《東文選 卷21》

토산土産

도기(陶器), 당도(唐桃), 자두〔紫桃〕, 모두 장원서(掌苑署)에서 난다. 밤〔栗〕, 현삼(玄蔘),[67] 무〔蘿葍〕, 동교(東郊)에서 나오는 것이 가장 좋다. 염초(鹽硝), 엿〔飴糖〕, 숭어〔秀魚〕, 쏘가리〔錦鱗魚〕, 웅어〔葦魚〕, 누치〔訥魚〕, 붕어〔鯽魚〕, 뱅어〔白魚〕, 복어〔豚魚〕

궁실宮室

종루(鍾樓) 도성 안 큰 거리에 있다. 태조 4년(1395)에 종각을 세우고 세종 때에 층진 누각으로 고쳐 지었다. 동서로 5칸이고 남북으로 4칸인데 큰 종을 달아서 아침저녁의 시간을 알렸다. ○ 권근(權近)의 〈종명(鍾銘) 서문〉의 대략은 다음과 같다.

"조선이 천명을 받은 지 3년 만에 한강 북쪽에 도읍을 정하였다. 그 이듬해에 비로소 궁궐을 지었으며, 그해 여름에 담당 관사에 명하여 큰 종을 주조하게 하였다. 종이 완성된 뒤에 큰 시가에 종각을 세우고 종을 달았으니, 공업을 이루었음을 기록하고 큰 경사를 후세에 전하기 위해서였다. 예로부터 국가를 세운 자가 큰 공을 세우고 큰 기업을 정립하면 반드시 종과 솥에 명(銘)을 새겼으니 그 아름다운 소리가 견고하여 후세 사람들의 이목을 고무시켰다. 또 사통팔달의 큰 도읍 한가운데에 아침저녁으로 종을 쳐서 백성들의 일하고 쉬는 시한을 엄하게 하니, 종의

67 현삼(玄蔘) : 야산에서 생장하며 싹과 잎은 지마(脂麻)와 같은데, 약으로 쓸 때는 쪄서 햇볕에 말리기도 하고 주증(酒蒸)하기도 한다. 《山林經濟 卷3 治藥》

쓰임이 큰 것이다. 우리 전하께서는 왕위에 오르시기 전부터 덕망이 날로 높아져서 천명과 인심이 귀의하여 스스로 그만둘 수 없었으며, 훌륭한 현인들이 힘써 도와서 모두 그 지혜와 힘을 다 바쳤다. 하루아침에 고려를 대신하여 나라를 세우고 밤낮으로 고심하여 법을 세우고 기강을 잡아서 자손만대 태평의 터전을 닦았으니, 공을 세웠다 할 만하고 기업을 정립했다 이를 만하다. 이를 명으로 새겨 후세에 밝게 보여 주는 것이 마땅하다. 명에,

아, 훌륭한 우리 임금이여	於穆我王
천명을 받아 크게 받들어서	受命溥將
새 터전을 마련했으니	聿來新邑
이 한강의 북쪽이라	于漢之陽
옛날 송도에 있을 적에는	昔在松都
국운이 이에 쇠진하더니	國步斯蹙
우리 임금이 대신하여	我王代之
덕으로 학정을 제거하여	除虐以德
백성은 전란을 겪지 않았고	民不見兵
회조하던 날은 청명하였네[68]	會朝淸明
어질고 지혜로운 이들 힘을 다 바쳐	賢智效力

68 회조(會朝)하던 날은 청명하였네 : 회조는 회전(會戰)하는 날의 아침이다. 《시경》 〈대아(大雅) 대명(大明)〉에 "태사(太師)인 강태공(姜太公)이 그때 매처럼 날아올라 우리 무왕을 도와서 군대를 풀어 상(商)나라를 정벌하였으니, 회전하던 날 아침이 청명하였다.〔維師尙父, 時維鷹揚, 涼彼武王, 肆伐大商, 會朝淸明.〕"라고 하여 주나라가 상나라를 정벌한 날을 노래하였는데, 여기서는 이성계가 역성혁명을 이룩해 고려를 대신하게 된 날을 말한다.

태평 시대를 이룩하였네 躋于太平
원근의 이들 비로소 귀의하여 遠近始歸
백성들 많아지고 번성하였네 旣庶旣繁
이에 이 종을 주조하여 乃鑄厥鍾
아침저녁으로 울리노라 乃聲晨昏
우리 왕의 공렬을 我功我烈
여기에 새겼거니 是勒是鐫
새 도읍을 보호하여 鎭于新都
천만년을 이어 가리라 於千萬年

하였다."

종각(鍾閣) 경복궁 광화문 바깥 서쪽에 있다. 세조(世祖)가 큰 종을 주조하여 애초에는 사정전(思政殿) 뒤에 두고자 하였으나 여기에 종각을 짓고 종을 매달아 두어서 금군(禁軍)을 호령하고 정돈케 하였다. 신숙주(申叔舟)가 명(銘)을 지어 새겼다.[69]

태평관(太平館) 숭례문 안에 있다. 중국 사신을 접대하는 곳으로 관 뒤에 누각이 있다. 전후로 중국에서 온 조사(詔使)와 우리나라 사람들이 읊은 시가 매우 많다. ○ 명나라 장성(張珹)의 시에,

황명의 기풍이 오랑캐 원의 풍속 일소하니 皇風一掃胡元俗
폐백 지니고 산 넘고 물 건너 만국이 찾아오네 玉帛梯航來萬國
화락하게 태평성대 백 년 동안 누렸으니 熙熙皥皥百年間
곳곳마다 사람들이 태평곡을 부르네 處處人歌太平曲

69 신숙주(申叔舟)가……새겼다 : 〈신주대종명(新鑄大鍾銘)〉이다. 《保閑齋集 卷16》

태평곡을 들어 온 지 오래되었으니	太平曲聞來久
이 이름을 말하지 않고 다시 무엇 있으랴	不道此名復何有
하루아침에 사명 받들어 조선 도성에 오니	一朝將命朝鮮城
분명하게도 공관의 이름이 태평이라	分明公館名太平
당시 이렇게 이름 건 의도가 어찌 없으리오	當時扁此豈無意
도성의 태평 세상 누리기를 원해서였으리라	應願長安太平世
듣자니 이 땅은 예전 기자의 봉역으로	我聞斯土舊箕封
순박한 풍속이 여러 번방과 같지 않았네	淳厖不與諸藩同
남자는 밭 갈고 여자는 베 짜고 선비는 학문에 힘써	男耕女織士勤學
성대한 예의 문물이 중화의 기풍이라네	衣冠藹藹中華風
정성 다해 힘써서 신하 된 직분 다하니	推誠宣力盡臣職
천자가 특별히 기쁜 안색 보이셨네	天子非常賜顔色
새 황제 즉위하여 정사가 새로워지니	嗣皇臨御政惟新
경하하는 예 이루자 은총을 베푸셨네	慶禮初成來寵錫
윤음을 반포하고 비단을 나누어 주느라	綸音已布綵幣頒
달려온 지 몇 달 만에 오늘에야 한가하네	驅馳數月今始閑
동행 김태복이 나를 끌고 관루에 오르니	同行金太僕拉余登館樓
누대가 높아 상쾌한 기운 시원하여	樓高爽氣多
오월이 삼추의 가을과 같으니	五月如三秋
눈앞의 풍경 모두 아까울 정도라	眼前風景摠堪惜
어진 왕이 어찌 그리 손님 대접 잘하는지	那更賢王能好客
화려한 연회 크게 벌여 먼 길의 수고 위로하네	大張華宴慰遠勞
취중에 올라와 보니 생각이 어찌 끝이 있으랴	醉裏登臨思何極

화려한 난간 깊은 곳엔 한낮 안개 희미한데　　畫欄深處午煙迷
아지랑이 피어오르지 않고 주렴 아래 머무네　　野馬不來簾下斷
파도 소리가 노송 언덕에서 메아리쳐 오는데　　濤聲響遍老松嶺
꾀꼬리는 수양버들 제방에서 온종일 오락가락　　鶯梭織盡垂楊堤
남산과 북악은 눈썹처럼 짙푸르고　　南山北岳翠如黛
비 지나간 뽕마밭은 녹음이 우거졌네　　過雨桑麻綠成帶
천자가 총애하고 나라에 근심 없으니　　天王有寵國無虞
다시 한 번 새로운 기개를 보는구나　　又見一番新氣槪
태평관에 이제 벌써 도착하고 나서　　太平館今已到
다시 높은 누대에 올라 큰 웃음 터트리네　　更上高樓發長笑

하였다.

모화관(慕華館) 돈의문 바깥 서북쪽에 있다. 본래 모화루(慕華樓)였는데, 세종 12년(1430)에 관(館)으로 개수하였다. ○ 명나라 예겸(倪謙)의 시에,

봄철 도성에 치장한 말 새벽부터 소란스럽더니　　春城珂馬曉騈闐
멀리 청산에 말 멈추고 이별 자리 열었네　　遠駐青山敞別筵
시례를 오래 이어 와 사람들은 학문을 좋아하고　　詩禮久承人好學
예의 문물 서로 병립하여 나라에는 현인이 많구나　　冠裳相竝國多賢
돌아가고픈 마음은 밤마다 난하를 맴도는 달이요　　歸心夜繞灤河月
이별의 그리움은 새벽녘 한강에 부딪치는 물안개라　　離思晨衝漢水煙
이에 떠나는 깊은 정에 추억이 배가되니　　此去深情倍追憶
금낭에 주옥같은 시가 더더욱 끝이 없구나　　錦囊珠玉況連篇

하였다.

동평관(東平館) 남부 낙선방(樂善坊)에 있다. 일본(日本)과 여러 나라 사신

을 접대하는 곳이다.

북평관(北平館) 동부 흥성방(興盛坊)에 있다. 조회 온 야인(野人)들을 접대하는 곳이다.

독서당(讀書堂) 예전 폐기된 용산사(龍山寺)로, 강 북쪽 언덕에 있다. 강정왕(康靖王 성종)이 개축하여 당을 만들어서 홍문관 유신들이 사가독서(賜暇讀書)하는 장소로 삼았다. 공희왕(恭僖王 중종) 10년(1515)에 두모포 남쪽 언덕 위로 옮겨 지었다.

남별관(南別館) 중부 □□방에 있다.

제천정(濟川亭) 한강 나루 북쪽 기슭에 있다. 국초에 정자를 지었는데 그 나루를 굽어보고 있으므로 '제천'이라고 이름 붙인 것이다. 조사가 올 때마다 이곳에서 연회를 베풀고 이어서 한강에 배를 띄워 놀았는데, 중국 사신과 우리나라 사람들이 지은 시가 정자 위에 많이 새겨져 있다. ○ 명나라 장녕(張寧)의 시에,

동국 땅에 높다란 누각 있는데	東國有高樓
누각 앞엔 한강수가 흘러가네	樓前漢水流
광채는 화려한 배에 어른거리고	光搖青雀舫
그림자는 물새 노는 강가에 떨어지네	影落白鷗洲
먼 곳 바라보니 하늘이 다한 듯하고	望遠天疑盡
허공에 떠 있어 땅이 떠오르는 듯하네	凌虛地欲浮
팔방 창문에 바람과 볕이 좋아서	八牕風日好
자리에서 내려오려다 거듭 머뭇거리네	下榻重淹留

봄물은 오리 머리처럼 새파랗고	春水鴨頭綠

새벽 산은 소라 뿔처럼 푸르네　曉山螺髻青
끊어진 구름은 먼 산에 의지해 있고　斷雲依遠岫
외기러기는 긴 물가에 사라지네　孤雁沒長汀
이역 땅에서 나랏일에 치이고　異域傷靡盬
밝은 시대에 홀로 깸이 우습구나[70]　明時笑獨醒
무슨 인연으로 홀연히 이곳에 왔는지　何因忽來此
시 생각으로 하늘에 오를 듯하네　詩思入蒼冥

길은 멀어 오가는 거마가 적고　路遠輪蹄少
봄 깊어서 풍경이 훌륭하구나　春深景物多
안개 걷힌 산은 흡사 그림과 같고　煙開山似畫
바람 잔 물결 마치 비단 같구나　風澹水如羅
즐거운 일에다 좋은 때 만나니　樂事酬佳節
맑은 술에 호탕하게 노래 부르네　淸尊發浩歌
옛날부터 문물이 번성한 곳이라　由來文物地
이르는 곳곳마다 잘도 지나가네　隨處好經過

하였다. ○ 기순(祁順)의 시에,

누대 앞에 바람 걷히니 백운이 펼쳐지고　樓前風捲白雲開
앉아서 산들을 보니 붉고 푸른 빛 쌓였네　坐看群山紫翠堆

70 밝은……우습구나 : 굴원(屈原)의 〈어부사(漁父辭)〉에 "온 세상이 모두 탁한데 나 홀로 맑고, 사람들 모두 취했는데 나만 깨어 있네.〔擧世皆濁, 我獨淸; 衆人皆醉, 我獨醒.〕"라고 하였다. 여기서는 지금은 굴원의 시대와 달리 혼탁한 세상이 아닌 성명한 시대인데 나 혼자 깨어 있다고 하는 것이 우스운 일이라는 의미로 쓰였다.

백제의 지세는 한강에 임해 다하고　百濟地形臨水盡
오대산 물줄기는 하늘에서 오는구나　五臺泉脈自天來
시를 쓰자니 최랑의 시구 없어 부끄러우나[71]　題詩愧乏崔郎句
술을 대하니 이태백 잔 사양하기 어려워라　對酒難辭太白杯
꽃과 새 눈앞에 가득하여 봄 경치가 좋으니　花鳥滿前春景好
담소하며 다시 늦게 돌아가도 무방하리　不妨談笑更遲回

하였다. ○ 본조 서거정(徐居正)의 시[72]에,

아름다운 누각 안에 화려한 주연 열렸는데　樓中佳麗錦筵開
누각 밖의 청산은 비취가 쌓인 듯하네　樓外青山翠似堆
풍월은 황학을 따라 가 버리지 않았고[73]　風月不隨黃鶴去
연파는 늘상 백구를 보내오는구나　煙波長送白鷗來
누각에 올라 창수한 시가 삼천 수이고　登臨酬唱三千首
빈주 간의 풍류는 술이 일백 잔이로다　賓主風流一百杯
다시 깊은 밤 기다려 옥적을 불어 대니　更待夜深吹玉笛
밝은 달이 우두성과 함께 배회하는구나[74]　月明牛斗共徘徊

71 최랑(崔郎)의……부끄러우나 : 최랑은 최호(崔顥)이다. 최호가 지은 〈황학루(黃鶴樓)〉가 천고의 절창으로 칭송되는데 자신은 이런 명구를 내지 못하여 부끄럽다고 말한 것이다

72 서거정(徐居正)의 시 : 〈한강루에서 모시고 놀다가 명을 받들어……몹시 부끄러운 마음을 감당치 못하겠다〔陪遊漢江樓承雅命……無任慚汗之至〕〉이다. 《四佳集 四佳詩集補遺 卷2》

73 풍월(風月)은……않았고 : 최호의 시에 "옛사람이 이미 황학을 타고 떠났는지라.〔昔人已乘黃鶴去〕"라고 한 구절을 뒤집어 변용한 것이다. 앞에서 기순(祁順)이 최호에 대해 언급하였으므로 서거정도 그의 시를 인용한 것이다.

74 밝은……배회하는구나 : 우두(牛斗)는 북두성(北斗星)과 견우성(牽牛星)을 합칭한 말인데, 소식(蘇軾)의 〈전적벽부(前赤壁賦)〉에 "달이 동산 위에서 솟아 나와, 북두와 견우의 사이를 배회할 제〔月出於東山之上, 徘徊於斗牛之間.〕"라고 한 구절을 차용한 것이다.

하였다.

낙천정(樂天亭) 전관교(箭串郊) 동쪽, 신포(新浦) 북쪽 기슭에 있다. 태종(太宗)이 명하여 건립한 것이다. ○ 변계량(卞季良)의 기문[75]에 "낙천정은 우리 상왕(上王 태종) 전하께서 가끔 노닐던 장소이다. 전하께서 재위한 지 19년째 되던 해에 주상 전하에게 왕위를 이양하고 농사가 한가한 때를 틈타 동교(東郊)로 나가 노닐었다. 그곳에 대산(臺山)이라고 하는 언덕 하나가 둥그렇게 높이 솟아 마치 솥을 엎어 놓은 것처럼 생겼는데, 그 위에 올라가 사방을 돌아보면, 큰 강물이 못을 휘감고 서로 뒤섞여 굽이쳐 흐르는가 하면 연이은 산봉우리와 첩첩 쌓인 높은 산이 번갈아 층층이 드러나서 대산을 둘러싸고 조회하듯 모여 있어 그 형세가 마치 뭇 별들이 북극성을 에워싸는 것 같았다. 전하께서 이 언덕의 동북쪽에 이궁(離宮)을 건축하여 비바람을 피할 수 있도록 하고, 언덕 위에 정자를 지어 좌의정 박은(朴訔)에게 정자의 이름을 지으라고 명하였다. 박은이 《주역》〈계사전(繫辭傳)〉에서 '낙천(樂天)' 두 글자를 취하여 올렸는데,[76] 이는 전하께서 행한 사실을 총괄하여 정자의 이름에다 그 의의를 담고, 또 오늘날의 즐거움을 기록한 것이었다." 하였다.

화양정(華陽亭) 살곶이〔箭串〕에 있다. 세종 때에 지은 것이다. ○ 유사눌(柳

75 변계량(卞季良)의 기문 : 〈낙천정기(樂天亭記)〉이다. 《春亭集 卷5》

76 주역……올렸는데 : 《주역》〈계사전 상(繫辭傳上)〉의 "천지와 서로 같으므로 어기지 않으니, 지혜가 만물에 두루 미치고 도가 천하를 구제하므로 지나치지 않으며, 사방에 행하되 흐르지 않아서 천리를 즐거워하고 천명을 알기 때문에 근심하지 않으며, 자리를 편안히 여기고 인을 돈독히 하므로 사랑할 수 있는 것이다.〔與天地相似, 故不違. 知周乎萬物而道濟天下, 故不過. 旁行而不流, 樂天知命, 故不憂. 安土敦乎仁, 故能愛.〕"라는 구절로, 성인의 덕이 천지와 부합하여 만물을 구제함을 의미한다.

思訥)의 기문에 "화산(華山)의 동쪽 한강 북쪽에 들판이 있으니, 토지가 평평하여 길이가 10여 리나 이어져 있으며 뭇 산이 빙 둘러싸고 내와 못이 얽혀 감돌고 있다. 태조께서 도읍을 정한 초기에 그곳을 목장으로 삼았는데, 임자년(1432, 세종14)에 주상 전하께서 사복시 제조 판중추원사 최윤덕(崔潤德) 등에게 명하여 낙천정 북쪽 언덕에 정자를 짓게 하였다. '천하의 누대와 정자가 모두 이름이 있는데 이 정자만 이름이 없어서야 되겠는가.' 라고 하고, 이어서 《서경》 〈주서(周書) 무성(武成)〉의 '화산 남쪽으로 말을 돌려보냈다.〔歸馬于華山之陽〕'라는 의미[77]를 취하여 화양정이라 이름 지었다. 우리 태조께서 천명에 응하고 민심을 따라 새로운 국가를 건립하셨고 열성조가 계승하여 문무(文武)의 덕을 닦아 말을 돌려보내고 소를 방목하였으니 오직 지금이 그때인 것이다." 하였다.

망원정(望遠亭) 양화도 동쪽 강안에 있다. 본래 효령대군(孝寧大君)의 희우정(喜雨亭)이었다. 과거에 효령대군이 여기에 정자를 지었는데 세종이 서교(西郊)의 농사를 살피시고는 이 정자에 행차하였다. 당시 파종하는 시기라 가뭄을 근심하고 있는데 마침 정자에 올랐을 때 비가 내리니, 이 때문에 '희우정'이라는 이름을 내려 주었다. 그 후에 정자가 무너졌는데 성종 때에 월산대군(月山大君)이 다시 짓고 망원정이라고 이름하였다. 매년 상이 농사를 살피거나 수전(水戰)을 살필 때에 항상 이 정자에 행차하였다. ○ 변계량(卞季良)의 〈희우정〉 시 서(序)에 이르기를 "정자의 규모는 사치하지

77 서경……의미 : 《서경》 〈무성(武成)〉에, 무왕(武王)이 상(商)나라를 정벌한 뒤에 전마를 화산(華山) 남쪽에 흩어 보내고 소를 도림(桃林)의 벌판에 방목하여 천하에 더 이상 무력을 쓰지 않겠다는 뜻을 보였다고 하였다. 일반적으로 난을 평정한 뒤에 왕이 무력을 버리고 문치를 닦으려는 의지를 보인다는 의미로 쓰인다.

도 않고 초라하지도 않다. 화악이 뒤에서 굽어보고 있고 한강이 앞에서 일렁이고 있으며, 서남쪽으로 아득히 가물거리는 푸른 산봉우리가 구름 낀 하늘과 안개 자욱한 강 너머에서 사라졌다 나타났다 한다. 강을 굽어보면 물고기와 새우를 낱낱이 헤아릴 정도로 맑고 돛단배와 모래사장의 새들이 궤안 아래로 왔다 갔다 하는데 맑은 바람이 불어오면 마치 날개가 솟아나 하늘에 오르는 듯 황홀하다." 하였고, 그 시에,

저기에 새 정자가 우뚝하니	翊彼新亭
봉황이 날아가는 듯하구나	如鳳斯騫
어떤 사람이 지었는가	誰其作之
어지신 효령대군이라네	君侯之賢
왕께서 서교로 나가신 것은	王出西郊
놀이도 아니고 사냥도 아니었지	匪游匪畋
백성이 파종할 때를 당하여	民方播種
논밭에 가뭄을 걱정하셨네	憂旱于田
왕께서 정자에 계시는데	王在于亭
때마침 단비가 흠뻑 내렸네	時雨霈然
왕께서 대군과 연회를 여니	王宴君侯
북소리 둥둥둥 울리었네	其鼓淵淵
정자의 이름을 내려 주시니	錫之亭名
빛나는 영광 전에 없던 일이라	榮耀無前
대군이 머리 조아려	君侯稽首
하늘 같은 성상의 덕을 칭송하고	聖德如天
대군이 머리 조아려	君侯稽首

우리 임금 만수무강 축원하였네	我后萬年
문인의 손을 빌려서	思託文人
길이길이 전하고자 하니	以永厥傳
신이 절하고 글을 엮어	臣拜撰辭
선비들의 솔선이 되었네	爲多士先
저 화악산을 바라보니	瞻彼華峯
석벽에 새길 만하구나	維石可鐫
이 칭송하는 글을 새기어	刊此頌章
천만년토록 밝게 전하리	千古昭宣

하였다. ○ 김종직(金宗直)의 〈망원정(望遠亭)〉 시[78]에,

강가에 집을 지어 먼 경치 한눈에 드니	結構鰲頭控遠形
팔창에 연이어서 새 병풍을 펼친 듯하여라	八窓迤邐展新屛
난간 앞엔 바다로 흐르는 양화도 흰 물결이요	檻前朝海楊花白
성곽 밖엔 하늘로 솟은 무악이 푸르구나	郭外攙天毋嶽靑
저자에서 사람 돌아가니 화려한 배 저어 가고	小市人歸撑畫舫
먼 하늘에선 학이 내려와 물가에서 퍼덕이네	遙空鶴下颭回汀
그 옛날 어가가 거둥하여 농사일 살폈으니	翠華昔日曾觀稼
여기가 바로 서교의 희우정이라오	此是西郊喜雨亭

천지는 넓고 넓어 아득히 끝이 없는데	乾坤納納莽難窮

78 김종직(金宗直)의 망원정(望遠亭) 시 : 〈어제 망원정 시에 공경히 화답하다[恭和御製望遠亭詩]〉이다. 《佔畢齋集 詩集 卷19》

작은 누대에서 취한 늙은이 축수하네 一片樓臺壽醉翁
땅은 봉성과 연접하여 안개 낀 숲 어우러졌고 地接鳳城煙樹合
강물은 큰 바다로 들어가 사신길이 통하네 江輸鯷壑海査通
고기잡이 노래 간드러지니 비주객[79]이요 漁歌嫋嫋悲珠客
임금의 글씨 휘황하니 쇠뇌처럼 공교롭구나[80] 宸翰煌煌伏弩工
응당 초야의 사람이 노를 저어 오거든 應有野人來撥棹
악군이 달밤에 향기로운 이불을 덮어 주리[81] 鄂君香被月明中

하였다.

영복정(榮福亭) 서강(西江) 북쪽 강안에 있다. 양녕대군(讓寧大君)의 별장이다. 세조가 일찍이 행차하였을 때 손수 '영복'이라는 두 자를 써서 정자의 편액으로 삼고, 이어서 "일세를 영화롭게 하고 백 년을 복되게 한다.〔榮一世福百年〕"라는 여섯 자로 그 의미를 풀이하여 하사하였다.

풍월정(風月亭) 월산대군(月山大君)이 안국방(安國坊)의 저택 서쪽 동산에 정자를 지었다. 강정왕(康靖王)이 친히 찾아와서 '풍월'이라는 두 자를 하사하여 편액으로 삼고 여섯 수의 시를 지어 문신들에게 화답하게 하였다.

79 비주객(悲珠客) : 옛날에 물속에 사는 교인(鮫人)이 사람들 마을에 같이 살다가 주인과 헤어질 적에 슬피 울어 눈물이 진주가 되자 주인에게 주었다는 고사에서 온 말이다. 일반적으로 고기잡이하는 사람들을 비유한다.

80 쇠뇌처럼 공교롭구나 : 복노(伏弩)는 매복(埋伏)된 쇠뇌를 이르는데, 여기서는 곧 자획(字畫)이 힘차서 기세가 충천함을 비유한 말이다.

81 악군(鄂君)이……주리 : 옛날 월왕(越王)의 모제(母弟)인 악군 자석(鄂君子晳)을 어떤 월나라 사람이 매우 사모하여 노래하기를 "산에는 나무가 있고 나무엔 가지가 있는데, 나는 그대를 좋아하건만 그대는 알지 못하네.〔山有木兮木有枝, 心悅君兮君不知.〕" 하였는데, 마침내 악군이 수놓은 이불을 그에게 덮어 주었다는 고사에서 온 말이다.《說苑 善說》

○ 서거정(徐居正)의 시[82]에,

화려한 열두 난간이 푸른 못을 마주했는데	十二欄干面碧塘
높이 걸린 금빛 편액에 상의 은총이 빛나네	高懸金額動龍光
천지가 비밀히 아낀 곳이라 천년의 승경이요	天慳地秘千年勝
버들 그늘지고 꽃 밝아 초목은 향기롭구나	柳暗花明百和香
주렴 장막에 바람 부니 더위는 간데없고	簾幕受風全退暑
누대는 달빛 얻어 서늘한 기운이 이는구나	池臺得月嫩生涼
동평왕의 선 좋아한다는 말[83]을 흠잡을 이 없었거니	東平樂善人無間
계명구도로 어찌 일찍이 맹상군을 꾸짖으랴[84]	鷄狗何曾數孟嘗

하였다.

황화정(皇華亭) 두모포(豆毛浦) 북쪽 강안에 있다. 연산군이 이 정자를 지어서 놀러 다닐 곳으로 삼았다. 중종 때 제안대군(齊安大君)에게 하사하였다.

대은정(戴恩亭) 도성 남쪽 10리의 한강 서쪽 언덕에 있다. 인평대군(麟坪大君)의 정자이다.

82 서거정(徐居正)의 시 : 〈월산대군 풍월정 시에 응제하다(應製月山大君風月亭)〉이다. 《四佳集 四佳詩集 卷30》

83 동평왕(東平王)의……말 : 동평왕은 후한 광무제(後漢光武帝)의 여덟째 아들 유창(劉蒼)이다. 광무제가 그에게 "집에 있으면서 무슨 일이 가장 즐거우냐?"라고 묻자, 그가 대답하기를 "선행을 하는 것이 가장 즐겁습니다.(爲善最樂)"라고 했다는 데서 온 말이다. 《後漢書 光武十王列傳 東平憲王蒼》 여기서는 월산대군을 동평왕에 비의하여 인용한 것이다.

84 계명구도(鷄鳴狗盜)로……꾸짖으랴 : 계명구도는 닭 울음소리를 흉내 내거나 개처럼 도둑질을 하는 하찮은 재주를 의미한다. 맹상군이 진(秦)나라에 갔다가 이런 재주를 가진 사람 덕분에 위기를 모면한 일화가 있는데, 후세의 사론(史論)에 3000의 식객을 두었으면서 좋은 계책을 내놓는 모사가 아무도 없고 단지 계명구도로 모면했다고 오히려 맹상군을 비난하였다.

능원정(綾原亭) 대은정 오른쪽에 있다. 본래 유희발(柳希發)의 월파정(月波亭)인데, 후에 능원대군(綾原大君)이 그 터를 넓혀서 다시 지었다. ○ 본조 허적(許樀)의 시에,

높은 누각을 층진 바위 위에 새로 지었는데	高樓新架層巖上
잔잔한 호수 굽어보니 고요해 흐르지 않네	俯壓平湖澹不流
저도의 새벽빛이 멀리 물가에 떠오르고	楮島初暉浮遠渚
상림의 저녁놀이 긴 모래섬 둘러싸네	桑林晚靄鎖長洲
신선 경치 이 안에 있나 도리어 의아하더니	却疑眞境區中在
인재는 세상 밖에서 구한다는 말 비로소 미덥네	始信朝英物外求
고요히 안개 낀 강 바라보며 물고기 새와 함께하니	靜對煙波伴魚鳥
세상의 부귀영화가 모두 덧없구나	世間榮樂總悠悠

저물녘 돌아가던 배를 한강 모래밭에 정박하고	歸橈晚駐漢江洲
홀로 높은 누각에 올라 푸른 강물을 굽어보네	獨上危樓俯碧流
거센 바람에 풍이가 북을 치며 춤추고	風急馮夷檛鼓舞
저녁놀에 신녀가 구슬을 희롱하며 노네	日斜神女弄珠遊
서산의 붉고 푸른 산은 찬 달빛에 흐릿하고	西山紫翠寒光曖
북쪽 물가 자욱한 안개에 어둠이 떠 있네	北渚雲煙暝色浮
도성을 돌아보니 사람들은 소란스러운데	回首鳳城人擾擾
푸른 창은 적막하니 깊은 가을에 잠겨 있네	綠窓寥寂鎖深秋

하였다.

봉수 烽燧

목멱산 봉수(木覓山烽燧) 동쪽으로 첫 번째는 양주(楊州) 아차산(峨嵯山)에 응하니 바로 함경도와 강원도의 봉화이다. 두 번째는 광주(廣州) 천천현(穿川峴)에 응하니 바로 경상도의 봉화이다. 세 번째는 무악 동쪽 봉우리에 응하니 바로 평안도와 황해도 육로(陸路)의 봉화이다. 네 번째는 무악의 서쪽 봉우리에 응하니 바로 평안도와 황해도 해로(海路)의 봉화이다. 다섯 번째는 양천현(陽川縣) 개화산(開花山)에 응하니 바로 전라도와 충청도 해로의 봉화이다.

무악 봉수(毋岳烽燧) 동쪽 봉우리는 서쪽으로 고양군(高陽郡) 소질달산(所叱達山)에 응하고, 남쪽으로 목멱산 세 번째 봉화에 응한다. 서쪽 봉우리는 서쪽으로 고양군 봉현(蜂峴)에 응하고, 남쪽으로 목멱산 네 번째 봉화에 응한다.

우역 郵驛

노원역(盧原驛) 흥인문(興仁門) 밖 4리에 있다.

청파역(靑坡驛) 숭례문(崇禮門) 밖 3리에 있다.

○ 이상의 두 역은 병조에 직속되어 있다.

보제원(普濟院) 흥인문 밖 3리에 있다. 누각이 있어 기로들이 이곳에 모여 술을 마신 적이 있다. 조말생(趙末生)의 서문이 있다.

홍제원(洪濟院) 도성 서쪽 8리에 있다. 누각이 있으니 중국 사신들이 옷을 갈아입는 곳이다.

이태원(利泰院) 목멱산(木覓山) 남쪽에 있다.

전관원(箭串院) 전관교(箭串橋) 서북쪽에 있다.

관량 關梁

사현애(沙峴隘) 도성 서쪽에 있다. 세속에서 사현(沙峴)이라고 부른다. 북쪽으로 인왕산(仁王山)과 연이어 있고 남쪽으로는 무악(毋岳)과 이어져 있는데 중간에 길 하나가 바로 성곽 밖 관애(關隘) 지역과 통한다. 명나라 동월(董越)이 지은 《조선부(朝鮮賦)》에 "홍제원(洪濟院)에서 동쪽으로 몇 리 가지 않아서 하늘이 만든 관애가 하나 있는데 남쪽과 북쪽이 모두 산으로 막혀 있고 가운데로 기마 하나가 통행할 정도이니 더할 수 없이 험한 지역이다." 하였다.

광통교(廣通橋) 대광통교와 소광통교 두개가 모두 도성 안 종루(鍾樓) 남쪽 거리에 있다.

혜정교(惠政橋) 종루 서쪽 거리에 있다. 혜정교의 동쪽에 앙부일구대(仰釜日晷臺)가 있다.

통운교(通雲橋) 종루 동쪽에 있다.

연지동교(蓮池洞橋) 통운교 동쪽에 있다.

동교(東橋) 연지동교 동쪽에 있다.

광제교(廣濟橋) 광통교 동쪽에 있다.

장통교(長通橋) 광제교 동쪽에 있다.

수표교(水標橋) 장통교 동쪽에 있다. 다리 서쪽 수중에 돌을 세워 척촌(尺寸)으로 숫자를 새겨 표시하였으니, 무릇 비가 내릴 때 물의 깊이를 알기 위한 것이다.

신교(新橋) 수표교 동쪽에 있다.

영풍교(永豐橋) 신교 동쪽에 있다.

대평교(大平橋) 영풍교 동쪽에 있다.

○ 이상의 다리들은 모두 도성 가운데 있는데 개천에 걸쳐 있다.

영도교(永渡橋) 홍인문 밖 2리에 있는데 개천 하류에 걸쳐 있다. 다리 머리에 '영도교' 세 자를 새긴 비석이 있다.

제반교(濟盤橋) 도성에서 15리 떨어진 살곶이〔箭串〕 들녘에 있다.

홍제교(洪濟橋) 도성 서쪽 10리 홍제원 옆에 있다.

삼전도(三田渡) 도성에서 30리 떨어진 광주(廣州)와의 경계에 있으니 바로 한강 나루터이다. 도승(渡丞) 1명을 배치하여 사람들의 출입을 기찰하였다.

한강도(漢江渡) 예전에는 사평도(沙平渡)라고 불렀고, 세속에서는 사리진(沙里津)이라고 부른다. 도성 동남쪽 10리 목멱산 바깥쪽에 있다. 도승 1명을 배치하였다. ○ 본조 김세렴(金世濂)의 시에,

강 머리 군함에 청룡 깃발 빽빽하니	江頭舸艦簇青龍
예로부터 긴 나루는 사방을 제어했네	從古長津控四衝
온종일 행인이 끊임없이 오고 가니	盡日行人來苒苒
늦봄 아지랑이에 푸른 물결 넘실거리네	暮春煙浪綠溶溶

하였다.

노량도(露梁渡) 또 다른 이름은 노량도(鷺梁渡)이다. 도성 남쪽 10리에 있다. 도승 1명이 있다. 그 북쪽 강안에 모래밭이 넓고 평평한데 요즘은 경군(京軍)이 훈련하는 장소가 되었다.

양화도(楊花渡) 도성 서쪽 14리에 있다. 도승 1명이 있다. 노량도와 함께 역시 모두 한강의 나루터이다. ○ 명나라 사신 예겸(倪謙)의 시에서 "한강의

옛 나루를 양화라고 한다."라고 한 것이 바로 이곳이다.

사묘 祠廟

백악신사(白嶽神祠) 백악 정상에 있다. 매년 봄가을로 초제(醮祭)를 행한다. ○ 중악인 삼각산에 대한 제사도 이곳에 나와서 지낸다. 삼각산의 신은 북쪽에 있으면서 남쪽을 향해 있고, 백악의 신은 동쪽에 있으면서 서쪽을 향해 있다.

목멱신사(木覓神祠) 목멱산 정상에 있다. 매년 봄가을로 초제를 행한다.

한강단(漢江壇) 한강 나루 북쪽 강안에 있다. 매년 봄가을로 치제한다.

관왕묘(關王廟) 두 개가 있는데, 하나는 숭례문 밖 3리에 있고, 또 하나는 흥인문 밖 3리에 있다. 촉한의 장군 관우(關羽)의 사당이다. 만력 정유년(1597, 선조30) 중국의 장수와 관리들이 왜적을 정벌할 때에 세운 것이다.

능묘 陵墓

정릉(貞陵) 성 동쪽 혜화문(惠化門) 밖 5리에 있다. 신덕왕후(神德王后)의 능이다. 태조 초에 도성 안 황화방(皇華坊)에 장사하였는데, 태종 초에 -이하 원문 결락-

사찰 寺刹

장의사(藏義寺) 창의문 밖에 있다. 신라와 백제 군사가 황산벌에서 싸울 때에 장춘랑(長春郎)과 파랑(罷郎)이 진중에서 죽었는데, 태종무열왕(太宗武烈王)이 두 사람을 위하여 이 절을 창건하였다. ○ 본조 정이오(鄭以吾)의 시에,

시냇물 끊긴 곳에 층진 얼음 쌓였는데　　澗絶層氷積
바람이 노호하니 온갖 것이 울어 댄다　　風號萬竅鳴
산 모습은 겨울에 더욱 수척하고　　山形冬更瘦
눈빛은 밤이 되자 오히려 밝구나　　雪色夜猶明
외로운 탑은 달빛에 그림자 드리우고　　孤塔月中影
드문드문 종소리 구름 너머 들려오네　　疏鍾雲外聲
향을 태우니 선실이 따뜻한데　　焚香禪室燠
단정히 앉으니 더할 수 없이 맑구나　　端坐不勝淸

하였다.

향림사(香林寺) 삼각산에 있다. ○ 고려 현종 경술년(1010, 현종1) 난리 때에 태조의 재궁을 이 절로 옮겨 모셨다가 현종 7년 병진년에 다시 현릉에 장사하였으며, 9년에 거란(契丹) 소손녕(蕭遜寧)이 침략해 오자 또 이곳에 옮겨 모셨다가 10년에 다시 현릉에 장사하였다.

중흥사(重興寺) 삼각산 중흥동(重興洞)에 있다. ○ 고려 승려 보우(普愚)가 일찍이 이 절의 동쪽 봉우리에 살면서 '태고(太古)'라고 편액을 달았다. 그가 죽자 이색(李穡)이 비명을 지었다.

승가사(僧伽寺) 삼각산에 있다. ○ 고려 이오(李顊)가 쓴 〈승가사중수기〉에 이르기를 "최치원(崔致遠)의 문집에, 신라 낭적사(狼迹寺)의 승려 수태(秀台)가 경치 좋은 곳을 골라서 삼각산 남쪽에 바위를 깎아 굴을 만들고 바위에 승려의 형상을 새겼다고 하였는데 그것이 바로 이 절이다." 하였다.

○ 본조 정인지의 시에,

가파른 바위 산길도 험한데　巉巖山路險
지팡이 짚고 다시 덩굴을 부여잡네　携杖更攀蘿
암자 처마 가엔 가던 구름 머물고　簷際行雲宿
창 앞에는 쏟아지는 폭포가 많구나　窓前瀉瀑多
차 끓이는 다관은 보글보글 울리고　煮茶甁細叫
물 긷는 우물엔 조그맣게 물결 이네　汲水井微波
몇몇 고승이 살면서　數箇高僧在
공을 관조하다 더러 노래 부르네　觀空或放歌

하였다.

진관사(津寬寺) 삼각산에 있다. 본래 고려의 옛 사찰이었는데 본조 태조가 수륙사단(水陸社壇)을 증축하였다.

적석사(積石寺) 삼각산에 있다.

청량사(清涼寺) 삼각산에 있다. 고려 이자현(李資玄)이 춘주(春州) 청평산(清平山)에 있었는데, 예종(睿宗)이 남경에 행차하여 불러서 행재소에 나아갔으나 돌아가기를 청하며 왕명을 따르지 않고 청량사에 머물러 있었으니, 바로 이 절이다.

삼천사(三川寺) 삼각산에 있다. 고려 이영간(李靈幹)이 지은 비명이 있다.

문수사(文殊寺) 삼각산에 있다. ○ 고려 이장용(李藏用)의 시에,

기이하다 세상에 없는 청련궁일세　奇哉不世青蓮宮
법계 현관 열릴 줄 누가 알리오　誰識法界玄關闢
석굴이 크게 열린 곳에 돌이끼 아롱지고　石窟呀開苔蘚斑
숲속의 감실 빛나고 단청이 눈부시네　林龕眩晃丹青射

내가 왔을 때 마침 가을 풍경 만나니	我來適值雲物秋
중이 저녁 산색 감상하라 만류하네	僧留勸賞山色夕
처마 앞의 봉우리들은 옥을 깎아 놓은 듯	倚簷列岫玉嵯峨
난간 앞의 먼 숲은 비단을 깔아 놓은 듯	當檻遙林錦狼藉
선탑의 고요하고 적막함이 가장 좋으니	最憐禪榻靜寥廓
잠시 포단을 빌려 편안한 몸 맡기네	暫借蒲團寄安適
천태산의 손 들어 부르는 이 따르려 했더니[85]	擬追台崖招手人
여산의 눈살 찌푸리던 손에게 부끄럽네[86]	却愧廬嶽攢眉客

하였다. ○ 고려 승 탄연(坦然)의 시에,

한 칸 방이 어찌 그리 쓸쓸한가	一室何寥廓
세상만사 인연 모두 적막하구나	萬緣俱寂寞
길은 바위틈을 뚫고 통해 있고	路穿石罅通
샘은 벼랑을 지나 떨어지네	泉透雲根落
밝은 달 계수나무 처마 기둥 비추고	皓月桂簷楹
서늘한 바람은 숲 골짝에 일어나네	涼風動林壑
누가 저 상인을 따라서	誰從彼上人
맑게 앉아 참된 즐거움 배우랴	淸坐學眞樂

85 천태산(天台山)의……했더니 : 천태산 벼랑은 신선이 왕래한다는 전설이 있는 곳인데, 이백(李白)의 〈초산에서 송료산을 바라보며〔焦山望松寥山〕〉에 "신선이 나를 사랑한다면, 손을 들고 와 부르리라.〔仙人如愛我, 擧手來相招.〕"라는 구절이 있다.

86 여산(廬山)의……부끄럽네 : 진(晉)나라 혜원사(惠遠師)가 도잠(陶潛)더러 자주 연사(蓮社)에 들라고 권하자, 도잠이 눈썹을 찡그리고 갔다는 일화가 있다. 《周續之 廬山記》 여기서도 문수사(文殊寺)의 중이 이장용(李藏用)을 만류해 머물게 하였는데, 자신은 이곳에 머물면서 편안히 쉬고 있으니 예전에 눈살을 찌푸리던 도잠에게 부끄럽다는 의미로 쓴 것이다.

하였다.

도성암(道成菴) 삼각산 동쪽에 있다.

고적 古蹟

북한산성(北漢山城) 삼각산 중흥동에 있다. 산꼭대기를 따라 걸쳐 있으면서 골짝 입구까지 와서 끝나는데, 석문의 둘레는 9400자이다. 바로 삼국 시대의 북한산성이니 세속에서는 중흥동석성(重興洞石城)이라고 칭한다. 가운데에 산봉우리가 솟아올라 있는 것이 노적가리와 같다 하여 '노적봉(露積峯)'이라고 부른다.

장한성(長漢城) 한강 가에 있다. 신라 때의 중요한 진영이다. 예전에 고구려가 차지하고 있던 곳인데 신라인이 군사를 동원해 빼앗고 〈장한성가(長漢城歌)〉를 지어 그 공덕을 기념하였다. ○ 살펴보건대 지금의 광진(廣津) 가 아차산(峨嵯山) 동쪽 언덕에 한강을 굽어보는 옛 토성이 있는데 삼국 시대에 방수하던 곳이라고 전해 오니, 아마도 바로 이 성인 듯하다. 양주(楊州)에 보인다.

성락영(星落營) 신라 무열왕(武烈王) 때에 고구려와 말갈(靺鞨)이 군대를 연합하여 신라 술천성(述川城)을 공격하다가 이기지 못하자 군사를 옮겨 북한산성을 공격하였다. 고구려는 그 서쪽에 진영을 치고 말갈은 그 동쪽에 주둔하여 포위하고 공격하기를 열흘이나 하니 성중이 위태로웠는데, 갑자기 큰 별이 고구려 진영에 떨어지고 또 우레와 벼락이 치니, 고구려 장수들이 의혹되고 놀라서 말갈군과 함께 포위를 풀고 떠났다.

면악(面嶽) 고려 숙종(肅宗) 9년(1104)에 최사추(崔思諏), 윤관(尹瓘) 등에

게 명하여 남경(南京)을 설치할 땅을 살펴보게 하였다. 최사추가 돌아와 아뢰기를 "신들이 노원역(盧原驛), 해촌(海村), 용산(龍山) 여러 곳에 나아가 산수를 자세히 살펴보았는데 도읍을 세우기에 적합하지 않았고, 오직 삼각산 면악의 남쪽만이 산수의 형세가 고문(古文)에 부합하였습니다. 면악의 원줄기 중심에 임좌병향(壬坐丙向)으로 터를 잡아서 형세를 따라 도읍을 세우되 형세를 따라서 동쪽으로는 대봉(大峯)까지, 남쪽으로는 사리(沙里)까지, 서쪽으로는 기봉(岐峯)까지, 북쪽으로는 면악까지를 경계로 삼으소서." 하였다. ○ 이제 살펴보건대 면악은 백악(白嶽)인 듯하다.

부원폐현(富原廢縣) 도성 서쪽 10리에 있다. 본래 과천현 용산이 있던 곳이다. 고려 충렬왕 때 승격하여 부원현(富原縣)이 되었다. 본조 초기에 고양군(高陽郡)에 병합되었다가 또 경저(京底) 10리의 땅을 한성부에 편입하였으므로 지금은 용산리(龍山里)로 일컬어진다.

옛 정릉(貞陵) 서부 황화방(皇華坊)에 있다. ○ 홍무(洪武) 정축년(1397, 태조6)에 태조가 이곳에 신덕왕후(神德王后)를 장사 지냈다. 지금은 도성 동쪽 혜화문(惠化門) 밖 5리로 이장하였다.

연희궁(衍禧宮) 무악산 서쪽에 있다. 공정왕(恭靖王)이 태종에게 전위하고 이 궁에서 한가로이 살았다. 궁이 지금은 없어지고 유지만 남았다. 예전에는 양주(楊州)에 속했으나 지금은 도성 10리 안의 이곳으로 옮겼다.

인경궁(仁慶宮) 도성 안 인왕산 아래에 있다. 광해군 때에 민가를 철거하고 지었는데 효종 때 철거하였다.

신혈사(神穴寺) 삼각산에 있다. 고려 현종(顯宗)이 일찍이 천추태후(千秋太后)의 미움을 받아서 출가하여 이 절에 머물고 있었는데 태후가 자주 사람을 보내 해치려고 하니, 절에 있던 노승이 내실에 땅을 파고 그를 숨긴 뒤

위에 침상을 두어 불측한 화를 방비하였다. 하루는 왕이 우연히 〈시냇물〔溪水〕〉이란 시를 지었는데, 그 내용에,

한 줄기 시내가 백운봉에서 나와	一條流出白雲峯
머나먼 바다로 길이 절로 통하였네	萬里滄溟路自通
바위 아래에서 졸졸 흐른다고 말하지 마오	莫道潺湲巖下在
머지않은 날 용궁에 이를 걸세	不多時日到龍宮

하였다. 목종(穆宗)이 위독해지자 그를 불러들여서 즉위하게 하였다.

흥천사(興天寺) 예전에 서부 황화방(皇華坊)에 있었다. 태조가 정릉(貞陵)에 신덕왕후를 장사 지내고 그 동쪽에 절을 세웠으니, 이것이 선종(禪宗)이 되었다. 권근(權近)에게 명하여 기문을 짓게 하였다.[87] 후에 능은 다른 곳으로 옮겼으나 절은 여전히 그대로 있었는데, 혜장왕(惠莊王 세조)이 큰 종을 주조하여 달아 두었다. 지금은 절이 없어지고 민간 마을이 되었다.

흥덕사(興德寺) 예전에 동부 연희방(燕喜坊)에 있었다. 공정왕(恭靖王)이 잠저에 있을 적에 옛집의 동쪽에 별도로 덕안전(德安殿)을 지어서 희사하여 절로 삼았으니, 이것이 교종(敎宗)이 되었다. 후에 절은 없어지고 민간 마을이 되었다.

원각사(圓覺寺) 예전에 중부 경행방(慶幸坊)에 있었다. 옛 이름은 흥복사(興福寺)이다. 태조 때에 조계종(曹溪宗) 본사가 되었는데 뒤에 폐지되어 관청이 되었다. 세조 때에 다시 창건하여 원각사라고 불렀는데, 기둥을 헤아려 보면 300여 개나 되고 금빛 찬란한 전각이 비할 데가 없었으며, 뜰 가운데

87 권근(權近)에게……하였다 : 〈정릉원당 조계종본사 흥천사 조성기(貞陵願堂曹溪宗本社興天寺造成記)〉이다. 《陽村集 卷12》

13층 석탑을 세우고 또 김수온(金守溫)에게 비문을 짓게 하였다. 지금은 절이 없어지고 그 터는 민가가 되었는데 탑과 비는 아직도 남아 있다.

소격서(昭格署) 예전에 북부 진장방(鎭長坊)에 있었다. 삼청전(三淸殿)을 두어서 삼청 성신에 대한 초제(醮祭)를 관장하였다.[88] 중종 때 조광조(趙光祖)가 아뢰어 파하였다가 기묘년(1519, 중종14) 이후에 남곤(南袞) 등이 다시 개설하였고, 선조(宣祖)[89] 때에 이르러서야 영원히 혁파하였다. 그 골짜기가 맑고 깊숙하여 도성 안 제일의 명소였으므로 삼청동(三淸洞)이라고 하였다. 최숙정(崔淑精)이 일찍이 유람하고 시를 짓기를,

사방에 바위와 골짝이 연이어져	四面連巖壑
삼청동은 아득히 속세를 떠났네	三淸逈絶塵
산중에 가랑비가 촉촉이 내리니	山中微雨足
돌계단 위 낙화가 새롭구나	階上落花新
마치 모녀[90]를 만난 듯하고	髣髴逢毛女
어렴풋이 신선을 본 듯도 하이	依俙見羽人
도가에는 많은 일이 있으니	道流多事在

88 삼청전(三淸殿)을……관장하였다 : 초기에 소격서의 삼청전과 태일전(太一殿)에서 옥황상제, 태상노군(太上老君), 보화천존(普化天尊), 재동제군(梓童諸君), 칠성제수(七星諸宿), 사해용왕(四海龍王), 명부시왕(冥府十王), 수부제신(水府諸神) 등 이른바 삼청 성신이라는 도가(道家)의 신에게 제사하는 것을 담당하였다.

89 선조(宣祖) : 대본에는 없는데, 《신증동국여지승람》에 의하면 소격서는 1519년(중종14)에 폐지되었다가 1530년에 다시 설치되었고 선조 임진란 뒤에 영구히 폐지되었으므로 보충하여 번역하였다.

90 모녀(毛女) : 중국 화산(華山)에 산다고 전해지는 선녀인데, 온몸에 털이 나서 모녀라고 불린다. 《列仙傳 毛女》

한밤중에 또 진인을 보리라 半夜又朝眞

하였다.

담담정(淡淡亭) 옛터는 마포 북쪽에 있다. 안평대군(安平大君) 이용(李瑢)이 호숫가에 이 정자를 짓고 만권의 서책을 보관하였다. 문사들을 초청하여 〈십이경시(十二景詩)〉를 짓고 또 〈사십팔영(四十八詠)〉을 지었으며 혹은 한밤까지 등불을 켜고 잔치를 하고 혹은 달밤에 배를 띄우고 놀면서 연구(聯句)를 짓고 시를 수창하여 당대의 명사로 왕래하지 않는 이가 없었다. 안평대군이 죽은 뒤에 신숙주(申叔舟)의 소유가 되었는데 지금은 정자는 없어지고 유지가 남아 있다. ○ 강희맹(姜希孟)의 시[91]에,

찬 구름 아득하고 강물은 유유한데 寒雲漠漠水悠悠
양안의 푸른 단풍 무궁한 시름이라 兩岸青楓無盡愁
외로운 등 마주하고 긴 밤 보내는데 坐對孤燈過夜半
온 강의 비바람에 강가가 어둑하네 一江風雨暗蒼洲

하였다.

토정(土亭) 마포 가에 있다. 본조 선조 때에 이지함(李之菡)이 지은 것이다. 이지함은 고상한 행실과 남다른 식견이 있어 세상을 희롱하며 은거하였는데 일찍이 흙으로 작은 정자를 짓고는 스스로 '토정거사(土亭居士)'라고 호칭하였다. 지금 유지가 남아 있어 여전히 그 땅을 토정이라고 칭한다.

유관(柳寬) **집** 성 동쪽 흥인문(興仁門) 밖에 있다. 그 집터가 후에 외손에게 전해져서 지금은 이수광(李睟光)이 거처하는 곳이 되었다. 이수광이 일찍

91 강희맹(姜希孟)의 시 : 〈담담정 십이영(淡淡亭十二詠)〉 중 〈마포 밤비〔麻浦夜雨〕〉이다. 《私淑齋集 卷1》

이 초당을 따로 짓고서 유관이 비가 올 때 우산으로 비를 가렸던 고사를 취하여 비우당(庇雨堂)[92]이라고 명명하였다.

안평대군(安平大君) **집** □□방 □□□□에 있으니 바로 안평대군 이용(李瑢)이 살던 곳이다. 이용이 일찍이 서당을 지어서 '비해당(匪懈堂)'이라고 명명하고 날마다 문인(文人)들을 모아서 그 안에서 재주를 겨루며 노닐었다. 후에 당이 무너지고 나서 광해군 때에 인왕산 아래에 인경궁(仁慶宮)을 세우면서 그 땅이 궁궐터로 편입되었다가 지금은 궁이 허물어져서 민가 마을이 되어 □□위(尉)의 거처가 되었다.

조광조(趙光祖) **집** 관덕방(觀德坊) 타락산(駝駱山) 기슭에 있다. 조광조가 일찍이 그 서실을 정암(靜菴)이라고 명명하였다. 그 터가 지금은 판서(判書) 김신국(金藎國)의 정원과 정자가 되었다.

정광필(鄭光弼) **집** -이하 원문 결락-

명환 名宦

신라

변품(邊品) 진평왕(眞平王) 때에 북한산주 도독(北漢山州都督)이 되었는데 참덕(譖德)의 아들 해론(奚論)과 함께 군사를 일으켜 백제의 가잠성(椵岑

92 비우당(庇雨堂) : 이수광이 외5대조인 유관(柳寬)의 집터에 초당을 짓고 조상의 청렴한 기상을 기술한 〈동원비우당기(東園庇雨堂記)〉가 있다. 《芝峯集 卷21》

城)을 습격해 취하였다.[93]

김대문(金大問) 성덕왕(聖德王) 3년(704)에 북한산 도독이 되었다.

총명(聰明) 헌덕왕(憲德王) 17년(825)에 북한산 도독이 되었다. 김헌창(金憲昌)의 아들 김범문(金梵文)이 고달산(高達山) 도적인 수신(壽神) 등 100여 인과 함께 모반을 일으켜 북한산주에 도성을 세우고자 하였으나[94] 총명이 병사를 거느리고 사로잡아 죽였다.

고려

한문준(韓文俊) 인종조(仁宗朝)에 남경 부유수(南京副留守)가 되어 은혜로운 정사를 베풀었다.

유응규(庾應圭) 의종(毅宗) 때에 남경 수령으로 나갔는데 정사가 청렴하고 대범하여 남에게서 지푸라기 하나도 받지 않았다. 한번은 그 처가 젖병을 앓아서 나물국만 마시고 있었는데, 관아의 아전이 몰래 닭 한 마리를 주었다. 처가 말하기를 "남편은 평소 남의 선물을 받은 적이 없는데, 어찌 내가 먹는 것 때문에 청렴한 덕에 누를 끼칠 수 있겠는가."라고 하니, 아전이 부끄러워하면서 물러갔다.

오형(吳詗) 원종(元宗) 때에 동궁시학사로 과거에 급제하여 남경 사록(南京

93 진평왕(眞平王)……취하였다 : 618년(진평왕40) 북한산주 도독 변품(邊品)이 금산당주(金山幢主) 해론(奚論)과 함께 가잠성(椵岑城)을 습격하여 빼앗았다. 《三國史記 卷47 奚論列傳》

94 김헌창(金憲昌)의……하였으나 : 고달산의 농민군이 김범문과 함께 일으킨 농민 항쟁을 말한다. 김헌창의 반란이 실패한 후 피신해 있던 김헌창의 아들 김범문은 3년 뒤인 825년(헌덕왕17) 수신이 이끌던 고달산 즉, 지금의 여주 농민군 100여 인과 함께 반란을 일으켰다. 이들은 수도를 평양(平壤) 즉 현재 서울 부근의 남평양에 정하려고 북한산주를 공격했으나 북한산주 도독 총명이 이끄는 토벌군에 의해 진압되었다. 《三國史記 卷10 新羅本紀 憲德王》

司錄)으로 조용되었다. 재임 중에 너그럽고 소탈하여 화려함이 없었으며 일의 대체를 알았다.

왕규(王珪) 남경 유수(南京留守)가 되어 은혜로운 정사가 있었다.

홍자번(洪子藩) 남경 유수 판관이 되어 백성들에게 끼친 혜택이 있었다.

윤선좌(尹宣佐) 충숙왕(忠肅王) 때에 민부 전서(民部典書)로 있다가 외직인 한양 윤(漢陽尹)이 되었다. 얼마 뒤에 왕과 공주가 용산(龍山)에 가서 좌우에게 이르기를 "윤 판윤이 청렴 검소하기 때문에 백성을 다스리게 한 것이니 너희들은 조심하여 부디 어지럽히지 말라." 하였다.

정해(鄭瑎) 충선왕(忠宣王) 때에 남경 유수가 되었는데 일을 당해서도 흔들리지 않았으며 은혜로운 정사가 많았다.

박달상(朴達祥) 공민왕(恭愍王) 때 한양 윤이 되었다.

본조

심덕부(沈德符) 국초에 영삼사사(領三司事)로 도성을 축성하는 일을 감독하였다.

이원(李原) 공정왕(恭定王) 때 두 번이나 한성부 판사를 맡았는데 일을 처결하는 것이 분명하고 신중하였다.

한확(韓確) 장헌왕(莊憲王) 때 한성부 판사가 되었는데 복잡하고 어려운 일을 다스리면서 판결이 모두 합당하였다.

이석형(李石亨) 세조(世祖) 때 한성부 판사가 되었다. 당시에 호패법을 설행하였는데 5년이 되어도 제대로 되지 않자 특별히 이석형을 제수하여 총괄해 다스리게 하였다.

안당(安瑭) 공희왕(恭僖王) 때에 한성부 판윤이 되었다. 반드시 법대로 집행하고 송사(訟事)에 시시비비를 잘 살펴서 일찍이 권세에 꺾인 적이 없으니, 청탁이 감히 이르지 못하였다.

유우 流寓

민제(閔霽) 그 선조는 여흥(驪興) 사람인데 대대로 개성부에 거주하였다. 고려 말에 한양 윤이 되었다가 태조가 개국하자 우복야(右僕射)가 되어서 관직을 따라서 옮겨 살았다. 태종이 즉위하자 왕비의 아버지로 여흥부원군(驪興府院君)에 봉해졌다. 병이 깊어지자 왕이 그 집에 행행하였다.

황희(黃喜) 본래 장수현(長水縣) 사람인데 본조 초기에 관직을 따라서 경도에 자리 잡았다. 세종조에 영의정이 되어 재상부에 있은 지가 모두 24년이었는데 국사를 논의하고 결정하는 데 관대하기를 힘썼다. 집에 있을 때에 한번은 혼자 정원을 거닐고 있었는데 이웃의 짓궂은 아이가 돌을 던져서 한창 익어 가던 배가 마당에 가득 떨어졌다. 황희가 하인을 부르자 짓궂던 아이들은 반드시 자기를 잡아가리라 여겨서 모두 도망가 어두컴컴한 데 숨어 버렸다. 하인이 이르자 황희가 말하기를 "광주리를 가지고 와서 배를 가져다 이웃 아이에게 주거라." 하고는 끝내 한마디 불평도 없었으니, 그 도량이 이와 같다.

허조(許稠) 본래 하양현(河陽縣) 사람인데 본조 초기에 벼슬을 하면서 그대로 한양에 자리 잡았다. 장헌왕(莊憲王) 때에 좌의정이 되어 세간에서 훌륭한 재상이라고 칭해졌으며, 법을 엄정하게 지켜 사람들이 감히 사심을 부리지 못하였다. 형인 허주(許周)가 한성부 판사로 벼슬을 그만두고 집에 있었는데, 허조는 정부에서 합좌하는 일이 있을 때마다 새벽에 일어나 반드시 먼저 허주의 집에 나아가 시종들을 물리고 수레에서 내려 걸어서 들어갔으며, 허주도 그가 반드시 올 것을 알고는 밤마다 의관을 바로 하고 등불을 켜 두고 자리를 마련해 기다리고 있다가 허조가 이르면 반드시 술을 한두 잔 따라 주었다. 허조가 오늘 정부에 어떤 일이 생겼는데 어떻게 처리해야 하겠냐고 물으면, 허주는 "내 생각에는 이치상 이러이러해야 한다."라고 말하였다. 허조가 일을 결정하고 물러나 기뻐하며 말하기를 "사람들이 현명한 부형이 있는 것을 좋아한다[95]는 것은 이를 두고 말한 것이다."라고 하였다. 아우인 허척(許倜)은 벼슬이 2품까지 이르렀으며 또한 직간(直諫)으로 당세에 이름이 알려졌다.

유관(柳寬) 그 선조는 유주(儒州 황해도 문화) 사람이다. 집안 대대로 개성에 살았는데 국초에 한성부로 집안을 옮겼다. 장헌왕 때에 우의정으로 치사하였는데 세간에서 훌륭한 재상이라고 칭하였다. 유관은 평소 청렴하고 가난하여 사는 곳이 사립문 달린 초가집뿐이었다. 재상에 임명되고 나서 사람들이 대문과 담장을 세울 것을 권하니, 유관이 말하기를 "이제 재상이 되어서 아직 나랏일에 보탬이 없는데 개인 집부터 짓는 것이 옳겠는가." 하였다. 한번은 장맛비로 지붕의 물이 새자, 유관이 손수 우산을 받쳐 들고 비를 가리면서 걱정스레 말하기를 "우산이 없는 사람은 어떻게 감당할꼬?" 하니, 부인이 "우산이 없는 사람은 집이 반드시 좋을 것입니다."라고 하자, 유관은 다만 웃을 뿐이었다. 태종은 유관의 청빈함을 알고서 선공

95 사람들이……좋아한다 : 《맹자》 〈이루 하(離婁下)〉에 "중도에 맞는 자가 중도에 맞지 않는 자를 길러 주고 재주 있는 자가 재주 없는 자를 길러 주므로 사람들이 훌륭한 부형이 있는 것을 즐거워한다.〔中也養不中, 才也養不才, 故人樂有賢父兄也.〕"라고 한 구절을 인용한 것이다. 여기서는 허조가 허주의 도움을 받은 것을 두고 말한 것이다.

감(繕工監)에 명하여 밤에 그의 집에 바자(杷子)를 설치해 주되 그가 알지 못하게 하였다.

인물 人物

고려

한종유(韓宗愈) 용모가 뛰어나고 몸집이 커서 바라보면 의젓하였다. 젊었을 적에 성품이 호방하고 법도에 매이지 않아서 하루도 빠짐없이 당시의 명사(名士)들과 함께 어울려 술을 마셨는데 취하면 곧 일어나서 〈양화사(楊花詞)〉[96]를 부르며 춤을 추었기에 '양화도(楊花徒)'라고 불렸다. 충렬왕(忠烈王) 때에 과거에 급제하였고, 충숙왕(忠肅王) 때에 여러 차례 승진해서 예문관 응교가 되었다. 당시 왕이 원(元)나라에 머물러 있었는데 심왕(瀋王)[97]이 왕과 대립하여 고려 신하들이 자못 흔들렸다. 한종유가 분개하고 왕을 위해 송사하여 이에 이조년(李兆年) 등과 함께 글을 지어 원나라에 가서 바쳤다. 후에 왕이 발탁하여 대언(代言)으로 삼았다. 충목왕(忠穆王)이 어린 나이로 뒤를 이어 즉위하자 한종유가 황제의 조서를 받들어 정

96 양화사(楊花詞) : 한종유(韓宗愈)가 지은 시로 "비바람을 기다렸는데 맑은 바람 버들을 날리어 황각 안에 이르렀네.[待如晦, 淸風飛楊, 到黃閣中.]"라는 내용이다. 이 시의 뜻은 난세를 예상하였는데 뜻밖에 좋은 세상을 만나 높은 지위에 오르게 되었음을 의미한 것이다. 《동문선(東文選)》과 《고려사절요(高麗史節要)》에 이 노래가 있다.

97 심왕(瀋王) : 충선왕(忠宣王)의 조카인 심양왕(瀋陽王) 왕고(王暠)를 말한다. 당시 충선왕의 장자인 충숙왕(忠肅王)과 고려 국왕의 자리를 놓고 치열한 쟁탈전을 벌였는데, 신하들도 이에 따라 지지하는 파가 갈라져 대립하였다.

사를 도와서 우정승에 임명되었다. 후에 부원군으로 은퇴하여 고향에서 노년을 보냈다. 시호는 문절(文節)이다.

본조

조인벽(趙仁壁), 조인옥(趙仁沃) 모두 함경도(咸鏡道) 덕원부(德源府)에 보인다.

조온(趙溫) 삼사 좌사(三司左使)인 조인벽의 아들이다. 그 모친은 바로 우리 태조의 누이[98]이다. 태조를 따라서 개국 공신(開國功臣)이 되었으며, 태종조에 또 정사 공신(定社功臣)과 좌명 공신(佐命功臣)에 참여하여 한천부원군(漢川府院君)에 봉해졌다.

조연(趙涓) 조온의 아우이다. 태조를 따라서 개국 공신이 되었으며 항상 운검(雲劍)으로서 임금 곁을 떠나지 않았다. 태종조에 우의정에 임명되었고 한평부원군(漢平府院君)에 봉해졌다. 아들 조혜(趙惠)는 벼슬이 판중추원사에 이르렀다.

조영무(趙英茂) 태조를 따라서 개국 공신에 책봉되었으며 승진하여 벼슬이 정승에 이르렀고 한산부원군(漢山府院君)에 봉해졌다.

조말생(趙末生) 공정왕(恭定王) 초에 문과에 장원하였고, 장헌왕(莊憲王)이 매우 중한 인재로 대우하였다. 벼슬이 영중추원사에 이르렀으며 시호는 문강(文剛)이다.

이용(李瑢) 세종의 셋째 아들로 안평대군(安平大君)에 봉해졌다. 학문을 좋아하고 시를 잘하며 글을 잘 지었으며 서법(書法)이 기묘하여 천하제일이

98 태조의 누이 : 태조 이성계(李成桂)의 누이 정화공주(貞和公主)를 말한다.

라 하였다. 또 그림과 금슬(琴瑟)에도 뛰어났으며 옛것을 좋아하고 선비를 아끼어 당시 이름난 학자들이 모두 초빙에 참여하였다. 호는 비해당(匪懈堂)이다.

이부(李溥) 아버지는 세종의 다섯째 아들인 광평대군(廣平大君) 이여(李璵)이다. 이여는 경전에 널리 통달하였고 선을 좋아하여 해이하지 않았으며 서법, 활쏘기와 말타기, 음률, 산수까지 모두 신묘한 경지에 이르렀으나 나이 20에 졸하였다. 이부는 영순군(永順君)에 봉해졌다. 어려서부터 삼가고 아량이 있었으며 글을 잘 지었다. 세조 때에 등준시(登俊試)에 합격하였고 적개 공신(敵愾功臣), 익대 공신(翊戴功臣)에 참여하였다. 세 조정을 차례로 섬기는 동안 국정의 기밀을 관장하였으며, 억울한 일을 당한 사람을 만나면 신원해 준 경우가 많았다. 살던 집이 안국방(安國坊)에 있었는데 몇 칸의 건물을 세워서 수천 권의 서적을 모아 놓고서 매양 공무를 마치고 물러난 뒤엔 바르게 앉아서 손에서 책을 놓지 않았다. 마음을 보존하고 공경하고 조심하여 종실의 의표(儀表)가 되었다. 성종(成宗) 초에 27세의 나이로 졸하니, 탄식하며 안타까워하지 않는 이가 없었다. 시호는 공소(恭昭)이다.

이준(李浚) 임영대군(臨瀛大君) 이구(李璆)의 아들로[99] 구성군(龜城君)에 봉해졌다. 세조 때에 □□□[100] 상장(上將)이 되어 조석문(曺錫文), 강순(康

99 이구(李璆)의 아들로 : 대본에는 '□子'로 되어 있는데, 종실 계보를 참고해 보충하여 번역하였다.

100 □□□ : 대본에는 '□□□北邊'으로 되어 있는데, '北邊'도 전후 관계를 알 수 없어 번역하지 않았다.

純), 남이(南怡) 등과 함께 토벌해 평정하여 적개 공신이 되었다. □□[101] 후에 남이는 주벌되고 이준은 폐해졌다.

이정(李婷) 덕종(德宗)의 장자이자 성종(成宗)의 형으로 월산대군(月山大君)에 봉해졌다. 풍치와 기개가 있고 시문을 잘하였다. 호는 풍월정(風月亭)이다.

김종서(金宗瑞) 그 선조는 순천(順天) 사람인데 경사에서 생장하였다. 문무(文武)의 재략이 있어 항상 세상을 경영할 것을 자임하였다. 세종이 북변(北邊)을 경영할 적에 김종서를 함길도 관찰사(咸吉道觀察使)로 삼았다가 임기가 만료되자 본도 도절제사로 옮겨 제수하면서 많은 사람들의 반대를 물리치고 전적으로 그에게 위임하였다. 김종서가 결국 북방 사진(四鎭)을 설치하니, 상이 말하기를 "비록 과인이 있더라도 김종서가 없었다면 이 일을 해낼 수 없었을 것이고, 비록 김종서가 있다 할지라도 과인이 없었다면 이 일을 맡을 수 없었을 것이다." 하였다. 북쪽에 있을 때 항상 밤마다 장사들에게 연회를 베풀었는데 한번은 화살이 날아와 술동이를 맞히니 좌우가 모두 놀라 동요하였으나 김종서는 태연자약하게 말하기를 "간사한 놈이 나를 시험해 보는 것일 뿐이다." 하고 끝내 꼼짝도 하지 않았다. 후에 우의정이 되었다. 노산군(魯山君)이 뒤이어 즉위하자 김종서가 황보인(皇甫仁)과 함께 유명(遺命)을 받아 보상(輔相)이 되었으나 계유정난(癸酉靖難) 때에 주살당하였다.

허후(許詡) 허조(許稠)의 아들이다. 어버이를 모실 때 안색을 살펴 가며 잘

101 □□ : 대본에는 '□□都摠管'으로 되어 있는데, '都摠管'도 전후 관계를 알 수 없어 번역하지 않았다.

봉양하였다. 문과에 급제하고 세종을 섬겨 조정에 재직한 지 20년 동안 몸가짐을 삼가고 직분을 잘 수행하였다. 문종(文宗)이 홍서하면서 김종서와 황보인에게 어린 임금을 보좌할 것을 유명으로 남기고 허후를 우참찬으로 삼았다. 김종서 등이 피살당한 뒤 세조가 술자리를 마련하여 여러 재신들을 불렀는데, 허후가 눈물을 흘리며 고기를 먹지 않았다. 세조가 화가 났지만 오히려 그의 재주와 덕을 중하게 여겨 지방으로 귀양 보냈는데, 이계전(李季甸)이 그를 죽이도록 권하였다. 아들 허조(許慥)는 수찬이었는데 역시 죽었다.

허성(許誠) 허조의 형 허주(許周)의 아들이다. 관직이 이조 판서에 이르렀다. 공무를 잘 수행하고 정도를 지켜서 문하에 청탁이 전혀 없었다. 항상 말하기를 "벼슬을 탐하고 녹봉을 좋아하는 것은 매우 부끄러워할 만한 일이다." 하였다. 60여 세가 되었을 때에 거울을 가져다 보고 말하기를 "내가 이렇게까지 늙은 줄 몰랐다." 하고는 마침내 사직하고 나오지 않았다. 시호는 공간(恭簡)이다.

유맹문(柳孟聞) 유관(柳寬)의 아들이다. 과거에 급제하여 태종과 세종을 섬겼으며 관직은 예조 참판에 이르렀다.

유계문(柳季聞) 유맹문의 아우이다. 학문이 넓고 행실이 돈독하며 글을 잘 지었다. 문과로 발탁되어 세종 때에 누차 승진하여 관직이 형조 판서, 수문전 제학에 이르렀다. 시호는 안숙(安肅)이다. 아들 유권(柳睠)은 성종 때 병조 참판이 되었다.

황치신(黃致身) 황희(黃喜)의 아들이다. 공정왕(恭定王)이 그가 학문에 뜻을 두었다는 말을 듣고 이르기를 "동중서(董仲舒)가 장막을 내리고 학문에 힘썼던 것에 부끄럽지 않도록 하라." 하고, '동(董)'이란 이름을 하사하고 공안부 부승(恭安府副承)에 제수하였다. 후에 그 이름이 형제들과 비슷하지 않다는 이유로 지금의 이름을 다시 하사하였다. 관직은 판중추부사에 이르렀다. 성품이 관후하고 성실하고 신중하여 혜장왕(惠莊王)이 순행할 때마다 그를 유도장(留都將)으로 삼았다. 활쏘기를 잘하여 일찍이 충청도 절도사가 되었을 때에 사냥을 나가서 짐승을 꿰뚫은 화살이 나무에 박혀 뽑을 수가 없을 정도였다. 88세의 나이로 졸하였다. 시호는 호안(胡安)이다. 아들 황사효(黃事孝)는 관직이 동지중추부사에 이르렀다.

황수신(黃守身) 황치신의 아우이다. 어려서부터 영특하여 동료들과 흥천사(興天寺)에서 공부하고 있었는데, 장헌왕(莊憲王)이 세자로 있을 적에 마침 그 절에 이르러 불러서 시를 외우게 하고는 매우 기특하게 여겼다. 장성하여서는 감시(監試)에 응시하였는데 시관(試官)에게 모욕을 당하자 분을 내어 말하기를 "백성을 이롭게 하고 세상을 구제하는 것이 어찌 과거 급제만을 통해서이겠는가." 하고는 과거 공부를 그만두고 널리 경사(經史)를 섭렵하였다. 장헌왕이 특별히 종묘시 부승에 제수하였고 누차 승진하여 도승지에 이르렀다. 혜장왕 때에 좌익 공신(佐翼功臣)에 참여하였으며 관직이 의정부 영의정에 이르렀고, 남원부원군(南原府院君)에 봉해졌다. 시호는 열성(烈成)이다.

기건(奇虔) 그 선조는 행주(幸州) 사람이다. 청파(青坡)에 살고 있었는데 항상 도보로 반궁(泮宮)을 왕래하면서 반드시 《중용》과 《대학》을 암송하였다. 세종 때에 행의(行義)로 뽑혀 지평에 제수되었고, 누차 승진하여 대사헌이 되었으며 한성부 판윤에 이르렀다. 청렴한 절개가 크게 뛰어나 여러 번 지방관을 맡으면서 은혜로운 정사를 많이 베풀었다. 노산군 때에 관직을 그만두고 두문불출하고는 사서삼경(四書三經)과 《좌전(左傳)》, 《통감강목(通鑑綱目)》을 손수 베껴 썼다. 세조가 선위를 받으려고 할 적에 세 번이나 그의 집에 찾아갔는데 기건이 청맹(青盲)이라고 핑계를 대니, 하루는 침을 가지고 눈동자를 찌르는 시늉을 하여 시험해 보았는데 기건은 멍하니 바라보며 눈동자를 조금도 움직이지 않아서 끝내 기용할 수가 없었다. 시호는 정무(貞武)이다.

이개(李塏) 고려 한산군(韓山君) 이색(李穡)의 증손이며, 조부 이종선(李種善)은 지중추원사이고 부친 이주(李疇)는 정랑이다. 이개는 나면서부터 글을 잘 지어서 조부의 기풍이 있었다. 세종 때에 과거에 급제하고 집현전 학사로 선발되어 성삼문(成三問), 박팽년(朴彭年)과 함께 후한 대우를 받았다. 문종이 홍서한 뒤 노산군이 유충하여 세조가 선위를 받게 되자 이개는 성삼문, 박팽년 및 하위지(河緯地), 유응부(兪應孚), 유성원(柳誠源) 등과 함께 노산군의 복위를 도모하였다. 일이 누설되자 세조가 매우 참혹하게 국문하였으나 이개는 안색도 변하지 않고 성삼문 등과 함께 죽으니, 세상에서 '육신(六臣)'이라고 불렀다.

유성원(柳誠源) 고려 첨의찬리(僉議贊理) 유승(柳陞)의 6세손이다. 세종 때에 문과에 급제하여 오랫동안 집현전에 있다가 성균관 사예로 옮겼다. 세조가 선위를 받게 되자 성삼문, 박팽년, 이개 등과 노산군의 복위를 모의하다가 일이 누설되자 스스로 목을 베어 죽었다.

이축(李蓄) 이개의 삼종제이자 밀직사 이종선의 손자이다. 세종 때에 승진하여 사헌부 장령이 되었고 관직이 황해도 관찰사에까지 이르렀다. 후에 은퇴하여 고양(高陽) 촌사에 살았는데 다시 출사하지 않은 지 10여 년 만에 죽었다.

김시습(金時習) 태어난 지 8개월 만에 혼자 글을 쓸 줄 알았고 5세에 경전을 통달하여 사람들이 신동이라고 불렀다. 장헌왕이 그 이름을 듣고는 불러서 보고 시험 삼아 〈삼각산(三角山)〉 시를 짓게 하였는데 상이 가상히 여기며 감탄하기를 "마땅히 재주를 감추고 잘 길러서 그 학문이 완성되거든 장차 크게 쓸 것이다." 하고는 비단을 하사하여 돌려보냈다. 장성하여서는 더욱 학문에 힘쓰고 행실을 닦았다. 세조가 선위를 받자 거짓으로 미친 척하며 세상을 피하여 불가에 종적을 의탁하고 멋대로 산수 사이를 노니는 것으로 생을 마쳤다. 동봉(東峯)이라고 자호하였고, 또 다른 호는 청한자(淸寒子)이다. 성리(性理), 음양(陰陽), 의복(醫卜) 등 모든 분야를 궁구하지 않은 것이 없으며, 문장이 호한(浩汗)하고 법도에 얽매이지 않았다. 저술로는 《매월당집(梅月堂集)》, 《역대연기(歷代年紀)》, 《금오신화(金鰲新話)》가 있다. 식자들은 김시습을 조선의 백이(伯夷)라고 한다.

허계(許誡) 허조(許稠)의 조카이다. 학식이 넓고 글을 잘 지었다. 과거에 급제하여 관직이 경주 부윤에 이르렀다. 성품이 탁월하고 높은 식견이 있으며 권세나 이익에 뜻이 없었으니 항상 풍덕(豐德) 농가로 물러나 거처하면서 거문고를 뜯고 낚시하는 것을 즐거움으로 삼았다. 성종(成宗)이 누차 불러서 승지와 부제학으로 삼았으나 모두 오래지 않아 사직하고 물러났다. 남효온(南孝溫)은 매양 기이한 선비라고 칭하면서 허씨의 기풍이 있다고 하였다.

권건(權健) 권근(權近)의 증손이다. 아버지 권람(權擥)은 세조의 공신으로서 좌의정에 제수되고 길창부원군(吉昌府院君)에 봉해졌다. 권건은 단정하며 문아(文雅)하였으며 일찍 과거에 급제하여 대각의 직책을 역임하고 관직이 지중추부사에 이르렀다. 명망이 당세에 중하였다. 시호는 충민(忠敏)이다.

남이(南怡) 위인이 몸집이 작고 날렵하며 용력(勇力)이 신과 같아서 성벽을 타고 올라가 내달릴 수 있었다. 혜장왕(惠莊王) 때에 18세의 나이로 선전관에 보임되어 비표(飛彪)란 호칭을 얻었으며, 자급을 뛰어넘어 병조 판서에 임명되었으니, 이시애(李施愛)를 토벌하는 데 선봉에 선 공이 있어서이다. 어유소(魚有沼)와 함께 건주위(建州衛)를 정벌하여 이만주(李滿住)를 베고 그들의 소굴을 소탕하여 크게 승리를 거두고 돌아오니, 헌종황제(憲宗皇帝)가 특별히 사신을 보내어 물품을 하사하였다. 양도왕(襄悼王 예종) 초기에 유자광(柳子光)이 모반을 한다고 무고하여 죽음을 당하였으니, 당시 나이가 26세였다.

이석형(李石亨) 아버지인 호군 이회림(李懷林)은 효행이 있었는데 삼각산(三角山)에 기도하여 이석형을 낳았다. 이석형은 어려서부터 학식이 넓고 기억력이 좋았는데 장헌왕 때에 진사시, 생원시, 문과 세 번의 과시에 모두 장원을 하였다. 누차 승진하여 직제학이 되었다. 강정왕(康靖王 성종) 때에 좌리 공신(佐理功臣)에 참여하였으며 관직은 영중추부사에 이르렀고, 연성부원군(延城府院君)에 봉해졌다. 청렴하고 삼가며 검소해서 여러 번 관찰사를 역임하였는데 모두 정사를 잘한다는 명성이 드러났다. 시호는 문강(文康)이다. 저술로는 《저헌집(樗軒集)》이 있다.

윤자운(尹子雲) 조부인 윤회(尹淮)는 세종 때에 대제학을 지냈다. 윤자운은 성품이 침착하고 굳세며 도량이 있었고 문장의 재주가 충분하여 젊어서 과거에 급제하였다. 세조 때에 좌익 공신이 되었고, 관직이 의정부 영의정에 이르렀으며 무송부원군(茂松府院君)에 봉해졌다. 이시애의 반란 때에 윤자운이 함길도 체찰사가 되어 함흥(咸興)에 이르니, 반란군이 감사 신면(申㴐)을 살해하고 칼을 들고 윤자운을 포위하였는데, 윤자운이 태연자약하게 똑바로 앉아 있으니 적들이 감히 해치지 못하여 결국 온전하게 돌아올 수 있었다.

성임(成任) 그 선조는 창녕(昌寧) 사람이다. 우의정 성염조(成念祖)의 아들이다. 성염조의 부친과 조부가 대를 이어서 높은 관직을 지냈으므로 이어서 경사에 자리를 잡았다. 성임은 사람됨이 관후하고 학식이 넓고 단아하였으며, 글을 잘 지었고 서법은 당대에 신묘하였다. 세종 때에 문과에 급제하였고 세조 때에 연이어 관각(館閣)에 재직하였으며 관직은 의정부 좌참찬에 이르렀다. 시호는 문안(文安)이다.

성간(成侃) 성임의 아우이다. 어려서부터 총명하여 전적을 두루 보고 널리 기억하였다. 서거정(徐居正)이 일찍이 집현전에 숙직할 적에 성간이 따라와서 비서(秘書)를 보기를 청하였는데 밤낮을 가리지 않고 보더니 죽을 때까지 잊지 않았다. 과거에 급제하고 관직이 집현전 수찬에 이르렀다. 30세의 나이로 졸하니 당시 사람들이 안타까워하였다. 문집으로 《진일집(眞逸集)》이 있다.

성현(成俔) 성간의 아우이다. 세조 때에 문과에 급제하였다. 성종 때에 여러 관직을 거쳐 예조 판서, 대제학에 이르렀다. 시호는 문대(文戴)이다. 성품이 소탈하여 구애받지 않았으며 문장의 착상이 용솟음쳐 나왔다. 일찍이 중국에 사신으로 갔을 때나 또 조사(詔使)가 왔을 때에도 함께 시를 수창하였는데 중국 문인들이 탄복하였다. 한번은 승지로서 파직되고 나서 채수(蔡壽)와 함께 평민의 옷을 입고서 거문고를 가지고 금강산의 여러 산을 유람하면서 기이한 승경을 곳곳마다 찾아다녔는데 사람들이 누구인지 알아보지 못하였다. 저술로는 《허백당집(虛白堂集)》 30권이 있고, 또 《풍아록(風雅錄)》, 《용재총화(慵齋叢話)》, 《금낭행적(錦囊行跡)》, 《악학궤범

(樂學軌範)》, 《상유비람(桑楡備覽)》 등의 책이 있다.

성준(成俊) 지중추 성엄(成揜)의 손자이다. 어려서부터 책을 읽기만 하면 바로 외워 버렸으며 기량이 뛰어났고 활쏘기와 말타기를 잘하였는데 문과에 급제하였다. 강정왕 때에 누차 간관(諫官)이 되어서 논척하는 데 권세가나 귀인을 가리지 않았다. 성종 22년(1491)에 우참찬으로 특별히 영안도 절도사(永安道節度使)에 임명되어 허종(許琮)을 도와 북쪽 오랑캐를 정벌하였다. 연산군 때에 영의정이 되었는데, 일찍이 궁내의 연회에서 임금이 요염한 기생을 보고 몸으로 덮치니, 성준이 말하기를 "노신이 죽지 않고 있으니 전하께서는 결코 이와 같이 하실 수 없습니다."라고 하자, 임금이 두려워하며 그만두었다. 갑자사화 때에 끝내 피살되었다. 시호는 명숙(明肅)이다.

한계희(韓繼禧) 조부는 한상경(韓尙敬)으로 서원부원군(西原府院君)에 봉해졌다. 한계희는 문과에 급제하고 혜장왕(惠莊王) 때에 이조 판서가 되었다. 강정왕 때에는 의정부 좌찬성이 되었으며, 익대 공신과 좌리 공신의 호칭을 하사받고 서평군(西平君)에 봉해졌다. 시호는 문정(文靖)이다. 일찍이 집현전에 있을 적에 읽지 않은 책이 없었으므로 사람들이 우세남(虞世南)에 비의하였다. 여러 동료들이 서로 모여서 대부분 한담을 하고 있을 때 한계희는 혼자 단정하게 앉아서 눈으로 책을 보며 좌우에 수응하지 않았다. 형인 한계미(韓繼美) 또한 혜장왕조에 공신이 되어 서평부원군(西平府院君)에 봉해졌다.

이계손(李繼孫) 문과에 급제하고 누차 청현직을 역임하였다. 양도왕(襄悼王) 초기에 영안도 관찰사로 나가서 학교를 힘써 일으키니, 이로부터 북방 사람들이 비로소 학문을 할 줄 알게 되었다. 관직은 병조 판서에 이르렀다.

시호는 경헌(敬憲)이다.

허종(許琮) 그 선조는 양천(陽川) 사람으로, 야당(埜堂) 허금(許錦)의 현손인데 후에 경도에 자리 잡게 되었다. 허종은 어려서부터 기량이 있었다. 혜장왕 초기에 문과에 급제하여 정사에 대해 간언하기를 매우 강직하게 하니,[102] 상이 불러들여서 그의 외모가 장대한 것을 보고는 담력을 시험해 보고자 하여 끌어내려서 장을 치도록 명하고 칼집에 든 검(劍)을 가져다 무릎에 걸쳐 놓고는 역사(力士)에게 명하기를 "내가 검을 뽑기를 기다렸다가 칼집에서 다 뽑으면 목을 베라." 하였다. 검이 다 뽑히기 전에 허종은 조금도 안색을 동요하지 않고 묻는 대로 분명하게 대답하였다. 상이 검을 돌려놓고 술을 가져오라고 명하고 "참으로 대장부이다."라고 하였다. 세조 13년(1467)에 함길도 절도사로서 이시애(李施愛)의 난을 평정하는 데 참여하여 적개공신(敵愾功臣)에 책훈되었다. 강정왕 때에 좌리 공신에 참여하고 승급하여 양천부원군(陽川府院君)에 봉해졌다. 후에 영안도 관찰사로서 그대로 원수가 되어 북로인 이마차(尼亇車)를 정벌하였다. 관직은 의정부 우의정에 이르렀다. 시호는 충정(忠貞)이다. 허종은 얼굴이 크고 이마가 넓으며 수염이 아름답고 키가 11척이나 되어서 만인 중에 자태가 빼어났다. 명나라 조사(詔使)인 동월(董越)은 매우 거드름을 피웠는데 허종을 보자 탄식하기를 "바라건대 공은 어서 조회하러 와서 중국으로 하여금 해외에도 이런 인물이 있다는 것을 알게 하시오." 하였다. 평소 말을 빨리 하거나 안색이

102 정사에……하니 : 세조 초에 일식(日食)이 생기자 허종이 측후보고서(測候報告書)를 써 올려 임금이 불법(佛法)을 좋아하고 사냥을 좋아하여 경연(經筵)에 나오지 않고 간언을 받아들이지 않은 잘못을 모두 논하였던 일을 말한다.《知退堂集 卷8 東閣雜記》

급변하는 일이 없었으며 몸소 국가의 안위를 책임진 것이 30여 년이었다.

허침(許琛) 허종의 아우이다. 시에도 능하고 문장도 잘 지었다. 과거에 급제하고 승진하여 관직이 의정부 좌의정에 이르렀으며, 청백한 지조로 세상에 알려졌다. 시호는 문정(文貞)이다.

허황(許葟) 과거에 급제하여 관직이 진주 목사(晉州牧使)에 이르렀다. 효행이 있었다.

이륙(李陸) 철성부원군(鐵城府院君) 이원(李原)의 손자이다. 혜장왕조에 문과에 뽑혔고, 강정왕조에 관직이 사헌부 대사헌에 이르렀다. 스스로 청파거사(青坡居士)라고 불렀는데 성품이 명민하고 정직하며 한결같은 마음으로 나랏일을 수행하였고, 경사에 널리 통달하였다. 저술로 《청파극담(青坡劇談)》이 있다.

이칙(李則) 이륙의 종제(從弟)이다. 과거에 급제한 뒤에 승진하여 관직이 지중추부사에 이르렀다. 시호는 정숙(貞肅)이다. 문장으로 이름이 났으며 성품이 기개가 있어 어디든 매이지 않았다.

유지(柳輊) 고려 찬성 유돈(柳墩)의 후손이다. 과거에 급제하고 강정왕조에 좌리 공신에 참여하였고 관직이 의정부 우찬성에 이르렀으며 문양군(文陽君)에 봉해졌다. 시호는 평간공(平簡公)이다.

유빈(柳濱) 유돈의 후손이다. 과거에 급제하고 누차 승진하여 관직이 이조판서에 이르렀다. 시호는 충정(忠定)이다.

이파(李坡) 이개(李愷)의 종제이다. 아버지 이계전(李季甸)은 한성부원군(韓城府院君)이 되었다. 이파는 일찍이 급제로 뽑혀서 집현전에 선발되어 들어갔다. 세조 때에 승진하여 도승지가 되었고, 성종 때에 누차 승진하여 관직이 예조 판서, 의정부 좌찬성에 이르렀다. 사람됨이 총명하고 전고를 많이 알았다. 아우인 이봉(李封)은 형조 판서를 지냈으며 그도 문장을 잘 한다는 명성이 있었다.

이훈(李塤) 이축(李蓄)의 아들이다. 세조 때에 누차 승진하여 경조윤(京兆尹)과 형조 참의가 되었고, 성종 때에 좌리 공신에 참여하여 한성군(韓城君)에 봉해졌다. 관직이 의정부 좌참찬에 이르렀다. 아들 이유청(李惟淸)은 관직이 좌의정에 이르렀으며 한원군(韓原君)에 봉해졌다. 손자 이언호(李彦浩)는 전라도 관찰사가 되었다.

이목(李穆) 그 선조는 전주(全州) 사람이니 5대조인 이백유(李伯由)가 개국 공신이 되어서 완성군(完城君)에 봉해졌다. 이목은 어려서 김종직(金宗直)을 스승으로 섬겨 학식이 넓고 행실에 힘썼으며 강개하여 높은 절개를 지녔다. 성종이 일찍이 병이 들자 대비가 무녀(巫女)에게 반궁(泮宮) 곁에서 음사(淫祀)를 설행하도록 하였는데 이목이 유생들을 이끌고 그를 쫓아냈다. 대비가 노하여 죄주고자 하자 상이 그 사람들의 명단을 모두 기록하게 하니, 유생들이 다 도망해 숨었는데 이목만은 숨지 않았다. 상이 대사성을 불러 명하기를 "경이 유생들을 올바른 도로 잘 훈도하였으니 특별히 술을 하사하겠다." 하였다. 당시 재상 윤필상(尹弼商)이 남몰래 상에게 부처를 받들 것을 권유하니, 이목이 또 유생들을 거느리고 상소하여 죄줄 것을 청하며 윤필상을 간귀(奸鬼)라고 지목하였다. 상이 크게 노하여 친히 힐문하자 이목이 대답하기를 "그가 행한 바가 저와 같은데도 사람들이 알지 못하기 때문에 귀신이라고 한 것입니다." 하였다. 이때에 공주(公州)에 유배되었다. 후에 문과에 장원하고 외직으로 나아가 영안남도 평사(永安南道評事)가 되었다. 연산군 때에 사화(史禍)에 연루되어 김일손(金馹孫) 등과 함께 해를 당하였으니, 당시 28세였다. 손자인 이세장(李世璋)은 벼슬이 관찰사에 이르렀다.

허반(許磐) 어려서 김종직을 스승으로 섬겼다. 연산군 때에 과거에 올라 승문원 정자가 되었으나 사화에 연루되어 죽었다. 남효온(南孝溫)이 일찍이 말하기를 "허반은 성리학에 뜻을 두어서 벼슬의 영달에 관심이 없고 일마다 옛것을 흠모하니, 대유(大猷) 김굉필(金宏弼)도 그 단아함에 감복하였다."라고 하였다.

남효온(南孝溫) 스스로 추강거사(秋江居士)라고 불렀다. 어머니를 지극히 효성스럽게 섬겼으며 사람됨이 맑고 굳세면서 깨끗하여 세속의 때가 전혀 없었다. 일찍이 김종직에게 수학하였는데 김종직은 그의 이름을 부르지 않고 반드시 '우리 추강'이라고 하였다. 김시습(金時習), 김굉필, 정여창(鄭汝昌), 김일손 등과 서로 사이가 좋았다. 성종 때 18세의 나이로 소릉(昭陵)의 복위를 청하는 상소[103]를 올렸는데 윤허를 받지 못하자 마침내 당시 세상에 대해 뜻을 끊고 국내의 명산과 승경지를 두루 돌아다니면서 그 흥취를 발하였다. 저술로는 《육신충의전(六臣忠義傳)》이 세상에 전한다.

이주(李胄) 고려 철성부원군(鐵城府院君) 이암(李嵒)의 후손이다. 증조 이원(李原)은 태종조의 이름난 재상이었다. 이주는 어려서 김종직을 스승으로 섬겼다. 과거에 급제한 뒤에 사간원 정언에 임명되었다. 강개하여 기절이 있었으며 문장은 고문과 흡사하였다. 일찍이 서장관으로 북경(北京)에

103 소릉(昭陵)의……상소 : 소릉은 문종의 비 현덕왕후(顯德王后) 권씨(權氏)의 옛 능호(陵號)이다. 세조가 단종을 몰아내어 시해한 뒤 세조의 꿈에 현덕왕후의 영혼이 나타나 "죄 없는 내 아들을 죽였으니, 나도 네 아들을 죽이겠다." 하니, 세조는 소릉을 파헤쳐 버리도록 명하였다. 당시 남효온이 상소를 올려 소릉의 복위를 청하였으나 윤허받지 못하고 공신들의 배척을 받았다.《燃藜室記述 卷4 文宗朝故事本末 昭陵廢復》

들어갔는데 통주(通州)에 이르러 누대에 올라 시를 짓기를 "찬 안개는 가을 물가에 내려앉고, 외로운 새 저물녘 요 땅으로 돌아가네.〔寒煙秋落渚 獨鳥暮歸遼〕"[104]라고 하였다. 중국인들이 후에 우리나라 사신을 보면 반드시 그의 안부를 물으면서 '독조모귀요(獨鳥暮歸遼) 선생'이라고 일컬었다. 연산군 때에 사화에 연루되어 진도(珍島)에 유배 갔다가 피살되었다. 《망헌집(忘軒集)》이 세상에 전한다.

이원(李黿) 고려 정승 이제현(李齊顯)의 후손이다. 부친인 현령 이린(李麟)이 박팽년(朴彭年)의 딸에게 장가들었는데 혼인한 날 저녁에 이상한 꿈을 꾸었다. 일어나서 물어보아 자라가 잡혀 있다는 사실을 알고는 가져다 살려 주었다. 후에 자식을 낳았는데 모두 뛰어나고 준걸하였으므로 이 일을 따라서 이름을 지어 주었다. 세상 사람들이 순씨팔룡(荀氏八龍)[105]에 비하였다. 이원은 어려서부터 김종직을 스승으로 삼았는데 타고난 자질이 호탕하고 빼어나 풍모와 지조가 당세에 이름났으며, 경사(經史)를 널리 연구하고 시문이 엄격하고 고결한 것이 마치 그 사람됨과 같았다. 일찍이 〈격물(格物)의 격(格) 자에 대한 설〉을 지었는데,[106] 남효온(南孝溫)이 말하기를 "어

104 찬……돌아가네 : 〈통주(通州)〉의 5, 6구이다. 《忘軒遺稿》 문헌에 따라 '寒煙'이 '層雲', '寒雲', '寒鴉' 등으로, '獨鳥'가 '獨鶴'으로 되어 있는 것도 있는데, 문맥상 이상이 없으므로 대본대로 번역하였다.

105 순씨팔룡(荀氏八龍) : 동한(東漢) 때 순숙(荀淑)에게 순검(荀儉), 순곤(荀緄), 순정(荀靖), 순도(荀燾), 순왕(荀汪), 순상(荀爽), 순숙(荀肅), 순전(荀專) 등 여덟 아들이 있었는데, 모두 뛰어나다고 이름이 나서 당시 사람들이 순씨팔룡이라고 불렀다. 《後漢書 荀淑列傳》 이원의 형제도 이오(李鼇), 이귀(李龜), 이타(李鼉), 이별(李鼈), 이벽(李鼊), 이경(李鯨), 이곤(李鯤) 등 모두 여덟 명이었고 다 같이 자질이 뛰어났으므로 이에 비유한 것이다.

106 일찍이……지었는데 : 현재 이원의 《재사당일집(再思堂逸集)》에는 격물과 관련된 저작이 없으므로 후에 일실된 것으로 보인다.

린 임금을 맡길 만하다는 것[107]이 바로 이 사람이다."라고 하였다. 성종조에 과거에 급제하여 예조 낭관이 되었다. 연산군 때에 사화(史禍)에 연루되어 나주(羅州)에 유배 갔다가 피살되었다. 중종 초에 도승지에 증직되었다. 이원의 형제 이별(李鼈)과 이오(李鼇)도 모두 당시에 이름이 알려졌다.

강경서(姜景叙) 어려서부터 학문에 힘써서 경사에 널리 통달하였다. 성종조에 과거에 올라 누차 승진하여 홍문관 교리가 되었다. 연산군 때에 사화에 연루되어 회령(會寧)으로 유배되었다. 중종 초에 다시 기용되어 대사간이 되었는데 직간(直諫)을 많이 하였다. 강경서는 성품이 청렴, 강개하고 웃거나 말하는 일이 적었으며 권세나 이익을 도모하지 않았다. 그가 죽었을 때 집안이 가난하여 염(殮)도 하지 못할 정도였는데, 재상이 그의 청빈함을 아뢰니, 관곽을 하사해 주어서 장사를 지냈다. 저술로 《초당시집(草堂詩集)》이 있다. 아들이 둘인데 강욱(姜昱)은 관찰사를 지냈고, 강섬(姜暹)은 호조 판서가 되었다.

이심원(李深源) 공정대왕(恭定大王 태종)의 아들인 효령대군(孝寧大君) 이보(李補)의 증손으로 주계군(朱溪君)에 봉해졌다. 성품이 굳세고 총명하며 학문이 정심(精深)하여 안목이 있는 데다 의술까지 통달하였다. 강정왕(康靖王) 때에 누차 상서(上書)하여 치도를 논하였다. 당시 시종관이 임원준(任元濬)과 그 아들 임사홍(任士洪)의 간사함을 논하다가 파직되었는데, 임사홍의 처가 바로 이심원의 고모여서 그 부자의 사정을 자세히 알

107 어린……것 : 증자(曾子)가 "어린 임금을 맡길 만하고, 나라의 운명을 부탁할 만하며, 큰 절조를 세울 때를 만나 굽히지 않는다면, 군자다운 사람이겠는가? 군자다운 사람이다.〔可以託六尺之孤, 可以寄百里之命, 臨大節而不可奪也, 君子人與? 君子人也.〕"라고 하였다. 《論語 泰伯》 여기서는 이원이 군자다운 절조가 있음을 칭찬한 말이다.

고 있었으므로 대궐에 나아가 그들의 음험하고 간사함을 극진히 진달하여 아뢰기를 "전하께서 들어주지 않으시면 결국은 반드시 나라를 그르칠 것입니다."라고 하고, 울면서 아뢰기를 "임사홍은 실로 신의 고모부이지만 감히 사사로운 정 때문에 위로 하늘에 계신 조종의 신령을 저버릴 수가 없습니다."라고 하니, 상이 감동해 깨우쳐서 임사홍을 지방으로 유배하였다. 연산군 때 정사가 어지러워지자 임사홍이 이심원을 무고해 죄를 엮어서 죽였다. 임사홍이 권세를 부린 10년 동안 선비들을 무참하게 해쳐서 나라가 거의 망할 지경에 이르렀으니 사람들이 모두 그의 선견지명에 감복하였다. 공희왕(恭僖王) 때에 특별히 작위를 증직하고 정려하였다. 아들 이유령(李幼寧)은 과거에 급제하여 장령이 되었는데 그 아비와 함께 피살되었다.

이정은(李貞恩) 공정대왕의 아들인 익녕군(益寧君) 이치(李袳)의 아들로, 수천군(秀川君)에 봉해졌다. 사람됨이 독실하고 후덕하며 겸손하고 총명한 데다 식견과 도량이 있었다. 학문을 하는 데는 행실을 우선하고 문장을 뒤로 하였으며, 시를 지을 때는 격식을 우선하고 표현을 뒤로 하였고, 덕을 행하는 데는 마음을 우선하고 겉치레를 뒤로 하였으므로 당시 사람들이 그에 대해 잘 알지 못하였다. 또 음률을 신묘하게 깨우쳐서 일찍이 성거산(聖居山)에 놀러 갔을 때 거문고를 가져가 연주하였는데 듣는 자들이 모두 감동하여 눈물을 흘렸다. 참판 김뉴(金紐)는 그것을 듣고 "시냇가의 매화 같은 품격이다." 하였다. 손자 함천군(咸川君)[108]이 글씨와 역사에 정통하고 거문고를 잘 타서 조부의 풍모가 있었다고 한다.

108 함천군(咸川君) : 이억재(李億載)이다. 부친은 청기군(靑杞君) 이표(李彪)이다. 아들이 이원익(李元翼)이다.

이현손(李賢孫) 종실로 명양정(鳴陽正)에 봉해졌다. 김굉필(金宏弼)과 벗이 되어 독실한 행실이 김굉필에 버금갔다. 상례와 제례를 일체 예에 따라 행하였고, 성품이 맑고 깨끗하여 세속의 때가 없었으며, 고상한 풍치를 좋아하였다. 일찍 죽었다. 세상에 그의 시가 전한다.

이총(李摠) 태종대왕의 아들인 근녕군(謹寧君)의 손자로 무풍정(茂豐正)에 봉해졌다. 스스로 구로주인(鷗鷺主人)이라 호칭하였다. 성품이 시원시원하여 얽매이지 않았다. 독서를 좋아하여 경사(經史)에 두루 통달하였으며, 사부(辭賦)를 잘 짓고 음률에 정통하여 모두 그 오묘한 경지에 이르렀다. 서호(西湖)에 집을 짓고 낚시로 즐거움을 삼았다. 김굉필, 김일손(金馹孫), 이주(李胄), 정희량(鄭希良) 등과 사이가 좋았는데, 연산군 때에 해를 당하였다.

김수동(金壽童) 상락부원군(上洛府院君) 김사형(金士衡)의 후손이다. 해서(楷書)와 예서(隸書)를 잘 썼다. 강정왕(康靖王) 때에 문과에 급제하였고 누차 승진하여 의정부 사인(議政府舍人)이 되었다. 연산군 때에 재상이 되었다. 사람됨이 온화하고 중후하며 지혜가 많아서 무도한 세상을 당하여 총애를 받아 재상에 임명되었을 때도 역시 시세에 따라 처세를 잘하였으니, 위로는 죄를 얻지 않았고 아래로 사람들을 살릴 수 있었다. 당시 고위 관직에 있는 자들은 다투어 저택을 치장하였는데 김수동만은 홀로 그렇게 하지 않았다. 성희안(成希顔)이 찾아가서 반정(反正)의 연유를 고하니, 김수동이 말하기를 "이는 나라의 큰일인데 갑작스레 한 재상의 말을 따라 좇아가서야 되겠소?" 하고는 바로 누워서 "그대는 내 머리를 가지고 가시오." 하였다. 성희안이 대군(大君)을 세울 뜻을 고하자, 말하기를 "그렇다면 나도 당연히 가겠소." 하고 먼저 가니, 사람들이 그 도량에 감탄하였다. 공희왕(恭僖王 중종)이 즉위하고서 정국 공신(靖國功臣)에 참여하여 영가부원군(永

嘉府院君)에 봉해졌으며 영의정에 올랐다. 시호는 문경(文敬)이다.

유순정(柳順汀) 고려 정당문학(政堂文學) 유구(柳玽)의 후손이다. 사람됨이 침착, 중후하고 독서를 좋아하며 활쏘기와 말타기를 잘하였다. 문과에 장원하고 중앙과 지방의 관직을 두루 거쳤다. 연산군 말엽에 이조 판서가 되었는데, 성희안, 박원종(朴元宗)과 함께 공희왕을 영립하고 정국 공신에 책훈되었으며 청천부원군(菁川府院君)에 봉해졌다. 벼슬은 영의정에 이르렀다. 시호는 문성(文成)이다.

박원종(朴元宗) 평양군(平陽君) 박중선(朴仲善)의 아들이다. 활쏘기와 말타기 기예가 월등하여 무과에 합격하였다. 강정왕 때에 병조 참의에 임명되었으며, 연산군 때에 도총관(都摠管)이 되었다. 임금의 음탕함과 학정이 날로 심해져서 박원종의 누나인 월산대군(月山大君)의 부인이 치욕을 당하고 죽었다. 박원종은 성희안, 유순정과 함께 대계(大計)를 결단하여 공희왕을 영립하고 정국 공신에 책훈되었으며, 평성부원군(平城府院君)에 봉해졌다. 벼슬은 영의정에 이르렀다. 시호는 무열(武烈)이다.

성희안(成希顔) 일찍이 과거에 급제하였고, 성품이 대범하여 큰 지조가 있었다. 강정왕 때에 근시(近侍)로 있으면서 자주 총애를 입었다. 연산군 말엽에 종묘사직이 위태로워지자 성희안은 박원종, 유순정과 함께 대계를 결단하여 공희왕을 영립하고 정국 공신에 책훈되었으며, 창산부원군(昌山府院君)에 봉해졌다. 벼슬은 의정부 영의정에 이르렀다. 시호는 충정(忠定)이다.

유담년(柳耼年) 유계문(柳季聞)의 손자이다. 무과에 급제하고 나서 누차 정벌을 맡아서 명망이 있었다. 공희왕 때에 벼슬이 병조 판서에 이르렀으며 옮겨서 의정부 좌참찬이 되었다. 시호는 양무(襄武)이다. 조광조(趙光祖)

가 유담년을 두고 이르기를 "인재를 알아서 잘 맡기니 의당 오랫동안 병조의 장관이 될 것이다." 하였다.

황형(黃衡) 회산군(檜山君) 황석기(黃石奇)의 후손이다. 무과에 급제하였는데 장수의 재질이 있고 담력과 용맹이 남들보다 뛰어나서 눈빛이 번개 같고 명성이 십 리 밖까지 났다. 여러 차례 정벌을 맡았으며, 공희왕 때에 벼슬이 공조 판서에 이르렀다. 시호는 장무(莊武)이다. 아들 황침(黃琛)은 한성 판윤(漢城判尹)이 되었고, 황기(黃琦)는 경기 관찰사가 되었다.

송일(宋軼) 여러 대 동안 경도에 거주하였으니, 고려 정승 송서(宋瑞)의 6세손이다. 과거에 급제하여 공희왕 때에 벼슬이 의정부 영의정에 이르렀다. 정국 공신에 참여하여 여원부원군(礪原府院君)에 봉해졌다. 시호는 숙정(肅靖)이다. 손자 송인(宋寅)은 공희왕의 딸에게 장가가서 여성위(礪城尉)에 봉해졌는데 문장과 행실, 서법으로 당시에 이름났다.

김흔(金訢) 유후(留後) 김자지(金自知)의 증손이다. 어려서부터 학문을 좋아하였으며 시문이 고아하고 깨끗하였다. 강정왕 때에 과거에 장원으로 발탁되어 누차 승진하여 예문관 직제학이 되었고, 공조 참의에 올랐으나 일찍 죽었다. 사람됨이 조용하고 올곧아서 굽히지 않았다. 일찍이 서장관으로 일본에 사신 가서 대마도(對馬島)까지 갔다가 돌아오는데 배 안에서 폭풍을 만나니 사람들이 모두 정신없이 경악하였으나 김흔만은 홀로 단정하게 앉아 조용히 있었다. 형 김심(金諶)은 판서가 되어 형제가 모두 문장을 잘한다는 이름이 있었다. 김흔의 아들 김안로(金安老)는 공희왕 때에 좌의정이 되었다.

김전(金詮) 김흔의 아우이다. 문과에 장원하고 공희왕 때에 누차 승진하여 벼슬이 의정부 영의정에 이르렀다. 시호는 충정(忠貞)이다. 효성스럽고 우애가 있으며 청렴결백하고 문장을 잘하였다. 형제 세 사람이 세상의 칭송을 받았다.

신종호(申從濩) 고령부원군(高靈府院君) 신숙주(申叔舟)의 손자이다. 많은 책을 두루 보았고 문과에 발탁되었다. 성품이 호탕하고 기상이 뛰어났으며 시문으로 세상에 이름을 떨쳤다. 벼슬이 예조 참판에 이르렀는데 일찍 죽었다.

신용개(申用漑) 신종호의 종제이다. 부친 신면(申㴐)은 함길도 관찰사(咸吉道觀察使)이다. 신용개는 성품이 호탕하고 시문을 짓는 것이 출중하였다. 과거에 급제하여 강정왕을 섬겨 누차 승진해 직제학이 되었다. 공희왕 때에 양관 대제학이 되었으며 벼슬이 의정부 좌의정에 이르렀다. 시호는 문경(文景)이다.

박은(朴誾) 어려서부터 영특하여 15세에 문장을 잘하였는데, 신용개가 보고서 기특하게 여겨 딸을 아내로 주었다. 문과에 발탁되어 홍문관 수찬이 되었다. 경연에 있는 5년 동안 일을 만나면 반드시 말하고 조금도 양보하지 않아서 연산군이 꺼렸는데, 갑자사화에 해를 당하였으니, 나이 25세였다. 남산 아래에 살면서 살던 집을 읍취헌(挹翠軒)이라고 명명하였다. 시집이 세상에 행해진다. 세상에서 "박은의 시와 김일손(金馹孫)의 문장은 국조 이래로 비견할 이가 드물다."라고 하였다. 아들 박인량(朴寅亮)은 벼슬이 참판에 이르렀다.

정괄(鄭佸) 부친 정창손(鄭昌孫)은 혜장왕(惠莊王) 때에 영의정이었다. 정괄은 문과에 합격하여 공희왕 때에 누차 승진해 벼슬이 의정부 좌의정에 이르렀다. 시호는 공숙(恭肅)이다.

정광필(鄭光弼) 판서 정난종(鄭蘭宗)의 아들이다. 도량과 식견이 크고 넓으며 후중하고 말과 웃음이 적어서 어려서부터 재상감이라는 기대가 있었다. 공희왕 때에 누차 중앙과 지방 관직에 시용되었는데 모두 뛰어난 치적을 거두었다. 함길도 관찰사에서 중앙으로 들어와 우의정에 임명되었고 영의정에 올랐다. 사화(士禍)가 일어나자 남곤(南袞) 등은 조광조(趙光祖) 측의 여러 사람들을 조정에서 죽이려고 하였는데, 정광필이 왕의 소매를 붙잡고 울며 간언하여 일이 조금 누그러질 수 있었다. 정광필이 비록 재상에서 파직되고 집에 있었으나 조야가 중하게 의지하였다. 후에 김안로의 배척을 받아 김해(金海)로 귀양 갔다가 소환되자 도성 사람들이 모두 이마에 손을 얹고 고대하였으니, 그의 몸에 국가의 안위가 매인 것이 20여 년이었다. 시호는 문익(文翼)이다. 공희왕 묘정에 배향되었다. 아우인 정광보(鄭光輔)와 아들 정사룡(鄭士龍)이 시문으로 세상에 이름을 떨쳤는데 벼슬이 예조 판서, 대제학에 이르렀다.

안침(安琛) 고려 명신 안향(安珦)의 후손이다. 문과에 급제하여 벼슬이 공조 판서에 이르렀다. 사람됨이 간이하고 고요하여 일찍이 남의 과실을 말한 적이 없으나 나랏일에 대해서는 또한 피하지 않았다. 성종 때에 응교가 되어서 임사홍(任士洪)의 간사함을 힘써 논핵하였다. 늙어서는 유순(柳洵), 이손(李蓀)과 기년회(耆年會)를 만들어서 시주(詩酒)를 수창하며 여유롭게 노닐었다.

안당(安瑭) 안향의 8대손이다. 문과에 급제하여 중종 때에 벼슬이 의정부 좌의정에 이르렀다. 성품이 청렴 검소하고 장중하며 말이 적고 정도를 지키며 선을 좋아하였다. 네 번이나 대사헌이 되어 무너진 기강을 엄숙하게 세웠다. 이조 판서가 되자 청탁하는 풍습을 통렬히 혁파하여 재주를 헤아려서 직임을 제수하였으니, 정몽주(鄭夢周)를 문묘에 종사하고 조광조, 김식(金湜), 김정(金淨)을 천거로 발탁한 것이 모두 안당이 주관한 것이다.

사화가 일어나자 당적(黨籍)에 연루되어 파출되었다. 세 아들인 안처겸(安處謙), 안처함(安處諴), 안처근(安處謹)은 모두 문과에 급제하고 지행이 있었는데 후에 무고로 죽었고 아울러 화가 안당에게까지 미쳤다. 후에 추증한 시호는 정민(貞愍)이다. 세 아들은 모두 증직되었다.

임유겸(任由謙) 문과에 급제하고 나서 중종을 섬겨 벼슬이 형조 판서에 이르렀다. 시호는 소간(昭簡)이다. 성품이 단정하고 근실하며 경학을 좋아하여 자제들에게 의방(義方)으로써 가르쳤다. 여러 아들이 모두 현달하였으나 매양 한 계급씩 올라갈 때마다 기뻐하지 않으며 말하기를 "너무 지나친 것은 아니냐?"라고 하였다.

허굉(許硡) 허침(許琛)의 아들이다. 어려서부터 말수가 적고 식견과 도량이 있었으니, 백부 허종(許琮)이 일찍이 말하기를 "나를 이을 자는 반드시 이 아이이다." 하였다. 과거에 급제하고 중종 때에 네 도의 관찰사를 지냈는데 모두 정사의 치적이 있었다. 벼슬이 의정부 좌찬성에 이르렀다. 조정에서 과감하게 말하였으며 성품이 검소하여 식사에 고기를 중첩하지 않았으며 사방에 전원(田園)을 마련한 것이 없었다.

조원기(趙元紀) 조온(趙溫)의 증손이다. 과거에 급제하고 중종을 섬겨 누차 승진하여 대사헌, 형조 판서가 되었다. 상이 묻기를 "조정의 신하 중에 청렴과 정직이 평소 드러났으면서 늙을 때까지 변하지 않을 수 있는 자가 있는가?" 하자, 의정부에서 조원기라고 답하니, 상이 감탄하며 판의금부사로 발탁하도록 명하였다. 조원기는 부모에게 효도하고 일족과 화목하게 지냈다. 어렸을 때에 일찍이 장기를 두었는데 부친 조충손(趙衷孫)이 그 어미에게 말하기를 "내 아이가 이미 무익한 일을 배웠으니 어떻게 뜻을 이루고 입신할 수 있겠소."라고 하였다. 조원기가 그 말을 듣고 울면서 부모에게 고하기를 "제가 우연히 배웠을 뿐이니, 만일 몸에 해가 된다면 어찌 감히 부모님께 걱정을 끼치겠습니까."라고 하고, 마침내 종신토록 장기를 두지 않았다. 시호는 문절(文節)이다.

조광조(趙光祖) 조원기의 조카이다. 타고난 자질이 지극히 고상하여 어려서부터 구도(求道)의 뜻이 있었다. 김굉필(金宏弼)의 학문이 연원이 있다는 말을 듣고 가서 종유하며 학문하는 방도를 들었는데, 독실하게 믿고 힘써 실행하며 예가 아니면 움직이지 않는 것이었다. 중종 때에 효렴(孝廉)으로 발탁되어 6품관에 제수되었다. 조광조가 말하기를 "헛된 명예가 버젓이 드러나 내가 매우 부끄럽게 여긴다. 예와 지금이 같지 않으니 차라리 과거를 통해서 도를 행할 수 있는 사다리로 통하는 것이 낫겠다." 하고, 과거에 응시하여 급제하고 홍문관에 들어가 항상 경악(經幄)에 있었다. 몇 해 내에 등급을 뛰어넘어 올라서 대사헌에 이르렀다. 조정 상하의 중한 기대를 받아서, 임금의 마음을 바로잡고 이단(異端)을 변별하며, 인재를 흥기시키고 지극한 정치를 이루는 것을 자신의 임무로 삼았는데, 남곤(南袞) 등의 모함을 받아 멀리 유배되었다가 해를 당하였다. 우리나라의 도학은 김굉필로부터 시작된 뒤로 조광조에 이르러 크게 드러났으니, 학자들이 정암(靜菴) 선생이라 칭하였다. 선조 때에 영의정을 추증하였다. 시호는 문정(文正)이다. 후에 또 공자 묘정에 종사되었다.

김구(金絿) 판서 김예몽(金禮蒙)의 증손이다. 어려서부터 영특하였으며 박학하고 글씨를 잘 썼다. 20세에 생원진사시에 모두 장원을 하니, 고관(考官)이 경탄하며 말하기를 "한퇴지(韓退之)의 문장이요, 왕희지(王羲之)의 글씨로구나." 하였다. 중종 때에 과거에 급제한 뒤 누차 승진하여 홍문관 부제학이 되어 조광조, 김정(金淨)과 한마음으로 임금을 계도하였는데, 사화에 걸려 남해(南海)로 유배되었다가 후에 석방되어 돌아와서 죽었다. 김구는 충효가 지극하고 의롭고 맑았으며, 기예에 대해 능통하지 않은 것이 없었는데 필법(筆法)은 스스로 일가를 이룰 정도였으니, 집이 인수방(仁壽坊)에 있었으므로 세상에서 그의 필체를 인수체(仁壽體)라고 일렀다.

김식(金湜) 어려서 아버지를 잃고 학문에 힘써 이수(理數)와 문장(文章)을 널리 통달하지 않은 것이 없었다. 중종 때에 조광조와 함께 천거를 받았는데 누차 벼슬을 옮겨 장령에 임명되었다. 현량과(賢良科)가 개설되자 김식이 일등이 되니, 상이 이르기를 "김식은 현자이니, 이런 사람을 얻어 성균관의 장으로 삼게 되어 기쁘다." 하고, 옮겨 성균관 대사성으로 삼았다. 사화가 일어나자 유배 가서 죽었다. 손자 김권(金權)은 벼슬이 참판에 이르렀으며 청풍군(淸風君)에 봉해졌다. 광해군이 모후(母后)를 폐위하려고 할 적에 김권이 헌의로서 정간(正諫)하니, 사람들이 그 가풍을 잘 이었다고 하였다.

기준(奇遵) 기건(奇虔)의 증손이다. 17, 8세에 개연히 구도(求道)를 목표로 삼고 조광조를 따라 학문을 익혔다. 중종 때에 문과에 합격하고 누차 진급하여 홍문관 전한이 되었으며 조광조와 협심하여 치세를 도왔는데, 사화가 일어나자 온성(穩城)에 유배되고 사사되었으니 나이 30세였다. 문집 《덕양유고(德陽遺稿)》가 세상에 행해진다. 아들 기대항(奇大恒)은 벼슬이 한성 판윤이고, 증손 기자헌(奇自獻)은 광해군 때에 좌의정이 되었다.

유우(柳藕) 부친 유자빈(柳自濱)은 사섬시 정(司贍寺正)이었다. 유우는 김굉필에게 수학하였는데 김굉필이 화를 당하자 3년 동안 심상(心喪)을 입었다. 뜻을 다져 부지런히 노력하여 자득한 바가 많았으며 후학을 가르쳐 양성하는 데 그의 공이 많았다. 천문, 복서, 서화, 음악 등 여러 기예에 모두 그 오묘한 경지를 다하였다. 일찍이 말하기를 "우리나라는 선비를 취하는 데 전적으로 과목(科目)에만 의지하니 매우 법도에 맞지 않는다. 만일 문음(門蔭)이나 천벽(薦辟)[109]이 있다면 선비들이 그 길을 따라 출사하더라도 의(義)에 무방할 것이다." 하자, 혹자가 말하기를 "만일 그렇다면 끝내 임금을 가까이하여 뜻을 행할 수 없을 것입니다." 하니, "가령 도가 행해질 만하다면 인재를 부르는 것이 궁벽한 산골까지도 미칠 테니 더구나 조정의 사대부야 말할 것이 있겠는가." 하였다.

이총(李灇) 세조대왕의 아들인 덕원군(德源君) 이서(李曙)의 아들로, 숭선정(嵩善正)에 봉해졌다. 타고난 자질이 순수하고 아름다워 정학(正學)에 몰두하였고 조광조와 벗이 되어 매우 돈독하게 의를 행하였다. 음률(音律), 산수(算數) 등에 대해 모두 정심한 경지를 이루어서 일찍이 선기옥형(璿璣玉衡)의 제도를 저술하여 세상에 드러났다. 사화가 일어나자 당적에 연루되어 울산(蔚山)에 유배되었다가 후에 석방되어 돌아와 죽었다. 같은 시대 종실인 파릉군(巴陵君) 이경(李璥) 또한 문장과 행실이 있었는데, 사화가 일어나자 대궐에 나아가 눈물을 흘리며 조광조 등의 무죄를 진달하다가 유배되어 축출되었다.

이정숙(李正叔) 종실로 시산정(詩山正)에 봉해졌다. 중종 때에 집안에서 《정주봉사(程朱封事)》를 인행하여 올리며 말하기를 "정사를 하는 도리에는 이보다 더한 것이 없습니다." 하니, 상이 기뻐하며 서적을 하사하였다. 또 일에 따라 상서하여 폐단이 있는 정사를 혁파할 것을 청하니, 사람들이

109 천벽(薦辟) : 대신이나 지방관에게 인재를 추천받아 징소(徵召)하여 관직에 등용하는 것이다.

한(漢)나라의 유향(劉向)과 같은 이라고 하였다. 후에 사화에 연루되어 죽었다.

이기(李祺), 이엄(李儼) 모두 종실이다. 이기는 강녕부정(江寧副正)에 봉해졌고, 이엄은 장성수(長城守)에 봉해졌다. 이엄은 글을 잘 지어서 중종 때에 이기, 이정숙과 함께 상서하여 여악(女樂)을 혁파할 것을 청하였다. 후에 사화에 연루되어 삭직당하고 죽었다. 이기의 노복인 김동(金同) 또한 충의(忠義)로 유명하다. 연산군 때에 총애를 받던 기생이 이기의 집을 빼앗으려고, 이기가 노복을 사주하여 자신을 욕했다고 호소하니, 연산군은 노하여 이기와 김동을 가두고 단근질로 신문하였다. 김동이 "죄는 저에게 있고 주인은 모르는 일입니다."라고 말하였다. 어떤 자가 그에게 이르기를 "네가 주인과 사는 곳이 다르니, 몰랐다고 말한다면 죄를 면할 수 있을 것이다." 하니, 김동이 말하기를 "주인을 죄에 빠트리고 자신만 살아나는 것은 내 차마 못하겠소."라고 하고, 형장 앞에서도 안색이 변치 않으니, 보던 자들이 모두 슬퍼하고 탄식하였다. 중종 때에 그 마을에 정문을 내리도록 명하였다.

김안국(金安國) 문과에 급제하고 중종 때에 중앙과 지방의 관직을 차례로 역임하면서 모두 치적이 있었다. 누차 승진하여 의정부 좌참찬이 되었다. 사화에 연루되어 내쳐져서 여주(驪州)에 살다가 후에 다시 기용되어 좌찬성, 양관 대제학이 되었다. 김안국은 학문이 해박하고 덕망과 문장으로 세상에 이름을 떨쳤다. 일찍이 선위사(宣慰使)로 일본에서 보낸 붕중(硼中)을 접견하였는데, 붕중이 그의 예모와 시문을 보고는 말하기를 "내가 중국에 조회 가 보고 이웃 나라를 빙문한 것이 두세 번이나 되지만 이와 같은 사람은 보지 못하였다." 하였다. 명나라 조사인 화찰(華察)과 설정총(薛廷寵)

이 이르렀을 때 김안국이 관반사(館伴使)가 되었는데, 화찰 등이 깊이 경복하였다. 김안국은 일찍 부모를 여읜 뒤로부터 종신토록 부모를 애모하여 그 집을 '모재(慕齋)'라고 편액을 하였다. 졸한 뒤에 시호는 문경(文敬)이고 인종(仁宗) 묘정에 배향되었다. 저술로는《모재집(慕齋集)》이 있다.

김정국(金正國) 김안국의 아우이다. 중종 때 과거에서 갑과(甲科) 일등을 하고, 대각의 직을 두루 지낸 뒤 지방으로 나가 황해도 관찰사가 되었다. 사화에 연루되어 파직되고 고양(高陽)에 거처하던 거의 20년 동안 강론을 그만두지 않았다. 뒤에 다시 병조 참판이 되었다. 김정국은 김굉필(金宏弼)에게 수학하여 월등히 뛰어나고 속기가 전혀 없으며 글을 잘 짓고 정사에도 능한 데다 지조와 몸가짐이 깨끗하여 온 세상이 존중하였다.

공서린(孔瑞麟) 강직하고 자잘한 일에 얽매이지 않았다. 중종 때에 과거에 합격하고 누차 승진해 승지가 되었다. 사화가 일어나자 공서린이 상소하여 권간(權奸)을 논척하였는데 당적으로 걸려서 삭직되었다. 후에 다시 서용되어 벼슬이 사헌부 대사헌에 이르렀다.

성세창(成世昌) 성현(成俔)의 아들이다. 어려서 김굉필에게 수학하였다. 과거에 합격하고 누차 승진하여 승지가 되어서 이자(李耔), 김정(金淨) 등과 사이좋게 지냈는데 매번 예봉(銳鋒)이 너무 드러나는 것을 경계하였다. 사화가 일어난 뒤에 벼슬을 그만두고 집에 있었다. 뒤에 부제학이 되어 김안로(金安老)를 탄핵하다가 죄에 걸려 평해(平海)로 유배되었다. 김안로가 망한 뒤에 소환되어서 벼슬이 우의정에 이르렀다. 성세창은 벼슬살이를 하면서 어렵고 쉬운 일을 가리지 않았고, 집에 있으면서는 살림살이를 돌보지 않았다. 타고난 자질이 영민하고 학문과 식견이 있으며 문장이 전아(典雅)하여 문형을 맡아 선비들의 긍식(矜式)이 되었다. 서화와 음률이 모두 지극히 정묘하여 당시 사람들이 삼절(三絶)이라고 지목하였다. 호는 둔재(遯齋)이다.

성몽정(成夢井) 성임(成任)의 일가 손자뻘이다. 문과에 급제하여 벼슬이 이조 참판에 이르렀고, 하산군(夏山君)에 봉해졌다. 청렴하고 대범하며 감식안이 있었다. 어버이를 지극히 효성스럽게 섬겼는데, 그 어머니가 일찍이 다른 사람에게 말하기를 "이 아이가 배 속에 있을 때에도 나는 걱정하지 않았다. 어렸을 때에 거친 베로 옷을 입혀도 서운한 기색이 없더니 늙어서 보답을 받는 것이 이와 같구나." 하였다. 졸한 뒤에 예조 판서에 증직되었다. 시호는 양경(襄景)이다.

성세순(成世純) 성임의 일가 손자뻘이다. 문과에 합격하고 중종 때에 벼슬이 대사헌, 지중추부사에 이르렀다. 일을 맡으면 분명하고 과단성이 있으며 엄격하여 인정하는 것이 드물었고 세속을 따라 부침하지 않았다. 여러 번 대간이 되어서 강직한 신하의 풍모가 있었다. 시호는 사숙(思肅)이다.

신상(申鏛) 좌의정 신개(申槩)의 증손이다. 학문에 전념하여 조광조, 이자 등과 벗하며 사이가 좋았다. 문과에 합격하고 중종 때 누차 승진해 벼슬이 이조 판서에 이르렀다. 당시 어진 선비가 조정에 가득하니 큰일을 해 보려는 성급한 풍조가 있었다. 신상은 그 과격함을 걱정하여 양쪽 사이를 조제하여 일을 망치는 데 이르지 않기를 바랐으나 결국은 해내지 못하였다. 사화가 일어나자 파직되어 집에 있다가 졸하였다. 시호는 문절(文節)이다. 신상은 공정함을 지키고 이해(利害)에 마음이 동요되지 않으니 당시 사람들이 모두 떠받들고 심복하였다. 손자인 신잡(申磼)은 평천부원군(平川府院君)에 봉해졌고, 신할(申硈)은 절도사가 되었다.

이자(李耔) 고려 한산군(韓山君) 이색(李穡)의 후손이다. 부친 이예견(李禮

堅)은 대사간이었다. 이자는 갑과 일등으로 급제하고 중종 때에 벼슬이 의정부 우참찬에 이르렀다. 조광조, 신상 등과 뜻이 같고 도가 부합하였다. 사화가 일어난 뒤에 파직되어 음성(陰城)에 거주하면서 스스로 음애(陰崖)라고 호칭하였다. 이자는 침착하고 학문을 좋아하여 늙어서도 배움을 게을리하지 않았으며 효성과 우애가 독실하여 그 형인 이운(李耘)을 돌보기를 사마 온공(司馬溫公)이 백강(伯康)을 돌보듯이[110] 하였다. 일찍이 함께 성묘를 할 적에 이운이 먼저 도착하였는데, 고을 수령인 성림(成霖)이 방문하여 권세를 빙자해 기세를 부리며 청류(淸流)들을 원수처럼 여기는 태도가 방약무인하였다. 그때 이자가 여윈 말을 타고 거친 옷을 입고 들어와 앉으니, 성림은 저도 모르게 기가 꺾여 숨을 죽이고 땀을 흘렸다. 나와서 말하기를 "저절로 경외하는 마음이 들더라." 하였다. 후에 문경(文敬)이라 추시하였다.

이연경(李延慶) 광양군(廣陽君) 이세좌(李世佐)의 손자이다. 뜻을 다져 학문에 힘썼으며 조광조와 벗하여 사이가 좋았다. 과거 공부를 달가워하지 않아 행의(行義)로 6품직을 제수받았으며, 현량과에 응시하여 벼슬이 올라 홍문관 교리에 이르렀다. 사화가 일어나자 벼슬을 그만두고 충주(忠州) 용연(龍淵) 가에 살면서 호를 탄수(灘叟)라고 하였다. 남곤(南袞)이 죽고 다시 기용되어 관직을 제수받았으나 나가지 않았다. 이연경은 자질이 높고 학문이 깊었으며 견식이 매우 뛰어나 벼슬을 맡아서는 정직하게 하였

110 사마 온공(司馬溫公)이 백강(伯康)을 돌보듯이 : 사마 온공은 사마광(司馬光)이고 백강은 그의 재종형인 사마단(司馬旦)이다. 사마광은 그의 형과 우애가 아주 돈독하여 함께 살면서 항상 음식과 의복을 살피는 등 아버지처럼 받들고 어린아이처럼 보호하였다 한다. 《宋名臣言行錄 後集 卷7》

고 사람을 가르치기를 게을리하지 않았다. 일찍이 말하기를 "학자는 모름지기 잡티를 씻어 없애서 심지를 청명하게 한 뒤에야 도(道)의 좁은 길로 들어갈 수 있고 소인의 경지로 빠지는 것을 면할 수 있다." 하였다.

이사균(李思鈞) 두 번이나 과거에 합격하고 중종 때에 벼슬이 이조 판서에 이르렀다. 시호는 문강(文剛)이다. 성품이 굳세어 사소한 일에 구애받지 않았다.

임추(任樞) 임유겸(任由謙)의 아들이다. 총명하고 학문을 좋아하여 중종 때 과거에 합격하고 벼슬이 경상도 관찰사에 이르렀다. 아들 임호신(任虎臣) 또한 경상도 관찰사가 되고 벼슬이 호조 판서에 이르렀으며 시호는 정간(貞簡)이었다. 부자와 형제가 모두 조정에 벼슬하며 청렴 강직하니, 세상에서 훌륭한 재상이라고 칭하였다.

임권(任權) 임추의 아우이다. 어려서부터 총명하고 민첩하여 형과 함께 거처하면서 학문에 힘썼다. 중종 때에 과거에 합격하여 누차 사인(舍人), 보덕(輔德)에 보임되었다. 인종(仁宗)이 동궁에 있을 적에 강관(講官)들은 모두 당시 최고의 인재로 선발된 이들이었는데 임권이 유독 으뜸이 되니, 중종이 그가 권면하고 경계하는 글을 보고는 말하기를 "보도하는 책임을 진 자가 다만 이와 같아야 하지 않겠는가." 하였다. 벼슬이 병조 판서에 이르렀다. 시호는 정헌(貞憲)이다. 집안이 가난해도 태연하였다. 한번은 자제들에게 말하기를 "내가 어찌 남들보다 뛰어난 점이 있겠는가. 다만 혼자 있을 때에 스스로 속임이 없고, 남을 대할 때 일을 숨김이 없었을 뿐이다." 하였다.

유관(柳灌) 좌의정 유량(柳亮)의 5세손이다. 부친 유정수(柳廷秀)는 장령이 되어 직신(直臣)으로 유명하였다. 유관은 과거에 합격하고 중종 때에 누차 승진해 벼슬이 의정부 좌의정에 이르렀는데, 명종 초에 윤원형(尹元衡), 정순붕(鄭順朋) 등의 모함을 받아 유인숙(柳仁淑)과 함께 피살되었다.

유인숙(柳仁淑) 중종 때에 과거에 합격하고 누차 승진해 승지가 되었다. 사화에 걸려 벼슬에서 쫓겨나 살고 있었는데 남곤(南袞) 등이 죽자 다시 서용되어 이조 판서가 되었다. 명종 초에 정순붕의 모함을 받아 유배 가서 죽었다.

채세영(蔡世英) 중종 때에 과거에 합격하고 누차 승진해 벼슬이 의정부 좌참찬에 이르렀다. 사람됨이 단정하고 중후하여 평소 권세가의 집에 발걸음을 하지 않았다. 사화를 당했을 때에 채세영은 검열(檢閱)이었는데 붓을 쥐고 극력 간언하니, 남곤의 당이 붓을 빼앗아 스스로 여러 현인들의 죄안을 쓰려고 하였다. 채세영이 도로 붓을 뺏고 말하기를 "이것은 사필(史筆)이니 다른 사람이 쓸 수 있는 것이 아니다."라고 하자, 좌우의 사람들이 움츠러들었다. 길거리의 사람들이 그를 가리키며 "이분이 임금 앞에서 붓을 빼앗은 공(公)이다."라고 하였다. 천문, 의약부터 한어(漢語)에 이르기까지 모두 능통하였다.

신광한(申光漢) 신용개(申用漑)의 종제이다. 자질과 성품이 청렴하고 소탈하며 박학하고 문장에 뛰어났다. 중종 때에 과거에 발탁되어 누차 승진해 승지가 되었다. 후에 사화에 걸려서 쫓겨나 여주(驪州)에 살았다. 남곤 등이 죽자 다시 서용되어 이조 판서, 대제학이 되었다. 명종 초에 좌찬성에 임명되고 영성부원군(靈城府院君)에 봉해졌다. 시호는 문간(文簡)이다. 명나라 조사(詔使) 장승헌(張承憲)이 우리나라에 이르렀을 때 신광한이 빈사(儐使)가 되었는데, 장승헌이 그가 수창하는 시를 보고는 용모를 바꾸고 탄복하였다. 자호를 낙봉(駱峯)이라 하였고 또 선재(仙齋)라고 부르기도 하였다. 문집[111]이 세상에 행해진다.

신잠(申潛) 신종호(申從濩)의 아들이다. 풍도와 아량이 있고, 문장에 뛰어났으며 서예와 그림에도 능하니 사람들이 삼절(三絶)이라고 불렀다. 중종 때에 천거를 받아 현량과에 합격하여 예문관 검열이 되었다. 사화에 걸려 파방(罷榜)되자 양주(楊州) 아차산(峨嵯山) 아래에 은둔하며 거주하였다. 후에 다시 기용되어 태인(泰仁), 상주(尙州)의 수령이 되었는데, 모두 치적과 행실이 제일이라고 알려져서 품계가 통정대부로 올랐다. 호는 영천자(靈川子)이다.

심연원(沈連源) 청송부원군(青松府院君) 심회(沈澮)의 증손이다. 문과에 급제하고 중종과 명종 두 대를 섬겨 벼슬이 의정부 영의정에 이르렀다. 중앙과 지방의 관직을 두루 역임하였는데 이르는 곳마다 치적이 있었다. 충신(忠愼)하고 겸손하여 세상에서 현상(賢相)이라고 칭하였다. 시호는 충혜(忠惠)이다. 아들 심강(沈鋼)은 공헌왕(恭憲王 명종) 때에 국구(國舅)로서 청릉부원군(青陵府院君)에 봉해졌다. 심강의 아들 심의겸(沈義謙)은 대사헌이고, 심충겸(沈忠謙)은 판서이다.

심봉원(沈逢源) 심연원의 아우이다. 과거에 합격하고 승진하여 승지에 이르렀다. 스스로 병이 많다는 이유로 욕망을 조절하고 심지를 안정시키고 진원(眞源)을 기르는 데 힘썼다. 또 가문이 지나치게 번성한 것을 경계하여 남산 아래에 집을 지어 우송당(友松堂)이라고 편액을 걸고 나서 문을 닫고 손님을 사절하였다. 공헌왕은 그가 조용히 물러났으므로 특별히 동지중추부사를 더하였다. 아우인 심통원(沈通源)은 좌의정이 되었다.

111 문집 : 《기재집(企齋集)》이다.

조광원(曺光遠) 부친 조계상(曺繼商)은 창녕군(昌寧君)에 봉해졌다. 조광원은 어려서부터 웅건하고 활쏘기와 말타기를 잘하였다. 문과에 합격하고 명종 때에 누차 옮겨서 공조 판서가 되었다. 왜적이 호남을 침범하였을 때 경상도 순찰사(慶尙道巡察使)로 있으면서 호남 지역을 겸하여 안찰하였다. 조정에 들어가 좌참찬이 되었고 벼슬이 판중추부사에 이르렀다. 벼슬살이에 대체를 따르기를 힘쓰고 분잡하거나 화려한 것을 좋아하지 않았다. 조정에 출사한 지 40년 동안 누차 방백을 맡았는데도 선대에서 물려받은 기업 외에 한 치의 땅도 늘어나지 않았다.

정희등(鄭希登) 부친 정구(鄭球)는 올바른 행실로 이름이 드러났으나 벼슬이 첨정에 그쳤다. 정희등은 타고난 자질이 강하고 방정하였는데 중종 때에 과거에 합격하여 대각에 들어가 올곧게 조정에 있으니 여러 소인들의 시기를 받았다. 인종(仁宗)이 세자로 있을 때 정희등이 필선(弼善), 시강(侍講)이 되었는데, 그의 효행을 듣고 서적을 하사하여 가상하게 여겼다. 명종이 즉위하자 윤원형(尹元衡)이 문정왕후(文定王后)의 밀지로 대간을 사주하여 장차 세 대신[112]을 죽이려고 하였는데, 정희등이 장령으로서 자리에 참여하였다가 정색을 하고 말하기를 "이는 국가의 대사인데 어찌 내지(內旨)를 가지고 할 수 있겠습니까." 하고 따르지 않았다. 마침내 박광우(朴光祐)와 함께 고신을 받고 죽으니, 그 어미가 울며 말하기를 "내 아들이 평생 정직하게 살다가 이 때문에 죄를 얻었으니 어찌 마음에 부끄럽겠는가." 하였다. 유사(有司)가 가산을 적몰하여 집안사람들이 시신을 거둘 수 없었는데, 도중(都中)의 인사가 한밤에 면포 300여 필을 모아서 주고 성명

112 세 대신 : 을사사화 당시 죽은 윤임(尹任), 유관(柳灌), 유인숙(柳仁淑)이다.

을 말하지 않고 떠났다.

박광우(朴光祐) 성품이 강개하고 학문에 힘썼으며 글 짓는 것이 전아한 데다 종이를 잡으면 당장에 써 내려갔다. 중종 때 조광조 등이 피살되자 박광우는 태학생으로서 입궐하여 울부짖으며 억울함을 호소하였다. 후에 문과에 합격하였다. 명종 초에 사간이 되었는데 윤원형이 내지로 사화를 조작하려 하니, 박광우가 정색을 하고 굽히지 않다가 정희등과 함께 하옥되어 죽었다.

박충원(朴忠元) 그 선조는 밀양(密陽) 출신이니, 밀산군(密山君) 박중손(朴仲孫)의 후손이다. 과거에 합격하여 여러 차례 벼슬을 하였다. 명종 때에 이조 참의로서 윤원형을 거슬러 배척되어 영월 군수(寧越郡守)가 되었는데 선정이 있었다. 조정에 들어와 승지가 되었고 누차 승진하여 벼슬이 제도 관찰사, □□ 판서,[113] 양관 대제학에 이르렀다. 아들 박계현(朴啓賢)은 제도 관찰사, □□ 판서[114]이고, 증손 박승종(朴承宗)은 광해군 때에 좌의정이 되었다.

윤개(尹漑) 공희왕(恭僖王 중종) 때에 과거에 합격하여 이조 좌랑이 되었다. 사화에 걸려 배척받아 지방 관원이 되었다. 명종 때에 누차 승진해 벼슬이 좌의정에 이르렀다. 중국어를 잘하였다. 손자 윤담휴(尹覃休)는 문장과 행실이 있어 벼슬이 부제학에 이르렀다. 증손 윤지경(尹知敬)은 승지가 되어 직간으로 알려졌다.

권철(權轍) 찬성 권제(權踶)의 현손이다. 공희왕 때에 과거에 합격하였고,

113 판서 : 박충원(朴忠元)은 예조·형조·이조·병조 판서를 역임하였다.

114 판서 : 박계현(朴啓賢)은 병조·호조 판서를 역임하였다.

공헌왕(恭憲王 명종) 때에 누차 승진하여 전라도·경상도 관찰사, 이조 판서가 되었으며 우의정에 임명되었다. 소경왕(昭敬王 선조)이 즉위하고 영의정에 올랐다. 네 임금을 차례로 섬기면서 정승이 되어 형법을 준용하는 데 힘썼다. 일찍이 말하기를 "내가 여러 차례 형벌의 권한을 잡았지만 감히 인명을 함부로 다루지 않았다."라고 하였다.

이윤경(李潤慶) 이연경(李延慶)의 종제이다. 공희왕 때에 과거에 합격하여 대각의 직임을 두루 역임하였다. 명종 때에 전주 부윤(全州府尹)으로 나갔을 때 왜적이 남녘을 침입하자 관찰사의 명령으로 가서 영암성(靈巖城)을 지키면서 싸우고 방수하는 데 공을 세워 품계가 올라 전라도 관찰사로 승진하였다. 누차 승진하여 병조 판서가 되었다. 이윤경은 평소 청렴 검소하고 일이 생기면 사사로운 일을 잊고 국사를 봉행하였다. 그가 졸하자 조야가 애석하게 여겼다. 시호는 정헌(正獻)이다.

이준경(李浚慶) 이윤경의 아우이다. 자질과 품성이 엄하고 단정하며 기국이 있었다. 중종 때에 과거에 합격하였고 명종 때에 누차 승진해 병조 판서가 되었다. 왜적이 남녘을 침입하자 이준경은 도원수로서 가서 방어하였다. 벼슬이 의정부 영의정에 이르렀다. 명종이 죽고 후사가 없을 때에 조사(詔使) 허국(許國)이 목종황제(穆宗皇帝)의 등극을 알리는 일로 이미 국경에 이르니, 중외의 인심이 흉흉하였다. 이준경이 유교(遺敎)로 선조(宣祖)를 영립하기를 청하고 국상을 치르는 일과 조칙을 맞이하는 일을 참정(參定)하였는데 길례와 흉례의 의주(儀注)가 둘 다 마땅하였으므로 상하가 편안하였다. 요행을 바라는 무리가 더러 후사의 대계(大計)를 정한 것을 공으로 내세우자, 이준경이 말하기를 "일은 대내(大內)에서 정한 것인데 신하가 어찌 거기에 관여했겠는가."라고 하니, 사람들이 감히 더 이상 말하지 못하였다. 새로운 정사를 보필하고 권간을 축출하며 억울함을 신원해 주고 폐단이 있는 법제를 개혁하였다. 졸하고 나서 시호는 충정(忠正)이며, 소경왕 묘정에 배향되었다. 이준경은 검약을 지키어 완호하는 것이 전혀 없었으며 대계를 정하고 큰일을 처리하면서 안색이나 음성이 동요되지 않았으니, 국조 이래 재상의 사업을 논하는 자들은 반드시 이준경을 꼽았다.

안현(安玹) 안당(安瑭)의 □□이다. 중종 때에 과거에 급제하고 누차 승진하여 대간과 시종직을 지냈는데 강직하고 명석하다고 소문났다. 외직으로 나가 전라도와 경상도 관찰사가 되었는데 모두 치적이 있었다. 명종 때에 벼슬이 의정부 좌의정에 이르렀다. 안현은 성품이 단아하고 중후하여 말과 웃음이 적었으며 사사로이 주는 것을 받지 않고 뇌물이 통하지 않으니, 세상에서 명신(名臣)이라고 칭하였다.

조언수(趙彦秀) 조말생(趙末生)의 5대손이다. 자질이 순박하고 문장과 행실이 있어 과거에 합격하였다. 명종 때에 대사헌으로서 중국 경사에 하절사(賀節使)로 갔는데, 예부 상서(禮部尙書)가 사저로 초청하고 말하기를 "그대의 덕스러운 용모를 좋아하여 예를 벗어나 만나는 것이오." 하고 이어서 《사서구결(四書口訣)》을 주었다. 후에 함경도와 강원도를 안찰하였는데 모두 은혜로운 정사가 있었다. 벼슬이 형조 판서에 이르렀다. 비할 데 없이 청백하여 죽은 뒤에 집안에 남은 재물이 없었다. 시호는 정간(貞簡)이다. 아우인 조사수(趙士秀)는 과거에 합격하여 우찬성이 되었는데 문장의 명성과 청렴한 절개가 있었다. 시호는 문절(文節)이다.

이택(李澤) 이륙(李陸)의 손자이다. 학문에 힘쓰고 글씨를 잘 썼으며 또 활쏘기와 말타기를 잘하였다. 문과에 급제하였다. 명종 때에 누차 승진하여 승지가 되었고 일곱 번이나 관찰사가 되었으며 두 번 절도사가 되었고 예조 참판으로 졸하였다. 성품이 청렴하고 부지런하여 이르는 곳마다 정사를 잘한다는 명성이 있었다.

민기(閔箕) 어려서부터 영특하더니 조금 자란 뒤에 더욱 학문에 힘썼다. 당시 조광조(趙光祖)와 여러 현인이 화를 당하였는데 사람들은 모두 학문 때문이라고 하였다. 민기는 분발하여 사서(四書) 공부에 침잠하면서 김안국(金安國)에게 가서 질정을 받았다. 김안국이 말하기를 "민 선비의 학문은 세상 유학자들이 미칠 바가 아니다."라고 하였다. 과거에 합격하고 홍문관 정자로 선발되었다. 공헌왕 때에 누차 승진하여 이조 판서가 되었다. 선조가 즉위하고 우의정에 임명되었다. 졸한 뒤에 시호는 문경(文景)이다. 민기는 조정에 벼슬하면서 청렴하고 고요하였으며 사람을 논할 때는 장점을 취하고 단점을 버렸다. 젊었을 때 일찍이 생각하기를 '옛사람은 성현의 책에 대해 반드시 익숙하게 강독하고 깊이 생각한 뒤에 이해하였으므로 독서에서 힘을 얻은 것이 많았다. 그런데 지금은 선유의 훈(訓)과 해석이 환하게 눈에 들어와 그 글 뜻을 알 수 있으니, 실제 스스로 마음에 얻어지는 것은 없다.'라고 하고는 이에 손수 사서의 정문(正文)을 써서 읽었다.

이탁(李鐸) 고려 태사 이도(李棹)의 후손이다. 성정이 굳세고 올곧아서 위풍이 있었다. 문과에 합격하고 명종 때에 대사헌이 되어 박순(朴淳)과 함께 윤원형(尹元衡)을 논핵하였다. 선조 때에 벼슬이 의정부 영의정에 이르렀다. 이조 판서가 되었을 때 '재주와 행의가 있는 선비는 상규에 구애하지 말고 제수해 등용할 것'을 건백(建白)하였다. 이로 인해 이름난 선비들이 낮은 자리에 침체되지 않고 여러 벼슬에 인재를 얻을 수 있었으니 전후로 전조(銓曹)를 맡은 자들이 모두 그에 미치지 못하였다. 시호는 경숙(景

肅)이다. 아들 이해수(李海壽)는 벼슬이 대사간에 이르렀는데 청렴 강직하고 과감하게 직언하였으며 효행으로 알려졌다.

정유길(鄭惟吉) 정광필(鄭光弼)의 손자이다. 문과에 일등으로 합격하였다. 명종 때에 누차 승진하여 이조 판서, 양관 대제학이 되었다. 선조 때에 벼슬이 좌의정에 이르렀다. 온화하고 후덕한 풍도(風度)가 있었고 시문이 풍부하고 아름다웠다. 조사(詔使) 한세능(韓世能)과 진삼모(陳三謨)가 도성에 이르렀을 때 정유길이 빈사(儐使)가 되니, 그를 보자마자 공경을 더하였다. 저술은 《임당유고(林塘遺稿)》가 있다. 조카인 정지연(鄭芝衍)도 선조 때에 재상에 임명되었다.

남치근(南致勤) 용력이 남들보다 뛰어나 사나운 위엄이 있어서 입을 다물거나 질타를 하거나 사람들이 감히 우러러보지 못하였다. 무과에 합격하여 벼슬이 한성 판윤에 이르렀다. 공헌왕(恭憲王) 때 왜적이 남쪽을 침범하고 잇따라 주진을 함락하자 남치근이 방어사로 가 막아서 나주에서 왜적을 격파하였다. 또 황해도 토적 임꺽정(林巨正)을 토벌하여 사로잡았다.

백인걸(白仁傑) 어려서부터 영특하고 효자라고 일컬어졌다. 자라서 조광조에게 수학하고 중종 말기에 과거에 합격하였다. 명종 초에 헌납이 되었는데 직간(直諫) 때문에 오랫동안 북방에 유배되었다. 선조 때에 벼슬이 의정부 우참찬에 이르렀다. 백인걸은 조정에 서서 올곧은 말을 하여 위세에 굽히지 않았으며, 현인을 좋아하고 선을 즐기어 늙도록 변치 않았다. 선조가 일찍이 수찰(手札)을 내려[115] 이르기를 "경의 충성은 해와 달을 꿰뚫을

115 선조가……내려 : 1569년(선조2) 1월 특명으로 백인걸(白仁傑)을 사헌부 대사헌에 임명하자 백인걸이 사양하니 선조가 수찰을 내렸다.《牛溪集 卷6 議政府右參贊白公行狀》

만하고, 절의는 얼음 서리를 능가할 만하다." 하였다. 아들 백유함(白惟咸)은 벼슬이 승지에 이르렀다.

조욱(趙昱) 평양백(平壤伯) 조인규(趙仁規)의 후손이다. 어려서부터 도(道)를 구할 뜻을 지니고 조광조에게 수학하였는데, 깊이 생각해 연구하느라 침식을 잊을 정도였다. 조광조가 말하기를 "도를 구하는 독실함이 조군(趙君)만 한 이가 없다." 하였다. 형 조성(趙晟) 또한 학문에 뜻을 두고 견문이 많아서 조욱과 함께 중한 명망이 있었으니, 사람들이 두 정자(程子)에 비의하였다. 사화가 일어나자 조욱은 〈우설사(雨雪詞)〉를 지어 자신의 뜻을 드러내고 지평현(砥平縣) 용문산(龍門山)에 은거하였다. 공헌왕 때에 천거로 장수 현감(長水縣監)이 되어 백성을 새롭게 하고 풍속을 선하게 하는 다스림에 힘썼다.

이항(李恒) 고려 성산군(星山君) 이장경(李長庚)의 후손이다. 어려서 호방하고 웅건하여 유협(遊俠)을 좋아하였다. 나이 30이 다 되어서 스스로 후회하고 깨우쳐서 당장 그 무리를 떠났다. 지조를 바꾸어 《대학》을 읽고 뜻을 가다듬어 도(道)를 구하여, 손을 씻고 상복(上服)을 입지 않으면 책상 앞에 앉지 않았다. 도봉산(道峯山)에 올라 단정히 앉아서 글을 외고 생각하여서 반드시 깊이 체득하고 마음으로 터득하고자 하였다. 한번은 말 위에서 책을 잡고 생각에 빠져서 문득 벽제를 범하는 바람에 노복이 잡혀가고 말이 끌려가는데도 깨닫지 못하였으니, 각고의 노력을 다한 것이 이와 같았다. 어머니를 모시고 남쪽으로 태인(泰仁)에 돌아가서 농사에 힘써 어머니를 봉양하였다. 공헌왕 때에 여러 차례 불러서 임명하였고, 승진하여 사헌부 장령까지 이르렀다.

성수침(成守琛) 성세순(成世純)의 아들이다. 젊어서부터 고상한 행실이 있었다. 아우인 성수종(成守琮)과 함께 조광조에게 수학하니, 사람들이 '두 효자'라고 칭하였다.[116] 집이 백악산(白岳山) 아래에 있었는데 동산 북쪽 소나무 숲에 서실을 짓고 청송(聽松)이라고 편액을 달았다. 날마다 여러 성리서(性理書)를 읽고 개탄하여 실천에 힘쓰고 학문을 즐거움으로 삼았다. 세도(世道)가 쇠퇴한 것을 보고 파주(坡州)에 은거하였다. 명종 때에 어질다고 천거한 이가 있어 기용하여 예산 현감(禮山縣監)에 제수하였으나 나오지 않았다. 성수침은 타고난 성품이 고상하고 덕기(德器)가 혼연히 완성되어 아는 자든 모르는 자든 다들 선생(先生)이라고 칭하였다. 필법이 맑고 뛰어나 옛 법도에 핍진하였는데, 논자들이 "그의 글씨를 살펴보면 또한 도를 지닌 자의 기상을 볼 수 있다."라고 하였다.

성운(成運) 성수침의 종제이다. 고상한 뜻과 독실한 행실이 있었는데 사화가 누차 일어나는 것을 보고 당세에 뜻을 끊고 보은(報恩) 속리산(俗離山) 아래에 은거하였다. 명종 때에 천거하는 자가 있어 불러서 6품 관직에 임명하였으나 글을 올려 돌아가기를 청하였다. 선조가 누차 시정(寺正)으로 징소(徵召)하였으나 끝내 나오지 않았다. 성운은 평소에 시정(時政)을 언급하지 않았으며 처자를 대하기를 손님 대하듯이 하였고 학문을 즐거움으로 삼아 가난함을 잊었다. 조카인 성윤해(成允諧)는 풍채가 크고 후덕하여 겉모습은 너그럽고 평탄하였으나 내면은 방정하고 엄숙하였다. 명종 말기에 상주(尙州)에 은거하였는데, 선조가 그의 행의(行義)를 듣고 누차 관직

116 사람들이……칭하였다 : 두 효자는 성수침과 성수종을 말한다. 당시 이들이 부모상을 치를 적에 정과 예를 모두 극진하게 하였으므로 당시 사람들이 "성씨 가문에 두 아들이 있으니, 그들의 효행이 아버지를 계승했네.〔成門有二子, 孝行繼家君.〕"라는 시로 칭탄하였다고 한다.《栗谷全書 卷18 聽松成先生行狀》

에 제수하였으나 모두 나오지 않았다. 성운이 일찍이 말하기를 "윤해는 기품이 남들보다 몇 등급이나 뛰어나니 만년의 성취는 내가 미칠 바가 아닐 것이다."라고 하였다.

이몽규(李夢奎) 계보는 경주(慶州)이다. 고조 이연손(李延孫)은 참판이었다. 이몽규는 풍채가 빼어나고 10여 세에 문의(文義)가 이미 성취되었다. 재상 김극성(金克成)이 그를 보고 기이하게 여겨 딸을 아내로 삼아 주었다. 행실이 순수하고 독실하여 그의 상례와 제례를 구경한 자들이 모두 감탄하였다. 김정국(金正國)이 와서 그와 함께 학문에 대해 논하고 더욱 공경하고 중하게 여겼다. 성균관 생원시에 합격하였다. 인종이 훙서한 뒤에 이몽규는 세도가 어지러운 것을 보고 보령(保寧)에 은거하며 생을 마쳤다. 일찍이 전관(銓官)이 그를 천거하고자 하였는데 이몽규의 벗이 만류하면서 말하기를 "나는 그가 마음을 반드시 굽히려 하지 않으리라는 것을 아니 다만 그 명성만 더해 줄 뿐입니다. 명성은 바로 그가 싫어하는 바이니 어찌 군이 싫어하는 것을 더해 줄 필요가 있겠습니까." 하였다. 식자들이 그의 지조를 높게 여겼다.

이중호(李仲虎) 효령대군(孝寧大君) 이보(李補)의 후손이다. 타고난 품성이 용감하고 어려서부터 시를 잘한다는 이름이 있었다. 일찍이 《맹자》를 읽고 감탄하여 도를 구하려는 뜻을 지닌 뒤로 밤낮없이 글을 외우고 생각하느라 침식을 잊을 정도였다. 그가 말하기를 "움직일 때나 고요할 때나 말할 때나 침묵할 때나 모두 천리이니, 털끝만치라도 어긋나면 생리(生理)가 바로 사라진다." 하였다. 행실을 돈독히 하고 실천에 힘써 깊이 자득함이 있었다. 따르며 배우는 자들이 매우 많아 이소재(履素齋) 선생이라 칭하였다. 공헌왕 때에 대간이 그를 천거하여 품급을 뛰어넘어 6품직을 제수하였는데 얼마 뒤에 졸하였다. 저술로 〈심성도(心性圖)〉, 《성리명감(性理明鑑)》, 자경시문(自警詩文) 수백 편이 있다.

이관(李琯) 종실이니 세종(世宗)의 현손이다. 종실로서 처음엔 순천수(順川守)에 봉해졌다. 타고난 품성이 순수하고 아름다우며 효성스럽고 우애가 있으며 예법을 좋아하였다. 이중호와 함께 산재(山齋)에서 10년 동안 매우 부지런히 글을 읽었는데, 이중호의 학문이 고명해진 뒤에는 그를 스승으로 섬겼다. 공헌왕 때에 지조와 행실이 독실하다는 이유로 순천군(順川君)으로 승격되어 봉해졌다. 형 금천군(錦川君)과 아우 홍천수(洪川守)도 모두 어진 행실이 있었다. 금천군의 아들 이성중(李誠中)은 벼슬이 판서에 이르렀으며 문장과 행실로 일컬어졌다. 이경중(李敬中)과 이양중(李養中)도 모두 명신이 되었다.

이수곤(李壽崑) 세종의 아들인 임영대군(臨瀛大君)의 후손이다. 종실로서 처음에는 절신수(節愼守)에 봉해졌다. 어려서부터 독서를 좋아하였고 자라서는 더욱 학문에 힘써서, 시예(試藝)로 절신정(節愼正)으로 승격되었다. 효성과 우애가 독실하고 지극하여 어버이 상에 3년 동안 죽만 먹으니 이웃과 마을이 모두 보고 감동하였다. 임진왜란 때 임금을 호종하여 충성과 근로가 많이 드러나니 소경왕(昭敬王)이 절신군(節愼君)으로 올려 봉하고, 충효로 그 문에 정려하였다.

정렴(鄭磏) 부친이 정순붕(鄭順朋)으로 공헌왕 때에 우의정이었다. 정렴은 어려서부터 총명함이 남보다 뛰어났으며 겸허하고 고명하였다. 경전에 널리 통하였고, 천문(天文), 지리(地理), 의약(醫藥), 복서(卜筮), 역산(曆算), 음률(律音)에 대해 모두 신묘하게 이해하였고 신선술과 불교에 이르기까지도 모두 정확하게 증험하였다. 일찍이 산사(山寺)에 있을 때에 그의 마음이 술법에 통하였는지 시험해 보았는데 산 아래 100리 안의 일을 환히 알 수 있었다. 부친을 따라 중국에 갔을 때 한인(漢人)을 보면 바로 한어(漢語)를 하였고, 유구(琉球) 사신을 만나면 유구 말에 능통하여 그들과 《역(易)》에 대해 논하였다. 유구 사신도 비범한 사람이었는데 자기 나라에서 점을 쳐 보고 말하기를 "이번 사행에 진인(眞人) 한 사람을 만날 것이라고 한다." 하였다. 일찍이 포천 현감(抱川縣監)이 되었다가 오래지 않아 사직하고 돌아갔다. 정순붕이 사화를 만들어 내자 정렴이 눈물을 흘리며 간언하였으나 따르지 않으니 마침내 종신토록 스스로 신분을 숨긴 채 지냈다. 그가 죽었을 때 이인(異人)이 그가 죽어서 신선이 되었다고 하였다. 자호는 북창(北窓)이다. 논자가 말하기를 "그 깨달음은 선사(禪師)와 비슷하고 그 자취는 노자와 비슷하며 그 귀결은 성현을 종지로 삼았다."라고 하였다. 아우 정작(鄭碏)도 담박하고 시를 잘하였으며 약학과 관상 등의 술법에 두루 통하였다. 일찍 아내를 잃었으나 다시 장가들지 않고 여색을 끊고 지내다가 36세에 졸하였다. 《북창유고(北窓遺稿)》와 《고옥유고(古玉遺稿)》 각 1권이 있다.

이지함(李之菡) 고려 말 명신 이색(李穡)의 후손이다. 형인 군수 이지번(李之蕃)은 고아한 식견이 있었는데, 이지함이 그를 좇아 배워서 널리 백가(百家)의 학설에 통달하였고 특히 천문, 지리를 깊이 깨우쳤다. 명예와 이익을 떨쳐 버리고 국내 산천이라면 아무리 멀어도 놀러 가지 않은 곳이 없었으며, 모든 고귀함과 빈천함, 굶주림과 배부름, 괴로움과 즐거움에 대해 몸소 체험하지 않은 것이 없었다. 더러 세상을 구경거리로 여기며 속세의 일을 끊어 버렸지만 사람의 선악 길흉과 시사(時事)의 치란을 아는 데는 귀신처럼 선견지명이 있었다. 집 안에 있을 때의 행실은 매우 고아하였다.

소경왕 때에 천거를 받아 포천(抱川), 아산(牙山) 현감이 되었는데 백성을 자식처럼 사랑하였으나 또한 그 직책에 오래 있지 못하였다. 사는 곳에 흙으로 집을 지었는데 이 때문에 토정(土亭)이라고 자호하였다. 당시 명류들이 모두 그를 공경하였다.

이산해(李山海) 이지번(李之蕃)의 아들이다. 10여 세에 이미 문장으로 이름나서 일찍 과거에 발탁되었다. 선조 때에 누차 벼슬하여 이조 판서, 양관 대제학을 지냈으며 의정부 영의정에 이르렀다. 저술로 《아계집(鵝溪集)》이 있다. 아들 이경전(李慶全)은 한평군(韓平君)에 봉해졌는데 그 또한 문장으로 이름이 알려졌다.

이이(李珥) 계보는 덕수(德水)로 지돈녕부사 이명신(李明晨)의 5대손이다. 명종 말기에 진사시와 문과에 응시하여 모두 일등을 하였다. 선조 때에 오랫동안 대각에 있었고 누차 승진하여 이조 판서, 양관 대제학을 지내고 벼슬이 의정부 우찬성에 이르렀다. 이이는 타고난 품성이 월등히 뛰어나고 학문이 고명하여 항상 세상을 경영하고 구제하는 것을 자임하였다. 자신을 수양하고 현인을 등용하고 폐단을 혁파하고 치세(治世)를 일으켜야 한다는 설로 상을 권면하여 전후로 간절하게 수만 자의 글을 올렸으나 뜻이 맞지 않았으니 그러면 번번이 벼슬을 그만두고 물러났다. 상이 만년에야 그에게 위임하고자 하였으나 49세에 갑자기 졸하니, 궁벽한 시골 마을의 백성들까지 조문하지 않는 이가 없었으며 태학생과 금군(禁軍)은 모두 와서 곡하며 전(奠)을 올렸다. 시호는 문성(文成)이다. 학자들은 율곡(栗谷) 선생이라고 불렀다. 저술로 《성학집요(聖學輯要)》, 《격몽요결(擊蒙要訣)》이 있으며 또 문집 수십 권이 있다.

이지남(李至男) 성품이 지극히 효성스러웠다. 일찍이 이중호(李仲虎)를 따라 배워서 뜻을 독실하게 하고 행실에 힘썼다. 부친인 이언침(李彦忱)이 장령으로서 일에 대해 논하다가 귀양 가 죽으니, 이지남이 직접 흙을 져서 장사를 치르고 묘소 옆에서 여막살이를 하였는데 끊임없이 눈물을 흘려 사초(莎草)가 그 때문에 말라 버렸다. 모친 안씨(安氏)를 지극한 정성으로 섬겨 병을 앓을 때 효성으로 감동시킨 일이 많으니, 마을이 모두 감화되어 불초한 자들도 변화하여 효순(孝順)하게 되었다. 소경왕 때에 학행으로 참봉에 임명되었는데 아전과 노복들이 모두 아버지처럼 사랑하고 공경하여 차마 속이지 못하였다. 49세의 나이로 졸하였는데, 학자들이 영응(永膺) 선생이라 칭하였다. 아들 이기직(李基稷)과 이기설(李基卨)이 모두 학문에 힘쓰고 효성스럽기가 그 아버지와 같았다. 안씨가 예전에 오래 병을 앓았을 때 말하기를 "내가 효자가 있고 또 효손이 있으니 내 병은 고달프지만 내 마음은 편안하다." 하였다. 이지남이 죽자 두 아들이 물과 장물도 입에 넣지 않고 애통함이 천지를 감동시키니, 조문하는 자들이 모두 태도를 바꾸며 눈물을 흘렸다. 이기직은 일찍 죽었고 이기설은 벼슬이 군수에 이르렀다. 세상에서 '빙벽(氷檗)의 지조'[117]를 일컫는 자들은 반드시 이기설을 거론한다.

허엽(許曄) 어려서 서경덕(徐敬德)에게 수학하였는데 영리하고 박식하였다. 과거에 급제하고 소경왕을 섬겨 대각(臺閣)의 직책을 역임하면서 명성이 있었다. 외직으로 나가 경상도 관찰사가 되어 졸하였다. 아들 허성(許

117 빙벽(氷檗)의 지조 : 빙(氷)은 얼음이고 벽(檗)은 황벽(黃檗) 즉 황백(黃柏)을 이르는데, 얼음은 차고 깨끗하며 황벽은 맛이 쓰기 때문에 어려움 속에서도 청빈한 지조를 지키는 것을 말한다. 백거이(白居易)의 "삼 년 세월 동안 자사로 있으면서, 얼음물을 마시고 황벽을 먹었노라.〔三年爲刺史, 飮氷復食檗.〕"라는 시구에서 유래하였다.《白樂天詩集 卷1 三年爲刺史》

晟)은 학문에 부지런하고 지조가 있었으며 누차 승진하여 벼슬이 이조 판서에 이르렀다. 허봉(許篈)은 재주가 훌륭하여 홍문관 전한이 되었는데 시에 뛰어난 것으로 세상에 이름났으며 저술에 《하곡집(荷谷集)》이 있다.

남언경(南彦經) -원문 결락-

권벽(權擘) 찬성 권근(權近)의 후손이다. 과거에 급제하고 소경왕 때에 벼슬이 참의(參議)에 이르렀다. 성품이 청렴하고 대범하였다. 글을 많이 보고 기억을 잘하였으며 시율(詩律)이 정심하였다. 문집으로 《습재집(習齋集)》이 있다. 아들 권필(權韠)은 성품이 호방하고 시를 잘 지어서 무릇 시를 지으면 일시에 전파되었는데 광해군 때에 시안(詩案)에 걸려 죽었으며 문집으로 《석주집(石洲集)》이 세상에 전한다.

심수경(沈守慶) 풍산군(豐山君) 심귀령(沈龜齡)의 후손이다. 증조 심응(沈膺)은 풍산군에 봉해졌고, 조부 심정(沈貞)은 공희왕 때에 좌의정이었다. 심수경은 어려서 아비를 잃고 학문에 힘써 과거에 일등으로 합격하였다. 소경왕 때에 여섯 도의 관찰사가 되었는데 이르는 곳마다 치적이 있었다. 벼슬이 의정부 우의정에 이르렀으며 치사하고 한가하게 지내다가 90여 세에 졸하였다. 성품이 근후하고 청백하며 문무의 재주가 있었는데 50년 동안 조정에서 벼슬했어도 사방에 전택(田宅)이 없었다. 자호는 청천당(聽天堂)이다.

김효원(金孝元) 영특한 재주가 있어 글을 잘 지었고 과거에 일등으로 합격하였다. 소경왕 때에 천거받아 이조 정랑이 되었는데 심의겸(沈義謙)과 뜻이 맞지 않아 마침내 동인(東人), 서인(西人) 당파로 지목을 받게 되자 재상이 둘 다 지방으로 내치기를 청하였다. 심의겸은 개성 유수(開城留守)가 되고, 김효원은 삼척 부사(三陟府使)가 되었다가 후에 안악(安岳), 영흥(永

興)의 군수가 되었는데 모두 정사의 치적이 있었다. 아우인 김신원(金信元)은 벼슬이 찬성에 이르렀다.

이제신(李濟臣) 어려서부터 독서를 좋아하여 글을 잘 지었고 과거에 합격하였다. 울산(蔚山), 진주(晉州)의 수령을 역임하였는데 모두 굳세고 명민한 자질로 치적이 있었다. 후에 함경북도 절도사가 되었다. 이제신은 기국이 드높고 단정하였으며 청렴 강직하고 의기가 있었다. 왜구의 난리 때 선조가 이르기를 "이제신이 살아 있었다면 반드시 군부(君父)의 근심을 덜어 주었을 것이다."라고 하였다. 호는 청강(淸江)이다. 아들 이명준(李命俊)은 누차 승진하여 벼슬이 병조 참판에 이르렀는데 강직함으로 직분을 잘 수행한다고 이름났다. 손자와 증손 중 높은 벼슬을 한 자가 수십 명이나 되었다. 증손 이행원(李行遠)은 인조 때에 우의정이 되었다.

강서(姜緖) 부친 강사상(姜士尙)은 소경왕 때에 정승이었다. 강서는 성품이 명민하고 활달하여 자잘한 예절에 구애받지 않았다. 소경왕 초에 과거에 급제하여 여러 관직을 거쳐 좌승지에 이르렀는데 일로 인하여 꺼리지 않고 경계를 진달한 것이 많았다. 당시 동서 당파의 의론이 일어났는데 강서는 문을 닫고 사람들과 교제하지 않은 채 책을 읽고 거문고를 연주하며 취하면 문득 큰 소리로 노래하며 자신을 숨기었다. 일찍이 말하기를 "천시와 인사를 살펴보니 오래지 않아 난이 일어나겠다." 하였다. 후에 상을 모시다가 눈물을 흘려서 사람들이 괴이하게 여겼는데 나와서 말하기를 "큰 난리가 일어날 것이다. 주상의 말씀하는 기운 가운데 그 조짐이 이미 보였다." 하였다. 몇 년 후에 정말로 왜적의 침입이 있었다. 무릇 일이 생길 때에 귀신처럼 선견지명이 있었으며 사람의 선악과 길흉에 대해 말하면 부절처럼 증명되지 않은 적이 없다.

윤두수(尹斗壽) 성품이 중후하고 책을 두루 보았으며 글을 잘 지었다. 과거에 급제하고 승진하여 승지에 이르렀다. 소경왕 때에 전라도, 평안도의 관찰사가 되었는데 모두 정사를 잘한다는 명성이 있었다. 왜구의 난리로 서행(西幸)하는 상을 시종하여서 개성부(開城府)에 이르러 우의정으로 임명되었고 얼마 뒤 영의정으로 올랐다. 나랏일에 마음을 다하였고 중국의 장수와 관리를 응접함에 있어 모두 알맞게 처리하였다. 광국 호성 공신(光國扈聖功臣)으로 해원부원군(海原府院君)에 봉해졌다. 시호는 문정(文靖)이다. 네 아들이 모두 높은 벼슬을 하였는데 윤방(尹昉)은 영의정이 되었다.

윤근수(尹根壽) 윤두수의 아우이다. 어려서부터 총명하고 학문에 힘써 글을 잘 지었다. 과거에 합격하고 소경왕 때에 누차 승진하여 예조 판서가 되었다. 왜란 때 상이 서행(西幸)하자 호종하여 의주(義州)에 이르러 양관 대제학에 임명되었다. 당시 왜군이 날로 핍박해 오니, 윤근수가 반년 동안 세 번이나 광녕(廣寧)에 갔고 여섯 번이나 요동(遼東)에 달려가 다급함을 고하며 구원병을 청하였다. 명나라 장수들이 오자 여러 차례 접빈관(接賓官)이 되었으며 의정부 좌찬성에 이르렀다. 광국 호성 공신으로 해평부원군(海平府院君)에 봉해졌다. 시호는 문정(文貞)이다. 윤근수는 박학하고 문아하여 외교 문서를 잘 지었고 중국어를 잘하여 네 번이나 중국에 사신 갔는데 문장으로 칭찬을 받았다. 고문(古文)으로 당시 문장의 폐해를 바로잡자고 주창하였는데 사마천(司馬遷)의 《사기(史記)》를 매우 좋아하여 늙도록 책을 놓지 않았다. 저술에 《월정집(月汀集)》이 있다.

홍성민(洪聖民) 고려 중승(中丞) 홍규(洪奎)의 후손이다. 부친 홍춘경(洪春卿)은 관찰사였는데 시를 잘한다는 명성이 있었다. 홍성민은 어려서 부친을 잃었으나 학문에 힘써 문장이 청신하고 아름다웠다. 과거에 합격하고 소경왕 때에 여러 관직을 거쳐 예조 판서, 양관 대제학에 이르렀다. 종계변무(宗系辨誣)를 개정하는 데 공이 있어 익성군(益城君)에 봉해졌다. 성품이 청렴하고 대범하여 집안에 뇌물이나 청탁이 없었다. 일찍이 중국에 사신 가서 종계의 무함을 힘써 변론하였으나 나라에 돌아와서 스스로 공을 말하지 않았는데, 황제가 칙서를 내린 뒤에야 나라 사람들이 비로소 그 사실을 알았다. 아들 홍서익(洪瑞翼)은 벼슬이 참의이다. 손자 홍명구(洪命耉)와 홍명하(洪命夏)는 모두 경재(卿宰)가 되었으며 손자와 증손 중에 높은 벼슬을 한 자가 수십 명이나 되었다.

구사맹(具思孟) 고려 면성군(沔城君) 구예(具藝)의 후손이다. 과거에 급제하고 소경왕 때에 누차 승진하여 벼슬이 의정부 좌찬성에 이르렀다. 성품이 겸손하고 근실하여 대대로 왕실과 혼인하여 영화와 부귀를 누렸으나 권세를 자랑하지 않았다. 아들 구성(具宬)은 호종의 공으로 능해군(綾海君)에 봉해졌다. 구용(具容)은 현감으로 시를 잘한다는 명성이 있었다. 구굉(具宏)과 구성의 아들 구인후(具仁垕)는 모두 정사(靖社) 공훈으로 부원군에 봉해졌다.[118] 구사맹의 딸인 인헌왕후(仁獻王后)는 인조(仁祖)를 낳았다.

권율(權慄) 권철(權轍)의 아들이다. 뜻을 독실하게 지니고 학문에 힘썼다. 소경왕 15년(1582) 명경과(明經科)에 합격하였다. 25년에 왜적이 다시 쳐들어오자 권율은 광주 목사(光州牧使)가 되어 남원(南原) 이현(梨峴)에서

118 구굉(具宏)과……봉해졌다 : 구굉은 1623년(인조1) 정사 공신(靖社功臣)으로 능성군(綾城君)에 봉해졌고, 구인후(具仁垕)도 정사 공신으로 능천군에 봉해졌다가 후에 영국 공신(寧國功臣)으로 능천부원군(綾川府院君)에 봉해졌다.

왜적을 격파하였다. 얼마 뒤 본도 관찰사로 승진하여 병사를 이끌고 왕을 근위하기 위해 고양(高陽) 행주산성(幸州山城)에 이르렀다. 당시 왜의 장수들이 모두 경성에 모여서 왜적의 형세가 매우 성대하였으므로 군사를 동원하여 공격해 왔는데, 권율이 힘써 싸워서 그들을 대파하자 도원수에 임명되었다. 졸한 뒤에 영의정에 증직되고 영가부원군(永嘉府院君)에 봉해졌다. 권율은 중후하고 기량(氣量)이 있었으며 아랫사람들을 성의로 거느리고 위엄과 굳건함만으로 하지 않았기 때문에 사력을 다하는 사람들의 마음을 얻어 회복할 수 있었고 명장(名將)으로 명성이 천하에 알려졌다. 행주대첩 때 명나라 제독 이여송(李如松)이 개성(開城)에 있으면서 유격 사대수(査大受)를 보내어 함께 만나 보기를 청하고 감탄하기를 "권가군(權家軍)은 다른 부대에 비할 바가 아니니 외국에 참된 장수가 있었구나." 하였다. 왜의 우두머리가 우리나라 사람을 만나면 반드시 권 원수(權元帥)의 안부를 물었다.

이원익(李元翼) 이정은(李貞恩)의 증손이고, 부친은 함천군(咸川君)에 봉해졌다. 이원익은 어려서부터 학문에 힘써 소경왕 때에 문과에 합격하였다. 황해 도사(黃海都事)가 되었을 때 관찰사 이이(李珥)가 군적(軍籍)과 문서에 대한 일을 모두 그에게 맡겼는데 이원익이 판결한 것이 분명하고 믿음직하니 사람들이 다시 소송하는 자가 없었다. 이이가 조정에 돌아와 임금에 천거하기를 "이원익은 나이가 젊지만 크게 쓸 만합니다." 하였다. 후에 승지를 거쳐 안주 목사(安州牧使)로 나갔는데 3년 동안 백성들이 부모처럼 사랑하였다. 조정에 들어와 대사헌이 되었다. 왜적의 난리에 상이 서행하려고 할 적에 이원익이 은택을 남긴 적이 있다는 이유로 밤에 불러서 평안도 순찰사로 삼으니, 집에 들어가지도 않은 채 임지로 떠났다. 당시 전국이 온통 전란으로 피폐하고 오직 평안도 지역만 온전하였는데 명나라의 대군이 구원하러 오자 사무가 매우 번다하였으나 이원익이 이리저리 수응하는 것이 모두 적절하였다. 4년 있다가 소환되어 재상에 임명되었고 후에 승진하여 영의정에 이르렀으며 호종의 공으로 녹훈(錄勳)되어 완평부원군(完平府院君)에 봉해졌다. 광해군 초에 선혜청을 세우고 기전(畿甸)의 부세를 균등히 할 것을 논의하였다. 광해군이 모후를 폐위하려고 하자 이원익이 간절하게 간언하다가 방출(放黜)되었다. 인조가 즉위하자 다시 불려 와서 영상이 되었는데 물러나기를 청하여 금천(衿川)에 살다가 졸하였다. 시호는 문충(文忠)이다. 이원익은 타고난 자질이 도(道)에 가깝고 사람을 응대하거나 일을 처리하는 것이 일체 정성에서 나왔으며 조정에서 벼슬하는 50년 동안 청렴하고 근면한 것이 한결같았으므로 사람들이 모두 어진 재상이라고 하였다.

이정암(李廷馣) 문과에 합격하고 소경왕 때에 누차 승진하여 이조 참의가 되었다. 왜구의 난리로 상이 서행(西幸)할 적에 이정암이 형편을 가려서 막아 지키기를 청하였다. 연안(延安)에 이르러 사람을 모집해 성을 지켰는데 왜군의 장수인 장정(長政)이 백방으로 성을 포위 공격하여 참호를 메우고 개미 떼처럼 달라붙었다. 이정암이 아들에게 경계하기를 "쌓아 놓은 건초 위에 앉아 있다가 성이 함락되면 스스로 분신(焚身)하겠다."라고 하니, 듣는 자들이 감읍하여 목숨을 걸고 싸웠다. 왜적의 사상자가 절반이 넘자 밤중에 도망가서 마침내 성을 온전히 지킬 수 있었다. 상이 특별히 가선대부(嘉善大夫)의 품계를 더하고 황해도 관찰사로 삼았으며, 뒤에 월천군(月川君)에 봉하였다. 우찬성에 증직되었다.

김여물(金汝岉) 뜻이 크고 의기(義氣)를 좋아하였으며 글을 잘 짓고 활과 말을 잘 다루었다. 소경왕 초기에 문과에 일등으로 합격하였다. 누차 승진해 의주 목사(義州牧使)가 되었다. 당시 관서 지방에 부임하는 자들은 다투어 연회와 놀이를 일삼았는데 김여물은 잔치 자리를 걷어치우고 변방의 방비를 준비하고 경계하였다. 왜구의 난리 때에 신립(申砬)을 따라 왜적을 막으러 갔는데 충주(忠州)에 이르러 신립에게 말하기를 "적군은 수가 많고 아군은 적으니 예봉(銳鋒)을 다투기 어렵습니다. 마땅히 조령(鳥嶺)을 굳게 지켜 험한 형세에 의지해 공격해야 합니다." 하였으나, 신립이 듣지 않고 물러나 배수진(背水陣)을 쳤다. 김여물은 그가 반드시 패하리라는 것을 알고 편지를 써서 그 아들에게 부쳤는데 편지에 말하기를 "삼도(三道)의 병사를 징집하였으나 한 사람도 이르는 자가 없어 우리들은 빈주먹만 휘두를 뿐이다. 남아 대장부가 나라를 위해 죽는 것은 진실로 마땅한 바이지만 단지 나라의 수치를 설욕하지 못하고 장한 뜻이 재가 되어 버리니 하늘을 우러러 한숨만 쉴 뿐이다."라고 하였다. 이윽고 왜적이 크게 이르러 군이 패하자 신립과 함께 물에 뛰어들어 죽었다. 아들 김류(金瑬)는 인조 때에 정사 공신의 원훈으로 영의정이 되었고 승평부원군(昇平府院君)에 봉해졌다.

신립(申砬) 신상(申鏛)의 손자이다. 무과에 합격하고 소경왕 때에 온성 부사(穩城府使)가 되어 반란한 오랑캐 이탕개(尼湯介)를 격파하니, 북인(北人)들이 그를 두려워하였다. 누차 승진해 한성 판윤이 되었다. 왜구의 난리 때 순변사(巡邊使)로서 충주에서 적을 막았으나 군대가 패배하자 달천(㺚川)에 투신하여 죽었다. 아들 신경진(申景禛)은 무장으로 현달하였는데 인조 때에 일등 정사 공신으로 평성부원군(平城府院君)에 봉해졌고 좌의정이 되었다.

유형(柳珩) 계보는 진주(晉州)인데 대대로 경도에 거주하였다. 판서 유진동(柳辰仝)의 손자이다. 어려서부터 강개하고 말타기와 활쏘기를 잘하였으며 글을 읽으면 대의(大義)를 이해하였다. 왜적의 난리에 검을 숨기고 강도(江都)에 들어가 김천일(金千鎰)을 따랐다. 얼마 뒤 서쪽으로 행재소(行在所)에 달려가니 소경왕이 선전관(宣傳官)으로 삼았다. 이윽고 무과에 합격하여 해남 현감(海南縣監)이 되었다. 이순신(李舜臣)을 따라 왜적을 격파하는 데 공이 있었다. 발탁되어 경상 우수사(慶尙右水使)가 되었고 충청도, 전라도 수사로 옮겼다가 통제사(統制使)로 승진하였다. 후에 여러 차례 함경도, 평안도, 황해도 절도사가 되었는데 모두 명성과 치적이 있었다. 이덕형(李德馨)이 일찍이 이순신에게 묻기를 "누가 공을 대신할 만합니까?" 하니, 이순신이 "유형은 충의롭고 담략이 있어서 관직은 비록 낮지만 크게 쓰일 만합니다." 하였다. 아들 유효걸(柳孝傑)은 날래고 용맹하여 부친의 기풍이 있었다. 인조 때에 이괄(李适)을 토벌하는 데 공이 있어 진양군(晉陽君)에 봉해졌다. 손자 유혁연(柳赫然)은 무과에 합격하고 통제사가 되었다. □□□ 종제 유림(柳琳)은 무장으로 현달하여 누차 절도사를 역임하였으며 통제사에 이르렀다.

김응남(金應南) -원문 결락-

윤승훈(尹承勳) 조부 윤은필(尹殷弼)은 중종 때에 참판이었는데 강직한 신하로 이름났다. 윤승훈은 과거에 급제하고 선조(宣祖)를 섬겨 벼슬이 영의정에 이르렀다. 청렴 강직하고 관리로서의 재능이 뛰어나 누차 승진해 관찰사에 이르렀다. 소장(訴狀)과 문서가 많이 쌓여 있어도 물 흐르듯 순리대로 판결하였다. 형 윤승길(尹承吉)은 벼슬이 좌찬성에 이르렀다.

홍가신(洪可臣) □□□□ 과거를 일삼지 않고 학문에 뜻을 독실히 두었다.

소경왕 초기에 행의(行義)로 천거되어 사헌부 지평이 되었다. 후에 홍주 목사(洪州牧使)가 되어 역적 이몽학(李夢鶴)을 토벌해 평정하여 책훈(策勳)되고 영원군(寧原君)에 봉해졌다. 누차 승진해 형조 판서가 되었는데, 귀척(貴戚)들이 두려워하고 꺼렸으며 옥사와 소송이 공평하다고 일컬어졌다. 벼슬을 그만두고 아산(牙山) 바닷가에서 노년을 보내고 조정에 나오지 않았다. 자호는 만전당(晩全堂)이다. 아우 홍경신(洪慶臣)은 글을 잘 지었고 과거에 급제하여 벼슬이 부제학에 이르렀다.

심희수(沈喜壽) 심봉원(沈逢源)의 손자이다. 용모가 아름답고 위의가 있으며 문장이 아름다웠다. 과거에 급제하고 소경왕 때에 양관 제학을 역임하였으며 벼슬이 의정부 좌의정에 이르렀다. 문집으로 《일송집(一松集)》이 있다.

최립(崔岦) 과거에 일등으로 급제하고 소경왕 때에 여러 주군(州郡)의 수령을 역임하였으며 벼슬이 동지중추부사에 이르렀다. 성품이 강직하였고 박학하여 경사(經史)와 백가(百家)에 통달하였으며 고문(古文)을 독실하게 좋아하여 문장이 고아하고 웅건하였다. 일찍이 네 번이나 중국에 사신으로 갔었는데 찬획(贊畫) 유황상(劉黃裳)이 그의 정문(呈文)을 보고 목욕재계한 뒤에야 읽어 보고는 말하기를 "오늘날 양한(兩漢) 시대의 문장을 다시 볼 줄은 생각지 못하였다." 하였다. 저술로 《간이당집(簡易堂集)》과 《역본의구결부설(易本義口訣附說)》이 세상에 행한다.

한백겸(韓百謙) 한계희(韓繼禧)의 5대손이다. 타고난 자질이 단정하고 자상하며 어려서부터 민순(閔純)에게 수학하여 행실에 힘쓰고 남들이 알아주기를 구하지 않았다. 소경왕 때에 누차 주군(州郡)의 수령으로 제수되어서 정사에 교육과 민생을 우선하여 이르는 곳마다 치적이 있었지만 벼슬이 호조 참의에 그쳤다. 선(善)을 즐기고 예(禮)를 좋아하며 책에 대해 탐구하고 분명하게 변론해 스스로 터득하는 바가 많았다. 호는 구암(久菴)이다. 저술로는 〈기전도설(箕田圖說)〉, 〈심의설(深衣說)〉, 〈설시변(揲蓍辨)〉, 〈사단칠정설(四端七情說)〉, 〈빈풍설(豳風說)〉 등이 있다. 아들 한흥일(韓興一)은 인조 때에 우의정에 임명되었다.

한준겸(韓浚謙) 한백겸의 아우이다. 박학하고 글을 잘 지었다. 소경왕 때에 과거에 급제하여 사헌부와 사간원의 관직을 역임하고 예조 참판으로 도원수(都元帥)에 임명되었다가 조정에 들어가 호조 판서가 되었다. 광해군 때에 죄에 걸려 벼슬을 그만두고 시골로 쫓겨나 살았다. 요동(遼東)이 청에 함락되자 다시 기용되어 도원수가 되어 관서(關西)를 진무하였다. 인조가 즉위하고 국구로서 서평부원군(西平府院君)에 봉해지고 영돈녕부사가 되었다. 사람됨이 충후하고 도량이 있으며 행동거지가 침착하였다. 어려서부터 이항복(李恒福), 이덕형(李德馨)과 함께 벗으로 사이가 좋아서 모두 재상감이라는 기대를 받았다. 네 도(道)의 관찰사가 되어[119] 이르는 곳마다 치적이 있었으며, 외척이 되어서는[120] 권세를 멀리 피하여 사방에 전택을 장만하는 일이 없었다. 시호는 문익(文翼)이다.

이호민(李好閔) 증조 이숙기(李淑琦)는 연안군(延安君)에 봉해졌다. 이호민은 소경왕 때 문과에 갑과(甲科)로 등제하여 여러 차례 사헌부와 홍문관의 관직을 역임하고 벼슬이 의정부 좌찬성, 양관 대제학에 이르렀다. 호종

119 네……되어 : 한준겸(韓浚謙)은 1599년(선조32) 경상 감사, 1602년 전라 감사, 1607년 평안 감사, 1640년(인조18) 함경 감사를 역임하였다.

120 외척이 되어서는 : 한준겸의 딸이 인조(仁祖)의 비인 인열왕후(仁烈王后) 한씨(韓氏)이다.

(扈從)의 공으로 연릉부원군(延陵府院君)에 봉해졌다. 시문(詩文)이 맑고 민첩하였다. 왜구의 난리가 일어나자 어지러울 정도로 문서가 많았는데 크고 작은 교서와 격문이 대부분 그의 손에서 나와 붓을 멈출 겨를이 없었다. 시호는 문희(文僖)이다. 저술로《오봉집(五峯集)》이 있다. 아우는 이상민(李尙閔)이다. 아들 이경의(李景義)는 벼슬이 이조 참판이며 시에 뛰어나 명성이 있었다.

이수광(李睟光) 공정왕(恭定王)의 후손으로 부친 이희검(李希儉)은 병조 판서이다. 이수광은 소경왕 때에 과거에 급제하고 누차 승진해 부제학이 되었으며 인조 때에 벼슬이 이조 판서에 이르렀다. 시호는 문간(文簡)이다. 성품이 조용하고 시문으로 세상에 이름이 났다. 저술로《지봉집(芝峯集)》이 있다. 아들 이성구(李聖求)는 좌의정이 되었으며, 이민구(李敏求)는 참판으로 시에 뛰어나 명성이 있었다.

이진언(李眞彦) 초명은 이시언(李時彦)이다. 효령대군(孝寧大君) 이보(李補)의 5세손이다. 소경왕 때에 과거에 급제하여 내외의 관직을 역임하였다. 공정하고 근실하여 직분을 잘 수행하였으며 누차 승진하여 한성 판윤이 되고 후에 벼슬이 우찬성에 이르렀다. 청렴 강직한 성품이 늙어서도 변치 않아서 문에 뇌물과 청탁이 통하는 일이 없었다. 광해군이 모후를 폐위할 때에 문을 닫고 조정의 의논에 참여하지 않았다. 인조 때에 강도(江都)로 왕을 따라가서 상소하여 화의(和議)의 잘못을 극언하였다.

홍이상(洪履祥) 그 선조는 안동(安東) 사람으로 고려 국학(國學) 홍지경(洪之慶)의 후손이다. 후에 집안을 옮겨 경도(京都) 사람이 되었다. 초명은 홍인상(洪麟祥)이다. 어려서부터 독서를 좋아하였다. 소경왕 때 과거에 갑과 일등으로 급제하였는데, 상이 시종신에게 말하기를 "그의 책문(策文)을 보니 근래의 과거 문장이 아니다." 하였다. 누차 승진하여 직제학이 되었고 경상도와 경기의 관찰사가 되었고 벼슬이 대사헌에 이르렀다. 성품이 효성과 우애가 있어 상(喪)을 치를 때 최질(衰絰)을 벗지 않았고 평소 생활에 화려한 것을 좋아하지 않았다. 여러 아들이 모두 높은 벼슬을 하였으며, 손자 홍주원(洪柱元)은 소경왕의 딸에게 장가들어 영안위(永安尉)에 봉해졌다.

이광정(李光庭) 도관찰사(都觀察使) 이귀산(李貴山)의 후손이다. 과거에 급제하여 소경왕을 섬겼다. 왜구의 난리에 서쪽 변방까지 상을 호종하여 공을 세워 연원부원군(延原府院君)에 봉해졌으며 아울러 이조 판서가 되었다. 관직 생활이 청백하였고 가법(家法)이 매우 엄하였다. 아들 이현(李袨)은 평안도 관찰사가 되었는데 효성스러우며 우애 있고 청렴 강직하여 벼슬에 있으면서 직분을 다하였다.

이상의(李尙毅) 이계손(李繼孫)의 5대손이다. 소경왕 때에 과거에 급제하여 누차 승진해 이조 판서가 되었으며 의정부 좌찬성에 이르렀다. 성품이 너그럽고 온화하여 평소 말을 빠르게 하거나 안색을 갑자기 바꾸는 일이 없었다. 아들 이지안(李志安)은 과거에 급제하여 관각(館閣)의 관직을 역임하였고 벼슬이 의정부 우참찬에 이르렀다. 부자가 모두 문장으로 이름을 날려 《황려세고(黃驪世稿)》가 세상에 행해진다.

황신(黃愼) 황형(黃衡)의 증손이다. 어려서부터 총명하고 민첩하였으며 성혼(成渾)에게 수학하였다. 선조 때에 문과에 장원하고 승진하여 장령에 이르렀다. 왜군의 난리에 오랫동안 유격(游擊) 심유경(沈惟敬)을 따라 책응하는 데 공로가 있었다. 또 칙사 양방형(楊邦亨)을 따라 일본을 갔다 올 적에 왜인들이 겁박하는 일이 많았으나 황신은 동요되지 않았다. 후에 왜인들이 반드시 그의 안부를 물었다. 외직으로 나가 전라 관찰사가 되었으며 벼슬은 호조 판서에 이르렀다. 성품이 부지런하고 강직하여 인정하는 상대가 드물었으며, 문장이 정심하고 숙련되었는데 특히 사륙문(四六文)에 뛰어났다. 아들 황일호(黃一皓)는 의주 부윤(義州府尹)이 되었다.

신흠(申欽) 조부 신영(申瑛)은 참찬이었다. 신흠은 어려서 아비를 잃고 독서를 좋아하였다. 소경왕 때에 과거에 급제하고 오랫동안 문한(文翰)을 관장하였으며 누차 승진하여 예조 판서가 되었다. 인조 때에 대제학에 임명되었고 벼슬이 영의정에 이르렀다. 신흠은 빼어난 명망이 있고 시문이 관후하고 함축적이었다. 저술로 《상촌집(象村集)》이 세상에 행해졌다. 아들 신익성(申翊聖)은 소경왕의 딸에게 장가가서 동양위(東陽尉)에 봉해졌는데 글씨에 뛰어나 명성이 있었다.

이정귀(李廷龜) 이석형(李石亨)의 4대손이다. 선조 때에 과거에 급제하고 화려하고 좋은 관직을 누차 역임하였으며 예조 판서에 이르렀다. 인조 때에 벼슬이 의정부 좌의정에 이르렀다. 이정귀는 문장을 잘 지었고 두 번이나 대제학을 역임하여 국가의 문서가 대부분 그의 손에서 나왔다. 중국의 찬획(贊畫) 정응태(丁應泰)가 거짓을 날조해 본국을 무함하니, 선조가 이항복(李恒福)과 이정귀를 보내어 변무하게 하여 이정귀가 그 주문(奏文)을 지었는데 중국인들이 전해 읽으며 감상하였다. 저술로 《월사집(月沙集)》이 있다. 아들 이명한(李明漢)은 벼슬이 이조 판서에 이르렀다.

오윤겸(吳允謙) 성혼에게 수학하였다. 선조 때에 음보로 평강 현감(平康縣監)이 되어 은혜로운 정사를 하였다. 과거에 급제하자 이조 낭관을 지내고 누차 승진해 승지에 올랐다. 광해군 때 일본에 사신으로 갔는데 관백(關白) 이하가 모두 공경히 대우하여 포로 100여 인을 데리고 돌아왔다. 인조 때에 벼슬이 의정부 좌의정에 이르렀다. 오윤겸은 자상하고 욕심이 적어서 고원한 의론을 하지 않았으며 몸단속을 하고 행실을 닦기를 잘하였다. 시호는 충정(忠貞)이다. 조카 오달제(吳達濟)는 인조 때에 홍문관 수찬이 되어 척화신(斥和臣)으로 심양(瀋陽)에 잡혀 들어가 죽었다.

정엽(鄭曄) 어려서 성품이 영민하고 밝았으며 이이(李珥)와 성혼을 따라 배웠으며 고아한 뜻과 행실이 있었다. 선조 때에 과거에 급제하여 누차 승진해 대사간이 되었고 서천(舒川), 수원(水原), 종성(鍾城), 홍주(洪州)의 수령으로 나갔는데 모두 정사의 치적이 있었다. 인조 초에 벼슬이 의정부 좌참찬에 이르렀다. 정엽은 사림(士林)의 중한 명망이 있었으므로 오랫동안 대사성이 되었으며 품계가 1품에 이르러서도 항상 대사성을 겸임하였다. 옛것을 좋아하고 학문에 힘썼으며 지극히 효성스럽게 어버이를 섬겼고 사람을 정성으로 대하였다. 광해군 때에 지방에 은둔해 살고 있었는데 인조반정의 모의를 고하는 자가 있자 응하지 않으며 말하기를 "나는 상법(常法)을 지키는 것만 알 뿐이다." 하였다. 호는 수몽(守夢)이다. 편찬한 저술로 《근사록석의(近思錄釋疑)》가 있다.

김상용(金尙容) 선조 때에 과거에 급제하고 누차 승진하여 대사간이 되었다. 광해군 때 형조 판서가 되었고, 인조 때가 되자 벼슬이 의정부 좌의정에 이르렀다. 병자호란 때 재신으로서 강도(江都)에 들어갔는데 오랑캐 병사가 강을 건너자 김상용은 성루에 올라가 스스로 분신하여 죽었다. 성품이 청렴하고 조용하며 효성과 우애가 있었고 뇌물이나 청탁이 통하지 않았다. 전서와 예서를 잘 써서 국가의 사당 신주나 명정(銘旌)에 반드시 그의 글씨를 요청하였다. 아들 김광현(金光炫)은 이조 참판이었다.

김상헌(金尙憲) 김상용의 아우이다. 어려서부터 문장을 잘 지었고 과거에 급제한 뒤 청현직을 역임하였다. 인조 때에 이조 판서, 대제학이 되었다. 성품이 굳세고 절개가 있어 집안에 청탁을 받는 일이 절대 없었다. 병자호란 때 남한산성(南漢山城)으로 호종하였는데 상이 성을 나가 항복하자 김상헌은 스스로 목을 매었으나 죽지 않으니 그길로 바로 영남(嶺南)으로 돌아가고 서울에 들어가지 않았다. 오랑캐가 명나라를 공격할 군대를 출병하라고 본국을 협박하니 김상헌은 상소하여 간절하게 간하였다. 오랜 뒤에 오랑캐가 김상헌을 잡아 심양(瀋陽)에 구류하였으나 그가 굽히지 않는 것을 보고 마침내 돌려보내어 양주(楊州)로 돌아와 살았다. 온 세상이 그 명망을 중하게 여겼고 효종 때에 좌의정에 임명되었다. 시호는 문정(文正)이다. 저술로 《청음집(淸陰集)》이 있다. 손자 김수흥(金壽興)은 호조 판서가 되었고, 김수항(金壽恒)은 이조 판서가 되었다.

이서(李曙) 효령대군(孝寧大君) 이보(李補)의 7대손이다. 무과에 합격하고 주군(州郡)의 관직을 역임하였다. 광해군 때에 장단 부사(長湍府使)가 되어 신경진(申景禛), 김류(金瑬) 등과 은밀히 인조를 도와 정사 공신(靖社功臣) 1등으로 책훈되었다. 벼슬이 병조 판서에 이르렀고 완풍부원군(完豐府院君)에 봉해졌다. 공신 중에 청렴하고 대범하다고 칭해졌다.

정문부(鄭文孚) 문사에 뛰어나고 활쏘기를 잘하였다. 선조 때에 과거에 급제하고 외직으로 나가 북도 병마평사(北道兵馬評事)가 되었다. 왜구의 난리에 북로(北路)가 모두 함락되자 반란을 일으킨 백성들이 남북도 절도사(南北道節度使), 왕자(王子), 재신(宰臣)을 붙잡아서 왜적을 맞이해 항복하였다. 정문부도 바닷가에 숨어 있다가 경성(鏡城)의 인사(人士)들과 의병을 일으켜 반적을 토벌하고 여러 성을 회복하면서 여러 차례 왜적을 공격해 승리를 거두었으니 북로가 평정된 데에는 그의 힘이 크다고 하겠다.

선조가 명하여 통정대부(通政大夫)로 계급을 올리게 하였고 벼슬이 전주 부윤(全州府尹)에 이르렀다. 인조 초에 무고를 당해 옥사하였다.[121] 금상(현종) 때가 되어서야 우찬성에 추증되었다.

장만(張晩) 선조 때에 5도의 관찰사를 역임하였는데 그 직임을 잘 수행하였다. 광해군 때에 체찰부사(體察副使)로 창성(昌城)에 달려가 심하(深河)에서 궤멸한 군졸을 수습하고, 본국으로 들어가 병조 판서가 되었다. 상서하여 시정(時政)에 대해 논하다가 파직된 뒤에 통진(通津)에 거처하였다. 인조 초에 도원수에 임명되어 평양(平壤)에 주둔하였는데 부원수 이괄(李适)이 병사를 일으켜 반란하여 곧장 서울까지 다가가니, 상이 공주(公州)로 피란하였다. 장만이 추격하여 안현(鞍峴)에 이르러 크게 격파하고, 이괄은 그 부하에게 참수되었다. 높여서 공에 따라 옥성부원군(玉城府院君)에 봉해지고 의정부 좌찬성에 임명되었다. 장만은 군사들을 거느리는 데 뛰어났으며 앞일을 살피는 식견이 있었다. 일찍이 사명(使命)을 받고 경사에 조회 가다가 길에서 조공을 바치러 가던 건주(建州) 오랑캐를 만났는데, 다른 사람에게 말하기를 "이 오랑캐들이야말로 끝내 천하의 근심거리가 되고 말 것이다. 뒷날 중국 조정에서 우리나라에 병력 동원을 요청해 오면 우리들이 장차 그들을 다시 보게 될 것이다……" 하였다.

이홍주(李弘冑) 공정왕(恭靖王)의 아들인 선성군(宣城君)의 5대손이다. 선조 때에 과거에 급제하였고, 광해군 때에 누차 승진해 병조 참판이 되었다. 사신으로 중국 경사에 갔을 때 요동(遼東) 전투에서 군대가 패하였으므로

121 인조……옥사하였다 : 정문부는 1624(인조2) 이괄(李适)의 난에 연루되어 고문을 받다 죽었다.

이홍주가 예부(禮部)에 연회를 사양할 것을 청하였다. 예부가 연회 비용을 은(銀)으로 환산해 지급하고자 하였는데 이홍주가 또 그것을 사양하니, 예부 상서는 그가 예를 안다고 감복하였다. 인조 때에 장만(張晩)을 대신해 도원수가 되었으나 오래지 않아 힘써 사직하고 돌아왔다. 벼슬이 의정부 영의정에 이르렀다. 시호는 충정(忠貞)이다. 성품이 너그럽고 말과 웃음이 적었으며 검약하여 즐기거나 좋아하는 것이 없어서 사는 곳은 단지 몇 칸짜리 작은 집일 뿐이었다.

이안눌(李安訥) 그 선조는 덕수(德水) 사람인데 대대로 경도(京都)에 거주하였다. 증조 이행(李荇)은 시문으로 세상에 이름났는데 공희왕 때에 좌의정이었다. 이안눌은 과거에 급제하고 인조 때에 누차 승진하여 함경도 관찰사가 되었고 예조 판서에 이르렀다. 청백리로 칭송받았으며 시에 뛰어나 당세의 시인들이 모두 그에 미칠 수 없었다. 저술로 《동악집(東岳集)》이 있다. 족질 이식(李植) 또한 시문을 잘하였으며 벼슬이 이조 판서, 대제학에 이르렀다.

장유(張維) 부친 장운익(張雲翼)은 문과에 장원하고 선조 때에 형조 판서가 되었다. 장유는 고문(古文)을 좋아하여 책을 널리 보고 기억력이 좋았다. 광해군 때에 과거에 급제하고 사국(史局)에 들어갔으나 일에 연좌되어 파직되고 칩거하였다. 인조가 즉위하자 정사 공신에 참여하여 신풍군(新豐君)에 봉해졌다. 누차 승진해 이조 판서가 되고 두 번이나 양관 대제학이 되었다. 후에 어머니 상을 치르던 중에 기용되어 다시 우의정이 되었으나 고사하여 임명되지 않고 졸하였다. 재질과 자품이 뛰어났으며 문장이 평순(平順)하고 웅혼하면서 경술(經術)에 근본을 두어 사대교린의 문서가 대부분 그의 손에서 나왔다. 시호는 문충(文忠)이다. 《계곡집(溪谷集)》이 세상에 행해진다. 딸은 효종(孝宗)의 왕비가 되었다.

임숙영(任叔英) 증조 임열(任說)은 판윤이 되어 문장으로 이름났다. 임숙영은 총명이 남보다 뛰어나 모든 경사(經史), 제자서, 지(志) 등을 한 번 보기만 해도 끝까지 잊지 않았다. 문사가 고문에 핍진하였고 또 사륙문(四六文)에 뛰어났다. 광해군 때 대책(對策)으로 당시 정사를 공격해 논하니, 광해군이 노하여 삭과(削科)하라고 명하였으나 대신이 간하여 복과(復科)하였다.[122] 타고난 성품이 대범하고 강직하여 세속을 따라 맞춰 가지 않았다. 인조 초기에 사헌부 지평이 되어 굽히지 않고 직언을 하였다. 집안이 가난하여 죽조차 자주 먹지 못할 정도였으나 태연하였다. 문집으로 《소암집(疎菴集)》이 있어 세상에 행해진다.

이시직(李時稷) 이석형(李石亨)의 6대손이다. 인조 때에 50여 세의 나이로 과거에 급제하여 장령을 역임하고 승진하여 봉상시 정(奉常寺正)에 이르렀다. 병자호란 때 강화(江華)에 들어갔는데 사람들이 수비할 뜻이 없는 것을 보고는 탄식하기를 "사람들의 모의가 선하지 않으니 비록 천혜의 요새가 있다 할지라도 어떻게 믿을 수 있겠는가." 하였다. 오랑캐가 강을 건너오자 편지를 써서 그 아들에게 부쳤다. 편지에 이르기를 "종사(宗社)가 망하고 백성이 결딴났으니 의리상 구차히 살지 않고 스스로 죽음을 달게 받아들여 살신성인해야 하늘을 우러러보아도 사람들을 굽어보아도 부끄

122 광해군……복과(復科)하였다 : 1611년(광해군3) 임숙영(任叔英)은 별시 문과의 대책(對策)에서 주어진 제목 외에 척족의 횡포를 지적하고 이이첨(李爾瞻)이 왕의 환심을 살 목적으로 존호를 올리려고 한다고 비난하였다. 이를 시관 심희수(沈喜壽)가 병과로 급제시켰는데, 광해군이 대책문을 보고 크게 노하여 방목에서 이름을 삭제하도록 하였다. 이후 몇 달간 삼사의 간쟁과 이항복(李恒福) 등의 주장으로 무마되어 다시 급제 자격을 얻었다.

러움이 없을 것이다." 하고 이에 스스로 목을 매어 죽었다.

심현(沈誢) 심연원(沈連源)의 족증손(族曾孫)이다. 인조 때에 음사(蔭仕)로 벼슬이 돈녕부 도정에 이르렀다. 병자호란이 일어나자 강화도에 들어갔는데 그 아내 송씨(宋氏)에게 이르기를 "적이 만일 강을 건너오면 나는 몸을 던질 것이오." 하니, 송씨가 이르기를 "공이 충신이 되는데 첩이 홀로 충신의 아내가 되지 않을 수 있겠습니까." 하였다. 적이 성을 핍박해 오자 심현은 유소(遺疏)를 쓰고 북쪽을 향하여 사배(四拜)를 하고 부부가 손을 씻고 옷을 갈아입은 뒤에 자결하였다. 후에 상이 그 유소를 보고 이르기를 "국가가 심현에게 크게 은택을 베푼 일도 없는데 난에 임해 절개를 지켜 죽기를 중신보다 먼저 하였으니, 군자가 아니라면 어떻게 이렇게까지 할 수 있겠는가." 하고 그 아내까지 아울러 정려문(旌閭門)을 내렸다. 아우 심집(沈諿)은 과거에 급제하여 형조 판서가 되었다.

정광성(鄭廣成)[123] 정창연(鄭昌衍)의 아들이다. -원문 결락-

김육(金堉) 김식(金湜)의 4대손이다. 어려서 집안이 가난하여 직접 농사를 지어 자급하였다. 인조 때에 과거에 급제하고 누차 승진하여 예조 판서가 되었다. 효종 초에 의정부 영의정에 임명되었다. 김육은 벼슬살이가 청렴하고 곧았으며, 재상이 되자 충청도에 대동균역법(大同均役法)을 설행할 것을 건의하고 다른 도에까지 미루어 행하고자 하였으며 또 전(錢)을 사용할 것을 누차 건백하였다. 임종 때 유소로 호남(湖南)에 대동법을 시행하

123 정광성(鄭廣成) : 1576~1654. 자는 수백(壽伯), 호는 제곡(濟谷)이다. 조부는 정유길(鄭惟吉)이고 부친은 좌의정 정창연(鄭昌衍)이다. 1603년(선조36) 문과에 급제하고 삼사(三司)의 관직을 역임하였으며, 광해군 때에 우승지, 경기 관찰사를 지내고 병자호란 후 벼슬을 그만두고 향리로 물러갔다. 아들 정태화(鄭太和)는 영의정을 지냈다.

기를 청하였다. 아들 김좌명(金佐明)은 벼슬이 병조 판서이고, 김우명(金佑明)은 금상 때 청풍부원군(清風府院君)에 봉해졌다.

이경여(李敬輿) 과거에 급제하고 인조 때에 누차 승진하여 벼슬이 의정부 좌의정에 이르렀다. 성품이 청렴하고 강직하였으며 부임하는 곳마다 청렴하고 대범하여 정사를 잘한다는 명성이 있었다. 시호는 문충(文忠)이다.

김세렴(金世濂) 김효원(金孝元)의 손자이다. 단정하고 중후하며 학문을 좋아하여 과거에 일등으로 합격하였다. 광해군 때에 정언이 되어 폐모론(廢母論)을 배척하다가 서쪽 변방으로 유배되었다. 인조가 즉위하자 불러서 홍문관 수찬으로 삼았으며, 누차 진급하여 벼슬이 호조 판서에 이르렀다. 일찍이 왕명으로 일본에 사신 갔는데 그 나라에서 선물로 주는 것을 하나도 받지 않았으며 환국할 때가 되자 공급받고 남은 것을 객관에 있는 자들에게 나누어 주었는데, 그 우두머리가 그것을 알고서 황금 170정(錠)으로 바꿔서 길을 뒤따라와 주었다. 공이 같이 사행 온 사람과 약속하고 얕은 시내에 금을 던져 버리니,[124] 왜인들이 탄복하고 공의 시 한 수를 얻으면 다투어 가며 전해 외웠고 매번 사신을 통해 반드시 공의 안부를 물었다. 평생 동안 손에서 경적을 놓은 적이 없다. 저술로 《동명집(東溟集)》이 있다.

이필행(李必行) 이준경(李浚慶)의 증손이다. 형 이필영(李必榮)은 한남군(漢南君)이 되었다. 이필행은 강개하고 지조가 있었다. 인조 초에 과거에

124 공이……버리니 : 금덩이를 얕은 시내에 던진 사정은 《기언(記言)》 별집 권16 〈호조판서 김공 신도비명(戶曹判書金公神道碑銘)〉에 자세히 나온다. 이때 김세렴이 객관에 있는 자들에게 나누어 준 물품을 관백이 금으로 환산하여 따라와서 노자라는 명목으로 굳이 주자, 이를 거절하지 못하고 금절하(金絶河)에 이르러 얕은 시냇물에 황금을 던지며 "우리가 재화를 취하지 않는다는 것만 보이면 그만이지 유용한 물건을 못 쓰게 할 것은 없다."라고 하였다.

합격하여 승진해서 □□□□까지 이르렀다.[125] 병자호란 뒤에 여주(驪州) 촌사에 은거하여 벼슬에 대한 뜻을 끊고 몸소 농사지으며 자급자족하였다. 여러 차례 사간으로 징소하였으나 끝내 부름에 나오지 않았다.

조경(趙絅) 조연(趙涓)의 후손이다. 박학하고 문장을 잘 지었다. 인조 때에 과거에 일등으로 합격하였으며 누차 진급해 대각의 관직에 들어서 강직하다는 명성이 있었다. 후에 벼슬이 이조 판서, 대제학에 이르렀다. 성품이 강경하고 청백하였으며 한결같은 지조가 늙도록 변하지 않았다. 저술로 《용주집(龍洲集)》이 있다.

허후(許厚) 그 선조는 양천(陽川) 사람으로 판전리사(判典理事) 허금(許錦)의 후손이다. 증조는 허자(許磁)이니, 명종 때 이조 판서가 되었다. 허후는 어려서부터 학문을 좋아하여 경계하고 힘써서 스스로 확립하였다. 인조 때에 출사하여 여러 부서의 낭관이 되었고 외직으로 나가 세 고을의 현감이 되었는데 일을 맡아서는 반드시 법을 지키고 정성을 다하여 비록 곤란을 당하더라도 돌아보지 않았다. 만년에 그를 어질다고 천거한 자가 있어 사헌부 장령에 제수되었으나 고사하고 끝내 벼슬에 나오지 않았다. 어떤 사람이 묻기를 "장령은 간언할 만한 자리입니다." 하니, 허후가 말하기를 "무익하게 명성을 구하는 일을 나는 하지 않겠다. 나는 본래 봉록을 위해 벼슬한 것이니 조정에 입사하여 도를 행하는 것은 초심에 기약한 바가 아니다." 하였다. 허후는 방정(方正)하고 엄의(嚴毅)하고 인륜에 독실하였으며, 예의(禮儀), 전부(田賦), 병률(兵律), 형서(刑書), 천문(天文), 지리(地

125 □□□□까지 이르렀다 : 이필행(李必行)은 병자호란 전에 형조 좌랑, 보성 군수, 경상 도사, 통례원 상례까지 역임하였다.

理), 음양(陰陽)의 조화 같은 것에 대해서도 연구하지 않은 것이 없었다. 종제(從弟)인 허목(許穆)이 일찍이 묻기를 "무슨 일을 힘써 배우십니까?" 하였더니, 허후가 말하기를 "좋지 않은 옷을 입고 좋지 않은 음식을 먹어도 남들과 함께 지내면서 부끄럽게 여기지 않는 것이다."[126] 하였다. 일찍이 하늘과 사람의 관계에 대해서 논하기를 "동정운위(動靜云爲)의 법칙으로부터 하늘과 땅이 제자리에 있고 온갖 사물이 자라는 오묘한 천하의 이치를 미루어 알 수가 있다." 하였다.

열녀 列女

공신옹주(恭愼翁主) 본조 강정대왕(康靖大王 성종(成宗))의 딸이다. 성품과 행실이 단정하고 깨끗하였는데 청녕위(淸寧尉) 한경침(韓景琛)에게 시집갔다가 일찍 과부가 되었다. 연산군 때에 아산(牙山)으로 유배되었는데 신주를 끌어안고 가서 아침저녁으로 반드시 곡하고 전을 올렸다. 공희왕(恭僖王) 때 정려하였다.

유씨(柳氏) 본조 좌의정 허침(許琛)의 처이다. 허침이 죽자 아침저녁으로 직접 전찬(奠饌)을 갖추어 올렸다. 당시 연산군의 단상법(短喪法)이 매우 엄하였는데도 유씨는 오히려 화를 두려워하지 않고 예법을 지켜 삼년상을 마쳤다. 공희왕 때 정려하였다.

126 좋지 않은 옷을……것이다 : 《논어》 〈이인(里仁)〉에서 공자가 말하기를 "선비가 도에 뜻을 두면서 악의악식을 부끄럽게 여기는 자는 족히 함께 말할 것도 없다.〔士志於道而恥惡衣惡食者, 未足與議也.〕" 하였다. 여기서는 곧 허후가 도에 뜻을 두고 사욕을 극복하고자 하는 것을 말한다.

안씨(安氏) 관찰사 안숭효(安崇孝)의 딸이자 찬성 강희맹(姜希孟)의 처이다. 부인의 도리를 지키기를 매우 삼가고 집안을 다스리는 데 법도가 있었다. 성종 때에 원자(元子)가 병나서 민간에 피접 가게 되었는데, 승정원에서 법도 있는 장수나 재상 가문을 골라서 보양하게 하기를 청하고 안씨의 집으로 옮기도록 아뢰었다. 안씨가 올바른 방법으로 조섭하고 보호하여 열흘 만에 원자의 기운이 건강해졌다. 4년을 지냈는데 어느 날 갑자기 원자가 실꾸리를 잘못 삼켜서 목구멍이 막혀 상당히 위태로웠다. 종자들은 당황하여 단지 소리만 지르고 있었는데, 안씨가 달려와 보고 말하기를 "어찌 물건을 삼킨 아이를 똑바로 눕혀서 더 깊이 들어가게 한단 말이냐." 하고는 즉시 유모를 시켜 부축해 일으키게 한 뒤에 안씨가 손가락으로 실꾸리를 집어 꺼내었다. 종자들이 머리를 조아리고 사례하기를 "부인이 어찌 저희들 목숨만 살린 것이겠습니까. 국본이 부인 덕에 편해졌습니다." 하였으나, 안씨는 말하지 말라고 경계하고 전혀 그 일에 대해 언급하지 않았으니, 그 신중함이 이와 같았다. 궁내에서 그 가법이 있음을 듣고 하사하는 물건이 끊임없이 이어졌다. 안씨가 병이 들자 상이 특별히 의원과 약을 하사하였고, 세상을 떠나자 부의로 포(布)와 관곽(棺槨)을 하사하였다.

김씨(金氏) 대사간 강형(姜詗)의 아내이다. 연산군 때에 강형은 직간(直諫)을 올리다가 피살되었다. 김씨가 울부짖으며 한 달이 넘게 음식을 먹지 않다가 죽었다. 중종 때에 정려하였다.

박씨(朴氏) 승지 강경서(姜景敍)의 아내이다. 어진 덕이 있었다. 일찍이 한 구졸(丘卒)이 어린아이 편에 계란을 보내었는데, 박씨가 거절하며 말하기를 "어찌 아이 때문에 남편의 청렴한 덕에 누를 끼쳐서야 되겠는가."라고 하였다. 연산군 때에 강경서가 사화(士禍)에 연루되어 장을 맞고 회령(會

寧)으로 유배되니, 박씨는 근심 걱정으로 제대로 먹지 못하다가 그 해를 넘기고 죽었다. 중종 때에 정려하였다.

정씨(鄭氏) 효자 이지남(李至男)[127]의 처이다. 부모와 시부모를 지극히 효성스럽게 섬겼다. 이지남이 상중에 슬퍼함이 예법보다 심하여 그 때문에 말라 죽은 것이라고 지목되니, 정씨는 평생 미망인으로 자처하였다. 시어머니가 세상을 떠나자 의복을 팔아서 예에 맞게 장사를 치렀고, 아들 이기직(李基稷)과 이기설(李基卨)을 한결같이 의로운 법도로 가르쳤으니, 세상 사람들은 효부(孝婦)와 열녀(烈女), 의모(義母)를 겸하였다고 일컬었다.

이씨(李氏) **딸** 이지남의 딸이다. 나면서부터 지극한 행실이 있어서 강학을 가르치지 않아도 혼자 글을 이해할 수 있었다. 부친상을 당하여 곡읍하던 끝에 눈에서 피가 나올 정도로 슬퍼하였는데 결국 이 때문에 몸이 상하여 죽었다. 임종 시에 오라비인 이기직과 이기설에게 이르기를 "지하에 계신 선친을 따라 죽는 것은 아무 유감이 없으나 병든 어머니가 당에 계신데 끝까지 봉양하지 못하는 것이 한스러울 뿐입니다."라고 하며 미처 말을 마치기 전에 죽었다. 이 일이 선조(宣祖)에게 보고되자 사제(賜祭)하라고 명하였다. 이지남에게 이미 독실한 효행이 있었는데 이기직 형제가 또 순수한 효성으로 소문나니, 세상 사람들은 천하의 효의(孝義)가 한집안에 모였다고 하였다.

127 이지남(李至男) : 조선 시대에 효자로 유명한 인물이다. 본인은 효행으로 정표받고, 아내 정씨(鄭氏)가 정렬(貞烈)로 정표받고, 큰아들 이기직(李基稷)과 둘째 아들 이기설(李基卨), 미혼의 딸까지 모두 효행으로 정표받았으며, 이기설의 아들 이돈오(李惇五)와 이돈서(李惇敍)가 충성으로 정표받고, 이돈오의 아내 김씨가 정절(貞節)로 정표받아서 한 가문에서 8명이 정려를 받아 팔홍문(八紅門)으로 일컬어졌다.《燃藜室記述 卷18 宣祖朝故事本末》

이씨(李氏) 이영부(李英符)[128]의 아내이다. 《효경(孝經)》, 《소학(小學)》, 《열녀전(列女傳)》에 통달하고 여자가 해야 할 일에 능숙하였으며, 효성과 우애를 타고났고 정성으로 제사를 받들었으며, 무당을 찾거나 귀신에게 제사하는 일을 한 번도 한 적이 없다. 형제와 친족 중에 궁핍한 자가 있으면 그들을 도와주면서도 오직 미치지 못할까 걱정하였으며, 집안 살림살이가 비록 곤궁하지는 않더라도 여유 있는 저축은 없었는데 항상 말하기를 "몸이 주리고 추위에 떨지 않으면 되는 것이지 어찌 반드시 많이 쌓아 두고 살아야 하겠는가."라고 하였다. 두 아들인 이수경(李首慶)과 이중경(李重慶)이 모두 과거에 급제하여 높은 벼슬을 하였는데, 일찍이 온양(溫陽) 임지에 부임하는 아들을 따라가서 관직에 임하는 태도를 신칙하고 권면하였다. 부인은 진귀하고 맛있는 음식을 좋아하지 않아서 더러 올린 음식이 지나치게 풍성하면 그때마다 물리치고 먹지 않으면서 말하기를 "백성들의 힘에서 나왔을까 걱정된다." 하니, 온양 백성들이 그 일을 듣고 덕에 감읍하여 맹모(孟母)라고 칭송하였다.

유씨(柳氏) **딸** 문원군(文原君) 유희담(柳希聃)의 딸이다. 외조인 윤현(尹俔)이 대구 부사(大丘府使)가 되자 유씨는 14세에 대구에 부임하는 데 따라갔다. 왜구의 난리 때 외조모인 김씨와 함께 강에 뛰어드니 뱃사람이 손으로 건져 주려고 하자 유씨 딸은 하늘을 우러러 길이 울부짖기를 "구차하게 살기보다는 결백한 몸으로 죽는 것이 낫다." 하고는 마침내 물에 빠져

128 이영부(李英符) : 1487~1523. 기묘년(1519, 중종14)에 사헌부 지평으로 재직하면서 현량과(賢良科) 폐지를 반대하다가 당인을 돕는다는 이유로 파면된 뒤에 임피(臨陂)에 우거하다 죽었다.

죽었다. 소경왕이 그 마을에 정문을 내릴 것을 명하였다.

권씨(權氏) 성박(成博)의 처이다. 성박은 효행이 있었고 권씨도 성품이 단정하고 올곧았다. 선조 때에 왜적이 경성(京城)을 함락하자 왜적이 그 남편을 죽이고 권씨를 범하려고 하니, 권씨는 돌로 왜적을 치고 마침내 남편과 함께 죽었다. 소경왕 때에 정문을 내렸다.

송씨(宋氏) 도정(都正) 심현(沈誢)의 처이다. 인조(仁祖) 때에 청(淸)나라 오랑캐가 경성을 침범하여 강화로 피난 가게 되자, 심현이 송씨에게 이르기를 "적이 만일 강을 건너온다면 나는 의당 몸을 던질 것이오."라고 하자, 송씨가 말하기를 "공이 충신이 되는데 첩이 홀로 충신의 아내가 되지 않을 수 있겠습니까." 하였다. 성이 무너지자 부부는 손을 씻고 옷을 갈아입은 뒤에 자결하였다. 상이 그 소식을 듣고 이르기를 "국가가 심현에게 은택을 내린 일이 없는데 난이 닥치자 정절을 지켜 죽었으니, 군자가 아니라면 어찌 이렇게까지 할 수 있겠는가. 함께 죽은 그의 처 송씨의 절개는 더욱 가상하니, 아울러 정려하고 그 자손을 녹용하도록 하라." 하였다.

이씨(李氏) 완평부원군(完平府原君) 이원익(李元翼)의 서녀이다. 남편인 박윤장(朴允章)이 처형당하자[129] 이씨는 마음속으로 반드시 죽을 것을 맹세하고, 먹지 않으면서 곡하여 상중의 슬픔으로 심하게 수척해졌다. 상복을 벗지 않고 살다가 5년 만에 죽으니, 사람들이 슬퍼하여 콧등이 시큰하지 않은 이가 없었다. 그 동생은 재상 이항복(李恒福)의 서손(庶孫)의 아내가

129 남편인 박윤장(朴允章)이 처형당하자 : 박윤장은 박홍구(朴弘耈)의 서질(庶姪)로, 1624년(인조2) 박홍구가 광해군을 다시 추대하기 위해 일으킨 역모에 가담하였다가 발각되어 처형당하였다. 《仁祖實錄 2年 11月 8日》

되었다. 인조(仁祖) 때 오랑캐의 난리를 피해 강화(江華)로 갔는데, 강화가 함락되자 오랑캐가 사대부의 자녀들을 붙잡아 돌아가니, 그 동생이 무리들 가운데 서서 소리치기를 "나는 돌아가신 완평(完平) 이 상국(李相國)의 딸이오." 하고는 마침내 목을 그어 자살하였다.

개성부開城府

동쪽으로 장단부(長湍府) 경계까지 11리이고, 남쪽으로 풍덕군(豐德郡) 경계까지 19리이고, 서쪽으로 벽란도(碧瀾渡), 황해도 배천군(白川郡) 경계까지 36리, 같은 도의 강음현(江陰縣) 경계까지 35리이고, 북쪽으로 같은 도의 우봉현(牛峯縣) 경계까지 57리이다. 서울과의 거리는 166리이다.

한전旱田

수전水田

건치연혁建置沿革

본래 고구려 부소갑(扶蘇岬), 동비홀(冬比忽) 두 현의 땅이다. 신라 시대에는 송악군(松嶽郡)이나 개성군의 땅이었다. 고려 태조(太祖) 초에 송악의 남쪽과 개성까지 아울러 걸쳐 있는 지역에 도읍을 정하고 고쳐서 개주(開州)라고 하였다. 광종(光宗) 때에 개경(開京)이라고 고치고 황도(皇都)라고 불렀다가 성종(成宗) 때에 다시 개성부가 되었다. 현종(顯宗) 9년(1018)에 개성부를 파하고 현령을 두어 정주(貞州), 덕수(德

水), 강음(江陰) 3개 현을 관리하게 하고 상서도성(尙書都省)에 직속시켰다. 문종(文宗) 16년(1062)에 다시 개성부도성(開城府都省)을 설치하여 거느리는 여러 현을 그에 소속시켰다. 정주 등 3개 현과 장단현(長湍縣)이 소관하는 송림(松林), 임진(臨津), 토산(兔山), 임강(臨江), 적성(積城), 파평(坡平), 마전(麻田)까지 모두 11개 현이 개성부에 소속되었다. 또 서해도(西海道) 우봉군(牛峯郡)을 갈라서 개성부에 예속시켰다. 충렬왕(忠烈王) 34년(1308)에 개성부가 도성을 관장하게 되었으므로 안에 따로 개성현을 두어 개성부에 소속시켜서 도성 밖 지역을 관장하게 하였다. 본조 태조(太祖) 3년(1394)에 한양(漢陽)으로 천도하고 고려 왕조는 모두 475년이다. 고쳐서 송도(松都)라고 하였으며, 개성 유후사(開城留後司)가 개성현을 살피게 하였다. 세종(世宗) 20년(1438)에 개성부로 고쳐서 방(坊)을 관장하게 하였다. 본부(本府)에 또 4개의 부(部)를 두었다. 동부(東部)는 인흥방(仁興坊)에 있으면서 몇 개의 방을 관할하였고, 남부(南部)는 예안방(禮安坊)에 있으면서 □□을 관할하였고, 서부(西部)는 의흥방(義興坊)에 있으면서 □□을 관할하였고, 북부(北部)는 지안방(智安坊)에 있으면서 □□을 관할하였다. ○ 고려 태조 2년(919)에 시전(市廛)을 세우고 방(坊)과 리(里)를 구분하였다. 성종과 현종 때에 또 고쳐서 5부 35방으로 정하였다. 동부는 7개의 방으로 안정방(安定坊), 봉향방(奉香坊), 영창방(令昌坊), 철령방(哲令坊), 양제방(楊堤坊), 홍인방(弘仁坊), 창령방(蒼令坊)이다. 남부는 5개 방으로 덕수방(德水坊), 덕풍방(德豐坊), 안흥방(安興坊), 덕산방(德山坊), 안갑방(安甲坊)이다. 서부는 5개 방으로 삼송방(森松坊), 오정방(五正坊), 건복방(乾福坊), 진안방(鎭安坊), 향천방(香川坊)이다. 북부는 10개 방으로 정원방(正元坊), 법왕방(法王坊), 흥국방(興國坊), 오관방(五冠坊), 자운방(慈雲坊), 왕륜방(王輪坊), 제상방(堤上坊), 사내방(舍乃坊), 사자암방(獅子巖坊), 내천왕방(內天王坊)이다. 중부는 8개 방으로 남계방(南溪坊), 흥원방(興元坊), 홍도방(弘道坊), 앵계방(鶯溪坊), 유암방(由巖坊), 변양방(變羊坊), 광덕방(廣德坊), 성화방(成化坊)이다. 본조 세조(世祖) 때에 개성은 지방 관제이므로 옛 제도를 그대로 따를 수 없다고 하여 마침내 줄여 4부 4방으로 만들어서 지금은 몇 개 방이 되었다. **관원은 유수**(留守), 2인이며 종2품인데, 1인은 경기 관찰사가 겸직한다. **경력**(經歷), 1인이며 종4품이다. **도사**(都事), 1인이며 종5품이다. **교수**(敎授)**이다.** 1인이며 종6품이다.

군명郡名

부소갑(扶蘇岬), **송악군**(松嶽郡), **개주**(開州), 《송사(宋史)》에 "고려 왕이 개주 촉막군(蜀莫郡)에 거처하는데 개성부라고 한다. 큰 산에 의지하여 궁실을 짓고 성벽을 세웠다."라고 하였다. 살펴보건대 여기서 촉막군이라고 한 것은 송악군의 와전인 듯하다. **개경**(開京), **송도**(松都)

형승形勝

천연의 요새이자 명당이다. 고려 태조가 17세 때에 도선(道詵)이 다시 와서 뵙기를 청하고 말하기를 "족하는 액운을 당하는 세상에 응하여 천연의 요새이자 명당에서 태어났으니 말세의 백성들이 그대 덕분에 크게 구제될 것입니다." 하였다.

여덟 신선이 머물던 곳이다. 세상에 전하기를, 당나라 때에 중국 사람이 와서 곡령(鵠嶺)에 올라 남쪽을 바라보며 말하기를 "이 땅은 반드시 도읍을 이룰 만한 자리이다." 하였고, 또 "참으로 여덟 신선이 머물던 곳이다." 하였다고 한다.

끌어당기는 형세가 용이 일어나고 봉새가 춤추는 듯하다. 고려 이규보(李奎報)의 기문[130]에 "수많은 저택과 집들이 고기비늘이 겹친 듯 즐비한데 끌어당기는 형세가 교룡이 일어나고 봉새가 춤추는 듯하다." 하였다.

북쪽으로 숭산(嵩山)에 의거하고 남쪽으로 용수산(龍首山)을 끌어들이고 있으며 낙하(洛河)가 그 동쪽에 비스듬히 흐르고 벽란도(碧瀾渡)가 그 서쪽에 펼쳐져 있다. 본조 유호인(兪好仁)의 〈송도록(松都錄)〉[131]에 "북쪽으로 숭산에 의거하고 남쪽으로 용수산을 끌어들이고 있으며 낙하가 그 동쪽으로 비스듬히 흐르고 벽란도가 그 서쪽에 펼쳐져 있으니 참으로 천연의 요새이다." 하였다.

삼경(三京)을 연결한다.[132] 명나라 기순(祁順)의 시에 나온다.

산이 높고 물이 아름답다. 지리지에 나온다.

풍속 風俗

기자(箕子)의 유풍이 남아 있다. 《송사(宋史)》에 "고려는 기자의 유풍을 익히고 주몽(朱蒙)의 옛 풍속을 지니고 있다." 하였다.

130 이규보(李奎報)의 기문 : 〈진강후 모정기(晉康侯茅亭記)〉이다. 《東國李相國集 卷23》

131 유호인(兪好仁)의 송도록(松都錄) : 〈유송도록(遊松都錄)〉이다. 《濡谿集 卷7》

132 삼경(三京)을 연결한다 : 개성을 중경(中京)이라 하는데, 위로 서경(西京)인 평양, 아래로 남경(南京)인 한양과 이어져 있으므로 이렇게 표현한 것이다.

어질고 유순하며 살생을 싫어한다. 출전은 위와 같다. "성품이 어질고 유순하며 살생을 싫어해서 짐승을 도살하지 않는다." 하였다.

풍속이 중국과 비슷하다. 《송사》에 "고려는 토지가 벼를 재배하기에 알맞으며 풍속이 중국과 유사한데, 낙타·물소·당나귀 등이 없고, 승(僧)은 있지만 도사(道士)는 없다." 하였다.

관리들이 위의(威儀)에 익숙하다. 송나라 서긍(徐兢)이 지은 《고려도경(高麗圖經)》에 "술을 마실 때 예법에 맞는 그릇을 사용하며, 문자는 해서, 예서와 딱 맞는다. 위로는 조정 관리들이 위의에 익숙하고 문채가 충분하며, 아래로는 민간 마을에 경관(經館)과 서사(書社)가 두셋씩 늘어서 있다. 자제 가운데 결혼을 하지 않은 자들은 무리 지어 살면서 스승으로부터 배우고, 조금 장성하면 벗을 택하여 강습한다." 하였다.

선비들이 시율(詩律)을 숭상한다. 《송사》에 "고려에는 국자감(國子監)과 사문학(四門學)이 있는데, 학자가 6000명이나 된다. 선비를 선발하는 공사(貢士)에 세 등급이 있으니, 경사에서 하는 것을 사공(士貢)이라 하고 지방 고을에서는 향공(鄕貢)이라 하고 외국인을 대상으로 하는 것은 빈공(賓貢)이라 한다. 선비들이 시율 짓는 것을 숭상하지 경학(經學)에 통달한 이는 적다." 하였다.

사인(士人)들은 가문의 명망을 추앙한다. 출전은 위와 같다. "고려의 사인들은 가문의 명망을 추앙하는데 유씨(柳氏), 최씨(崔氏), 김씨(金氏), 이씨(李氏) 네 성의 가문이 귀족이다." 하였다.

사인과 부인들은 흰옷을 숭상한다. 출전은 위와 같다.

인물이 빼어나고 훌륭한 이가 많다. 〈개성부지(開城府志)〉에 나온다.

여인들은 대부분 깨끗한 정조를 스스로 지킨다. 〈개성부지〉에 "여인들은 대부분 깨끗한 정조를 스스로 지켜서 비록 민가의 미천한 백성들이라도 개가하는 것을 부끄럽게 여긴다. 외출할 때 반드시 삿갓을 쓰고 사람을 만나면 기울여 얼굴을 가린다. 머리카락에 기름을 바르지 않으며 얼굴에 분을 바르지 않아서 소박한 풍속이 아름답다 할 만하다." 하였다.

백성들은 행상(行商)을 업으로 삼는다. 출전은 위와 같다. "개성부의 모든 역(役)은 다 호구(戶口)에서 나와서, 전지(田地)에 대한 역은 매우 가벼우나 호구에 대한 역은 상당히 고달프다. 남자는 10세가 넘으면 바로 행상을 일로 삼고, 여자는 흙집에 들어가 1년 내내 초립(草笠)을 만든다. 동남쪽 하리(下里)에서는 유기(鍮器) 주조를 업으로 삼는다. 매일 시장을 열고 서로 물건을 교역하는 것으로 생업을 삼는다." 하였다.

재물을 살 때는 화폐를 사용한다. 출전은 위와 같다. "국내에서는 화폐가 통행되지 않는데 개성부에서만 유독 화폐를 사용한다. 이 때문에 집집마다 풍족하고 여유가 있으며 부유한 상인과 큰 장사치가 많다." 하였다.

산천 山川

송악(松嶽) 개성부 북쪽 5리에 있다. 개성부의 진산(鎭山)이다. 애초 이름은 부소산(扶蘇山)이었으며 또 곡령(鵠嶺)이라고 부르기도 하였다. 신라 감간(監干) 팔원(八元)이 풍수를 잘 보았는데, 부소군에 이르러 산의 형세가 뛰어나지만 민둥산인 것을 보고는 강충(康忠)[133]에게 고하기를 "만일 고을

133 강충(康忠) : 고려 태조의 조부인 작제건(作帝建)의 외증조부이다. 고려의 건국 신화에 의하면, 강충이 보육(寶育)을 낳고 보육의 딸 진의(辰義)가 당나라 귀인을 만나 작제건을 낳

을 산 남쪽으로 옮기고 소나무를 심어서 암석이 드러나지 않게 한다면 삼한(三韓)을 통합할 자가 나올 것입니다." 하였다. 강충이 고을 사람들과 함께 산 남쪽으로 거주지를 옮기고 산 전체에 소나무를 심으니, 이 때문에 송악이라고 불렀다. 또 다른 이름은 숭산(崧山), 신숭산(神嵩山)이라고도 한다. 또 왕창근(王昌瑾)의 경문(鏡文)[134]에 "뱀해에 용 두 마리가 나타날 것이다. 그중 한 마리는 푸른 나무 속에 몸을 숨기고 있다." 하였다. 푸른 나무는 바로 소나무이니 송악을 말하는 것이다. ○ 《신증동국여지승람(新增東國輿地勝覽)》에 "백제 시조 10년에 말갈(靺鞨)이 백제의 북쪽 경계를 침입하자 왕이 병사 200명을 보내어 곤미천(昆彌川) 가에서 막아 싸웠는데, 백제군이 패하여 청목산(靑木山)에 의지해 스스로 보전하였다." 하였으니, 이른바 청목산이라는 것이 아마도 이 송악인 듯하다.[135] ○ 〈송도팔영(松都八詠)〉의 첫 번째가 〈곡령의 맑은 봄날〔鵠嶺春晴〕〉인데, 고려 이제현(李齊賢)의 시에,

팔선궁[136]이 푸른 산에 있으니　八仙宮住翠微峯

았다. 《東史綱目 卷5下》

134 경문(鏡文) : 당(唐)나라 상인 왕창근(王昌瑾)이 구입해서 궁예(弓裔)에게 바친 거울에 쓰여 있던 비기(秘記)를 말한다. 후삼국의 운명과 고려의 건국을 예언한 내용인데, 《고려사(高麗史)》 권1 〈태조세가(太祖世家)〉에 그 전문이 실려 있다.

135 신증동국여지승람(新增東國輿地勝覽)에……듯하다 : 《동사강목(東史綱目)》 제1상 〈임자년 마한〉에 "《신증동국여지승람》에서는 송악(松嶽)을 청목산(靑木山)이라고 했으나, 근래에 상고해 보니 지금의 청석동(靑石洞)인 듯하다."라고 하여 청목산의 위치에 대해 다른 견해를 제시하고 있다. 현재까지 곤미천이 어디를 가리키는 것인지 불분명하여 청목산의 위치도 미상이다.

136 팔선궁(八仙宮) : 송악이 팔진선(八眞仙)이 머물렀던 곳이라고 하여 이들을 제사하는 팔선궁이 송악산 절정에 있었다. 《新增東國輿地勝覽 卷5 開城府下 祠廟》

아스라한 노을 안개 몇만 겹인가 縹緲煙霞幾萬重
하룻밤 새 바람이 비를 몰고 지나가니 一夜長風吹雨過
해룡이 연꽃을 떠받쳐 올린 듯하네 海龍擎出玉芙蓉

하였다. ○ 명나라 기순(祁順)의 시에,

중국에 우뚝한 숭악이 있어 中國有嵩岳
정기 받아 중산보와 신백이 태어났지 降神生甫申
당대에 세운 공이 열렬했건만 一時建功烈
세월 속에 초목과 함께 먼지가 되었네 萬古楊芳塵
신령스런 숭산이 삼한에도 있어 神嵩在三韓
웅장한 승경 또한 소문이 났지 雄勝亦有聞
영험한 기운이 인물에 부여되어 英靈賦人物
일찍이 나라의 보물이 되었도다 嘗作邦家珍
천지의 기운은 중단함이 없는데 乾坤氣不息
산수의 이름은 오히려 새롭구나 山水名猶新
인재가 태어남은 지역과 상관없으니 生才不限地
그 누가 진나라에 인물이 없다 하리오[137] 熟謂秦無人

하였다.

용수산(龍岫山) 용수산의 수는 '수(首)' 자를 쓰기도 한다. 개성부 남쪽 2리

137 그……하리오 : 춘추 시대 진(晉)나라 대부 사회(士會)가 진(秦)나라에 망명했다가 다시 귀국할 적에, 진(秦)나라 요조(繞朝)가 채찍을 증정하면서 "그대는 진나라에 사람이 없다고 하지 말라. 나의 계책이 마침 채용되지 않았을 뿐이다.〔子無謂秦無人, 吾謀適不用也.〕"라고 말한 고사를 인용한 것이다.《春秋左氏傳 文公13年》 여기에서 진(秦)나라는 중국의 변방인 고려를 가리키는 말로 쓰였다.

에 있으니 바로 외성의 기반이다.

진봉산(進鳳山) 개성부 동남쪽 9리에 있다. 산 안팎으로 진달래가 성대하게 피어서 '진봉산 진달래'가 세상에 유명하다.

남산(男山) 성안에 있다. 산이 누에머리처럼 우뚝 서서 도성 전체를 굽어보고 있다. 이규보(李奎報)의 기문[138]에서 "곡령(鵠嶺)을 등지고 용수산(龍首山)을 옆에 끼고, 사방이 모여드는 도회지를 장악하여 개성 한가운데 자리 잡고 있으면서도 손에 잡힐 듯 푸르고 아름다운 기운을 지닌 것이 남산이다." 하였다.

봉명산(鳳鳴山) 성 서쪽 24리에 있다.

천마산(天磨山) 송악 북쪽에 있다. 여러 봉우리들이 하늘을 찌를 듯 솟아올라서 멀리서 바라보면 푸른 기가 엉겨 있는 듯하므로 천마산이라고 이름 지은 것이다. ○ 명나라 동월(董越)이 천마산을 두고 지은 시에,

봉우리들 높이 솟아 하늘과 가지런한데	數峯高聳碧天齊
맑은 구름 내려다보이고 지는 해가 나직하네	俯瞰晴雲落日低
자라 등 위 신선 세계 약수를 능질러 있고	鰲背蓬壺淩弱水
선가의 누대에 오를 길이 끊기었네	仙家樓觀絶丹梯
바다를 건너던 붕(鵬)새는 늘상 길을 헤매고	長迷渡海扶搖翼
공중에 다니는 천마(天馬)의 발굽 걸리겠네	應礙行空蹀躞蹄
어찌하면 두 겨드랑이에 날개가 솟아나서	安得羽翰生兩腋
곧장 절정에 올라가 시 한 수 남겨 둘까	直從絶頂一留題

하였다.

138 이규보(李奎報)의 기문 : 〈진강후 모정기(晉康侯茅亭記)〉이다. 《東國李相國集 卷23》

오공산(蜈蚣山) 송악 서쪽에 있다. 그 형상이 북처럼 생겼다. 또 송악에도 북처럼 생긴 바위가 있어 세상에서 좌고산(左鼓山), 우고산(右鼓山)이라고 부른다.

토령(土嶺) 부 서쪽 41리에 있다.

갈현(葛峴) 부 북쪽 58리에 있다.

용현(龍峴) 부 서쪽 35리에 있다.

국청현(國淸峴) 부 서쪽 13리에 있다.

호현(虎峴) 부 남쪽 19리에 있다.

대사현(大蛇峴) 부 동쪽 15리에 있다.

취적봉(吹笛峯) 부 동쪽 5리 천수원(天壽院)의 서쪽에 있다.

극암(戟巖) 부 북쪽 31리에 있다. 고려 오세재(吳世才)의 시에 "북산의 바위가 뾰쪽뾰쪽하여 나라 사람들이 극암이라 부르네.〔北嶺石巉巉 邦人號戟巖〕"라고 한 것이 이곳이다.

덕암(德巖) 부 동쪽 9리에 있다.

자하동(紫霞洞) 송악 아래에 있다. 골짝이 깊숙하고 막혀 있으며 시내와 산이 맑고 잔잔하여 경치가 가장 뛰어나다. 고려 때에 좌의정 채홍철(蔡洪哲)이 골짝 안에 중화당(中和堂)을 짓고 나라의 원로 8인을 초청하여 기영회(耆英會)를 열고서 지은 〈자하동곡(紫霞洞曲)〉이 있다.

대흥동(大興洞) 천마산(天磨山)과 성거산(聖居山) 두 산 사이에 있는데 부에서 북쪽 59리 떨어진 곳에 있다. 박연 폭포(朴淵瀑布)에서 위로 올라가면 산이 점점 높아지고 물은 갈수록 맑아지며 암석이 더욱 높고 기이하다. 관음굴(觀音窟) 앞에 이르면 물이 깊어져 못을 이루는데 바위가 물속에서 나와 있으니 '민담(黽潭)'이라고 부른다. 또 몇 리를 올라가면 바위가 하얗게 빛나 깨끗하고 시내가 그 위로 퍼져 흐르다 쏟아져 내려 맑고 깊은 못을 이루는데 사방이 모두 기암괴석과 다복솔이 우거져 있다. 몇 리를 더 올라가면 시내가 동쪽 언덕에서 흘러나오는데 이곳을 '보현동(普賢洞)'이라 한다. 또 몇 걸음 더 올라가면 마담(馬潭)이 있고, 몇 리를 더 올라가면 대흥사(大興寺) 옛터가 있다. 그 위에 또 원통(圓通), 시혈(詩穴), 선암(禪巖), 적조(寂照) 등의 여러 암자와 해인사(海印寺), 취운사(聚雲寺), 법림사(法林寺), 태안사(泰安寺), 운곡사(雲谷寺) 등 폐사(廢寺)의 유지가 있다. 태안사는 바로 고려 태조(太祖)의 태실(胎室)이다. 대개 골짝 안은 햇빛이 이르지 못할 정도로 수목이 울창한데 여름이면 목련이 성대하게 피고 가을이면 단풍잎이 물에 어리비쳐 참으로 아름다운 곳이다. ○ 본조 남효온(南孝溫)의 시에,

대흥동에 한번 들어와 보니	一入大興洞
십 리 지나도 하늘을 보지 못하네	十里不見天
나뭇잎 떨어져 석문이 깊숙하고	葉落石門深
시냇물 감돌아 마연에 들어가네	溪回入馬淵
지팡이 짚고서 걸으며 읊조리니	扶笻行且吟
바위가 험준하여 삼신이 뚫렸네	石峻麻鞋穿

하였다. ○ 본조 서경덕(徐敬德)의 시에,

붉은 단풍나무 병풍 같은 산에 비추이고	紅樹映山屛
짙푸른 시내는 거울 같은 못에 쏟아지네	碧溪瀉潭鏡
신선 세계 속을 걸으면서 시 읊조리니	行吟玉界中
불현듯 마음이 청정해짐을 깨닫겠네	陡覺心淸淨

하였다.

월로동(月老洞) 부 북쪽 10리에 있다.

동교(東郊) 숭인문(崇仁門), 보정문(保定門), 청교(青郊), 적전(籍田) 등이 모두 이곳이다.

서교(西郊) 오정문(午正門) 밖 황교(黃橋) 등의 지역이 이곳이다.

예성강(禮成江) 또 다른 이름은 후서강(後西江)이다. 바로 황해도 강음현(江陰縣) 조읍포(助邑浦)의 하류가 본부의 경계로 흘러 들어와서 이포(梨浦), 전포(錢浦), 벽란도(碧瀾渡)를 지나고 또 동쪽으로 돌아 흐르다가 남쪽으로 돌아서 바다로 흘러 들어간다. 고려 때 송나라에 조회 가는 사신이 이 강에서 배를 출발하였으므로 '예성(禮成)'이라고 부른 것이다. ○《송사(宋史)》에 "명주(明州) 정해현(定海縣)에서 순풍을 만나면 3일 만에 바다로 들어가고 또 5일 더 가면 흑산(黑山)에 도달하여 그 지경에 들어간다. 흑산에서 섬들을 통과해 암석 사이를 구불구불 지나가면 뱃길이 매우 빨라져서 7일 만에 예성강에 이른다. 강은 두 산 사이에 위치하여 바위 골짝에 묶여 있어서 물결이 빠르게 내려가는데, 급수문(急水門)이라는 곳이 제일 험악하다." 하였다. 또 《대명일통지(大明一統志)》에는 "급수문은 개성 남쪽 바다 가운데 있는데, 흡사 무협(巫峽) 같다." 하였다. ○《고려사(高麗史)》〈악지(樂志)〉에 〈예성강곡(禮成江曲)〉이 있으니 그 내용은 다음과 같다. 예전에 바둑을 잘 두는 중국 상인 하두강(賀頭綱)이 있었는데, 일찍이 강가에서 한 아름다운 부인을 보고는 도박을 해서 빼앗고자 하였다. 그 남편과 바둑을 두어 거짓으로 져 주고 나서 내기를 두 배로 거니 그 남편이 탐내어 아내를 걸었다. 하두강이 단판에 이겨서 아내를 배에 싣고 가니, 그 남편이 후회하며 이 노래를 지었다. 부인이 떠날 때에 단장과 옷단속을 매우 단단하게 하여 하두강이 범하고자 하였으나 하지 못하였는데,

배가 바다 가운데에 이르자 빙빙 돌면서 가지 못하니, 점을 치자, "절부(節婦)에게 감동되어 그러한 것이다." 하였다. 하두강이 부인을 돌려보내니, 부인도 노래를 지었다. ○ 고려 이곡(李穀)의 시에,

하해가 동으로 흐르는 건 우 임금의 공일 테니	河海東流想禹功
남쪽 돛 북쪽 노가 멀리 서로 통하게 됐네	南檣北楫遠相通
강 가득 자욱한 빗속에서 누구는 실컷 잠을 자고	何人睡足連江雨
온종일 부는 바람 속에서 객은 시름이 하 깊도다	有客愁深盡日風
어두운 바다 속에 나부끼는 일엽편주요	一葉簸掀冥海裏
있는 듯 없는 듯한 가운데 출몰하는 산들이라	群山出沒有無中
뗏목을 탄 노나라의 어른을 감히 본뜨리오	敢希魯國乘桴叟
반계에 가서 조옹의 소식 물어보려 함이라오	擬向磻溪問釣翁

하였다. ○ 고려 정포(鄭誧)의 시[139]에,

바람 고요한 긴 강이 기름을 뿌린 듯 푸른데	風靜長江綠潑油
돛단배 하나하나 조수 머리에 모여드네	征帆一一集潮頭
사공이 불을 놓고 타고를 울리니	篙師放火鳴鼉鼓
동남쪽에서 온 장삿배임을 알겠네	知是東南賈客舟
그림 같은 청산이 봉창에 들어 가득한데	青山如畫滿蓬窓
실같이 가는 비 돌다리에 뿌리네	細雨如絲洒石矼
청량한 밤 이슥도록 잠들지 못하니	已是夜闌淸不寐
뱃사람이 다시 예성강곡 부르네	舟人更唱禮成江

139 정포(鄭誧)의 시 : 〈서강잡흥(西江雜興)〉이다.《雪谷集 卷下》

하였다.

신리동방포(新里東方浦) 부 서쪽 23리에 있다. 그 수원이 둘인데, 하나는 송악 북쪽 월로동(月老洞)에서 나오고, 하나는 대정(大井)에서 나와서 여정리(余丁里)에 이르러서 합류하여 이 포구가 되며, 또 서쪽으로 흘러 예성강(禮成江)으로 들어간다. 이제현(李齊賢)의 〈송도팔영(松都八詠)〉 중 〈남포연사(南浦煙蓑)〉가 이곳이다.

마담(馬潭) 부 북쪽 62리에 있다. 바위가 끊어진 곳에 떨어지는 샘물이 두 줄기로 드리워서 형상이 흰 무지개와 같다. 세속에서 말하기를 "연못의 신(神)이 말 같기 때문에 그렇게 이름하였다." 한다. 자세한 내용은 대흥동(大興洞)에 보인다.

웅천(熊川) 부 남쪽 7리에 있다. 그 수원이 세 곳인데, 하나는 진봉산(進鳳山)에서 나오고, 하나는 제릉(齊陵)의 산 북쪽에서 나오며, 하나는 진관사(眞觀寺)의 동쪽에서 나와서 원명사(圓明寺) 서쪽에 이르러 합류하여 동쪽으로 청교역(靑郊驛) 앞을 지나 풍덕군(豐德郡)의 사천(沙川)으로 들어간다.

앵계(鶯溪) 지안방(智安坊)에 있다. 수원이 두 곳인데, 하나는 오공산(蜈蚣山)에서 나오고, 하나는 용수산(龍首山)에서 나와 대천교(大川橋)에 이르러 합류하여 동쪽으로 본부(本府) 앞을 지나 앵계가 되고, 서쪽으로 흘러 예성강에 들어간다.

대정(大井) 부 서쪽 22리에 있다. 샘이 솟아나는 곳의 깊이가 2자쯤 되고 구멍이 물속으로 산중턱과 통해 있어 갑자기 물줄기가 솟아 흘러나와서 우물에 나아가는데 그 아래로 수천 경의 땅을 관개할 만하다. 해마다 봄가을에 제사 지내고, 무릇 기도할 일이 있을 때면 역시 제사 지냈다. 속담에 우물물이 붉고 탁해지면 전쟁이 있다고 하였다. 공민왕(恭愍王) 10년(1361)에 우물의 물이 누렇게 변하고 끓어올랐다.

양릉정(陽陵井) 부 남쪽 8리에 있다. 명나라 홍무(洪武) 3년(1370, 공민왕19)에 황제가 조천궁(朝天宮) 도사(道士) 서사호(徐師昊)를 보내 고려 산천에 제사 지냈다. 서사호가 또 비석을 싣고 와서 도성 남쪽 풍천(楓川)이 어느 곳이냐고 묻자, 바로 이 우물이라고 대답하니, 서사호가 제사 지내고 비를 세우고 갔다. ○ 그 제문에 이르기를 "황제가 조천궁 도사 서사호를 보내 고려의 수산(首山) 및 제산(諸山)의 신과 수수(首水) 및 제수(諸水)의 신에게 제사드립니다. 고려란 나라는 해동(海東)에 자리하여 산세가 광대하고 수덕(水德)이 왕성하니 실로 모두 신령스러운 기운이 모인 곳입니다. 그러므로 국토를 안녕되게 하고 국군(國君)이 대대로 부귀를 누리며 중국을 높임으로써 생민(生民)을 보전하게 하는 데에 신(神)의 공이 큰 것입니다. 짐이 벼슬하지 않은 선비로 일어나서 지금 천하를 통일하여 정통(正統)을 계승하였는데, 이즈음 고려가 표문(表文)을 받들어 신하를 일컬으니, 짐이 그 정성을 기뻐하여 이미 왕의 작위를 봉하였습니다. 옛 법전을 상고하건대 천자는 산천 제사에 있어서 어느 지역이나 통하지 않음이 없으므로 사신을 보내어 삼가 희생과 폐백을 받들어 제사를 드림으로써 신령께 아뢰니, 신께서는 살피소서." 하였다. 고황제(高皇帝)가 직접 지은 것이다.

달애정(炟艾井) 부 북쪽 5리에 있다. ○ 고려 신종(神宗) 초에 최충헌(崔忠獻)이 아뢰어 내시 민식(閔湜) 등 70여 명을 내쫓았다. 민간에서 전하는 말이, 임금이 달애의 우물물을 마시면 환자(宦者)가 권력을 쥔다고 하므로 달애정을 헐고 광명사(廣明寺)의 우물물을 어수(御水)로 삼았다. 속어에 등리(藤梨)를 달애(炟艾)라고 한다.

동지(東池) 부 북쪽 5리에 있다.

연지(蓮池) 수창궁(壽昌宮) 서쪽에 있다.

용화지(龍化池) 부 동쪽 7리에 있다. ○ 이제현(李齊賢)의 기문[140]에 이르기를 "서울 남쪽에 넓이가 100묘(畝)쯤 되는 못이 있는데, 주위에 사는 자들의 밥 짓는 연기가 가득한 여염집이 촘촘하게 뒤섞여 즐비하게 늘어서 있다." 하였다.

증지(甑池) 부 동쪽 24리에 있다. ○ 이색(李穡)의 시[141]에 "동교 적전에 둥근 봉우리 있는데, 산 아래 연못에는 늙은 용 서려 있네.〔東郊藉田有圓峯 峯下有池蟠老龍〕"라고 한 것이 바로 이곳이다.

토산 土産

송이버섯〔松蕈〕, 밤〔栗〕, 엿〔飴糖〕, 숭어〔秀魚〕, 쏘가리〔錦鱗魚〕, 누치〔訥魚〕, 웅어〔葦魚〕

성곽 城郭

나성(羅城) 바로 외성(外城)이다. 고려 현종(顯宗) 때에 강감찬(姜邯贊)이 경도(京都)에 성 쌓기를 청하니, 왕이 이가도(李可道)에게 명하여 흙을 쌓아 성을 만들게 하였는데, 모두 21년 만에 공사가 끝났다. 성의 둘레가 45리

140 이제현(李齊賢)의 기문 : 〈운금루기(雲錦樓記)〉이다. 《益齋亂藁 卷6》

141 이색(李穡)의 시 : 〈증지인(甑池引)〉이다. 《牧隱藁 牧隱詩藁 卷9》

이고, 나각(羅閣)이 4910칸[142]이며, 숭인(崇仁)·선기(宣旗)·보정(保定)·광덕(光德)·덕산(德山)·회빈(會賓)·선계(仙溪)·태안(泰安)·홍인(弘仁)·건덕(乾德)·보태(保泰)·선의(宣義)·산예(狻猊)·영평(永平)·선암(仙巖)·자안(慈安)·창의(彰義)·영양(迎陽)·안화(安和)·성도(成道)·회창(會昌)·안정(安定) 등 22개의 문이 있었는데 지금은 모두 무너졌다.

내성(內城) 우리 태조(太祖)가 개국한 2년(1393)에 돌로 쌓았는데, 내성의 둘레는 20리 40보이다. 동대문(東大門), 남대문(南大門), 동소문(東小門), 서소문(西小門), 북소문(北小門) 등 5개의 문이 있다.

공서公署

개성부 본사(開城府本司) 서부 암곶리(巖串里)에 있다.

혜민국(惠民局) 남대문 밖 네거리에 있는데 층각(層閣)이 있다.

군기감(軍器監) 두현(荳峴) 남쪽에 있다.

사포서(司圃署) 보정문(保定門) 밖에 있는데 바로 개국사(開國寺) 옛터이다.

봉상시(奉常寺) 부 내의 북부 보은리(報恩里)에 있다. 제릉(齊陵), 후릉(厚陵) 및 성균관의 전물(奠物)을 보관하고 있다.

훈련청(訓鍊廳) -원문 결락-

142 4910칸 : 《신증동국여지승람》 권4 〈개성부 상〉에는 '1만 3000칸'이라 하였고, 《고려사절요(高麗史節要)》, 《동사강목(東史綱目)》 등에는 '4910칸'으로 되어 있다.

학교學校

성균관(成均館) 탄현문(炭峴門) 안에 있다. 대성전(大聖殿)에 다섯 성인과 십철(十哲)의 위판을 모시고, 동무(東廡)와 서무(西廡)에 공자의 칠십 제자와 역대 제현(諸賢)들의 위판을 모셨다. 대성전 앞에 명륜당(明倫堂)이 있다. 교수관 1인을 두었다.

숭양서원(崧陽書院) 부 동북쪽 4리 화원(花園) 북쪽에 있다. 본래 정몽주(鄭夢周)의 옛집이다. 선조(宣祖) 초에 개성부에서 또 서원을 세우면서 사당을 세워 그를 제사하고 서경덕(徐敬德)을 배향하니, 왕명으로 편액(扁額)과 경적(經籍)을 하사하였다.

궁실宮室

경덕궁(敬德宮) 추동(楸洞)에 있다. 본조 태조 잠저(潛邸) 때의 옛집인데, 즉위하자 증수해서 궁으로 삼았다. 지금은 별제(別提) 2인을 두어 지킨다. ○ 기묘년(1399, 정종1) 9월 공정왕(恭定王)이 이 잠저에 있을 적에 하루는 새벽에 백룡(白龍)이 침실 위에 나타났는데, 크기가 서까래만 하고 광채가 찬란하였으며 조금 있다가 운무가 덮어 가려서 간 곳을 알 수 없었다.

목청전(穆淸殿) 숭인문(崇仁門) 안에 있는데 역시 태조의 옛집이다. 공정왕이 명하여 이 전을 짓고 태조의 화상을 봉안하였다. 참봉 2인을 두었다.

태평관(太平館) 본사(本司) 서편에 있다. 고려 때에는 정동성(征東省)이 되었고, 지금은 사신(使臣)들이 유숙하는 곳이 되었다. ○ 본조 초에 권근(權近)이 사명을 받들고 명나라에 입조하니, 명나라 고황제(高皇帝)가 〈개성고경(開城古京)〉이란 시를 지어 하사하기를,

천도하고 남은 마을 저자마저 황량하여	遷遺井邑市荒涼
무성한 풀만 눈에 가득 나그네 상심하네	莽蒼盈眸過客傷
동산에는 꽃이 피니 벌들이 꿀을 따고	園苑有花蜂釀蜜
전각에는 주인 없으니 토끼가 집을 삼네	殿臺無主兎爲鄕
행상은 길을 돌아 새로운 성곽을 따르고	行商枉道從新郭
가게는 터를 바꿔도 옛 마을을 그리네	坐賈移居慕舊坊
이곳이 바로 지난날 왕씨의 터전이니	此是昔時王氏業
단군이 떠난 오랫동안 몇 번이나 바뀌었나	檀君逝久幾更張

하였다. ○ 본조 이맹균(李孟畇)의 시[143]에,

오백 년 내려오던 왕기가 끝났으니	五百年來王氣終
삼한을 통일한 공은 끝내 어디 있는가	操鷄搏鴨竟何功
영웅이 떠나도 산하는 남아 있건만	英雄一去山河在
인물이 남으로 가자 저자가 텅 비었네	人物南遷市井空
가랑비 내린 후 상원에 꽃 피고 새 우는데	上苑鶯花微雨後
석양 속에 여러 왕릉 초목이 우거졌네	諸陵草樹夕陽中
가을바람에 나그네 한 얼마나 많은가	秋風客恨知多少
지난 일 아득한데 강물은 여전히 흐르네	往事悠悠水自東

하였다.

영빈관(迎賓館) 오정문(午正門) 밖에 있는데, 지금은 조서와 사신을 맞이하여 영송(迎送)하는 곳이 되었다. 예전에 있었다는 영은관(迎恩館), 순천관

143 이맹균(李孟畇)의 시 : 《동문선(東文選)》, 《용재총화(慵齋叢話)》 등에 〈송경회고(松京懷古)〉라는 제목으로 실려 있는데 문헌에 따라 자구의 출입이 많다.

(順天館)은 아마도 바로 이 관이 시기에 따라 이름을 달리한 것인 듯하다. 일설에는 고려 의종(毅宗)이 영빈관과 회선관(會仙館)을 설치해서 여러 나라의 사신을 대접하였다고 한다.

남루(南樓) 바로 성의 남문 누각이니, 종을 매달아서 아침저녁을 알렸다.

○ 본조 권협(權韐)의 시에,

눈 속의 달빛은 전 왕조의 빛이요	雪月前朝色
싸늘한 종소리는 옛 나라의 소리라	寒鍾故國聲
남루에 시름겹게 홀로 서 있으니	南樓愁獨立
무너진 성곽에 저녁연기 오르네	殘郭暮煙生

하였다.

봉수烽燧

송악(松嶽) 국사당 봉수(國師堂烽燧) 부 북쪽 11리에 있다. 북쪽으로 황해도 강음현산성 봉수(江陰縣山城烽燧)에 응하고, 동쪽으로 장단부(長湍府) 천수산 봉수(天壽山烽燧)에 응한다.

송악 성황당 봉수(城隍堂烽燧) 부 북쪽 11리에 있다. 남쪽으로 풍덕군(豐德郡) 덕적산 봉수(德積山烽燧)에 응하고, 서쪽으로 수압산 봉수(首鴨山烽燧)에 응한다.

수압산 봉수(首鴨山烽燧) 부 서쪽 34리에 있다. 동쪽으로 성황당 봉수에 응하고 남쪽으로 신당 봉수(神堂烽燧)에 응한다.

신당 봉수(神堂烽燧) 부 남쪽 36리에 있다. 북쪽으로 수압산 봉수에 응하고, 서쪽으로 황해도 배천군(白川郡) 부모리 봉수(夫毛里烽燧)에 응한다.

우역郵驛

청교역(靑郊驛) 보정문(保定門) 밖 5리에 있다.

산예역(狻猊驛) 성 서쪽 20리에 있다. 세상에 전하기를, 고려 때 요(遼)나라 사신 산예(狻猊)가 이곳에서 죽었기 때문에 그 일을 따라 이름 붙인 것이라고 한다.

천수원(天壽院) 성 동쪽에 있으니 곧 천수사(天壽寺) 옛터이다. 본조 성종 7년(1476)에 개성 유수 이예(李芮)가 천수원 곁에 있는 취적봉(吹笛峯) 아래에 정자를 짓고 이어서 기문을 지었다.

"내가 예전에 고려 사인(舍人) 최사립(崔斯立)이 지은

천수문 앞에 버들개지 날리는데 天壽門前柳絮飛
술 한 병 가지고 친구 돌아오기를 기다리네 一壺來待故人歸
석양 녘 먼 길가를 뚫어지게 바라보노라니 眼穿落日長程畔
많고 적은 행인들 가까이 오면 그가 아니네 多少行人近却非

라는 시를 듣고, 천수문은 고려조 500년 동안 손님을 맞이하고 전송했던 곳이라고 생각하였다.

성화(成化) 갑오년(1474)에 내가 이곳 유수가 되었는데, 부(府)의 사람들은 아직도 고사(故事)를 따라서 서쪽 봉우리에 자리를 정리하고 대(臺)를 만들어서 중요한 빈객(賓客)이 있으면 반드시 이곳에서 전송하고 영접하였다. 내가 하루는 이곳에서 손님을 전송하려고 그곳이 어디냐고 한번 물어보니 취적봉이라고 하였다. 이에 고려조 전성기에 사대부들이 서로 이곳에서 전송하고 맞이하며 노닐었음을 알게 되었다. 그런데 이상한 것은 한 시대의 인물이 모이던 곳이며 관리들의 거마(車馬)가 몰리던 곳인데 어째서 누대나 정각(亭閣)의 볼거리가 없는가. 또

최사립이 말한 천수문이라는 것도 어디인지 모르겠다.

성조(聖朝)에서 한양(漢陽)으로 도읍을 옮긴 뒤로 인물이 남쪽으로 옮겨 갔고 연대가 오래되었으니 비록 지대(池臺)와 누정이 있었다 하더라도 그것이 허물어지고 잡초에 파묻히는 것은 의당 괴이할 것 없다. 수레를 멈추고 옛터를 찾아 배회하면서 시간 가는 줄 모르고 있었는데, 원주(院主) 강귀수(康龜壽)란 자가 앞으로 나와 말하기를 '저희 부자가 대를 이어 원주가 되었으므로 이곳의 흥폐(興廢) 연유를 모두 자세히 압니다. 천수사는 곧 전조(前朝)의 대찰(大刹)이었습니다. 세상에 전하기를 천 집 만 칸이었다고 하는데, 지금 유지는 모두 밭두둑이 되었고 남은 것은 단지 여행객들이 숙박하는 작은 원(院)뿐입니다. 예전에 있던 높은 누각 두어 채도 모두 무너지고 남은 것이 없습니다.' 하니, 내가 원주의 말에 대하여 더욱 감회가 있었다. 국가에서 이 원에 원주를 두고 밭을 지급한 것은 대개 타지에서 온 손님을 잊지 말라는 뜻[144]이었다. 옛 도읍지이자 큰 고을의 수많은 빈객을 맞이하고 전송하는 일이 반드시 여기에서 행해지는데, 초야에 자리 깔고 장막을 치며 그것을 옮겨 나르는 노고가 적지 않다. 혹 비나 눈을 만나게 되면 손님이나 주인이나 경황이 없어 예절을 차릴 수 없다. 더구나 부의 서쪽에는 영빈원(迎賓院)과 보통원(普通院)이 있는데 동쪽에만 유독 없으니, 어찌 한 가지 흠이 아니겠는가. 마침내 함께 의논하여 일 없는 사람들을 동원하여 취적봉 아래 소나무 사이에 작은 정자를 지었다. 공사를 마친 다음 부하 관원들

144 타지에서……뜻 : 《맹자》 〈고자 하(告子下)〉에서 제 환공(齊桓公)이 제후들과 맹약하는 내용 중에 나오는 말이다.

과 함께 올라가 감상하니, 사방이 시원하게 트여 먼 산이 눈앞에 모여 있고 긴 시내가 아래에서 휘감아 흐르는데 도로가 구불구불하고 인마(人馬)가 오가는 석양의 저녁 경치가 과연 최사립의 시와 같았다."

○ 고려 이인로(李仁老)의 《파한집(破閑集)》에 "도성 문에서 100보 되는 곳에 연이은 봉우리가 뒤에 솟아 있고 평평한 시내가 앞에서 쏟아져 흘러가며, 야계(野桂) 수백 그루가 길 양쪽에서 그늘을 이루니, 길 가는 이들이 반드시 그 아래서 쉬어 수레와 말이 길을 메우고 시끄럽다. 어부의 노래와 초부(樵夫)의 피리 소리가 끊이지 않고 붉고 푸르게 단청한 누각이 소나무, 전나무 숲의 안개 사이에 반쯤 드러나 있는데 공자(公子)와 왕손(王孫)들이 패물을 차고 풍악을 울리며 맞이하고 전송하기를 반드시 여기에서 한다. 예종(睿宗) 때의 화가 이녕(李寧)이 그림을 그려 송(宋)나라 상인에게 주었는데, 후에 왕이 송나라에서 명화를 구하다가 좋은 그림 하나를 얻어 오니, 이녕이 아뢰기를 '이것은 신이 그린 〈천수남문도(天壽南門圖)〉입니다.' 하였다." 하였다.

○ 고려 이규보(李奎報)의 시에,

하늘까지 닿은 풀빛에 푸른 안개 어둑한데 連天草色碧煙昏
땅에 가득한 배꽃은 흰 눈처럼 분분하네 滿地梨花白雪繁
이곳은 해마다 이별하는 곳이라 此是年年離別處
손 보내는 일 아니라도 애간장이 삭는 듯하네 不因送客亦消魂

하였다. ○ 본조 성임(成任)의 시에,

화려한 일 흩어지자 들판에 구름 날고 繁華事散野雲飛
유수는 무정하여 한번 가면 돌아오지 않네 流水無情去不歸
시구는 아직도 영송하던 땅에 남아 있는데 詩句尚留迎送地

세상의 인물은 이미 모두 예전 사람 아니네　　　市朝人物已全非

하였다.

약왕원(藥王院) 진봉산(進鳳山) 아래에 있다.

대비원(大悲院) 서보국사(西補國寺) 옆에 있다. 고려 충숙왕(忠肅王) 때에 승려 학선(鶴仙)이 왕에게 권하여 이 원을 창건하도록 하고 성안의 병든 사람을 모아서 약으로 구제해 주고 의식을 대 주었다.

주파원(注波院) 성 서남쪽에 있다.

서보통원(西普通院) 토성 영평문(永平門) 밖에 있다.

남계원(南溪院) 바로 개국사(開國寺) 남쪽 길이다. 앞에 대나무 한 쌍, 입석(立石)과 장명등(長明燈)이 있다.

관량關梁

청석곡구(靑石谷口) 부 서쪽 30리에 있다. 동서 양쪽의 높고 좁은 산기슭 사이로 길이 나 있어서 구불구불 돌아가는 위태로운 형세로 15리나 가서야 비로소 평지로 나오니, 바로 송경(松京)의 험한 요충지이다. 골짝 내의 암석이 모두 청색이므로 청석곡이라 이름한 것이다. 예전에는 청석동원(靑石洞院)이 있어서 행객을 접대하고 도적을 살펴 방비하였다.

탁타교(橐駝橋) 보정문(保定門) 안에 있다. 옛날에는 만부교(萬夫橋)라 불렀다. 고려 태조 때에 거란(契丹)이 사신을 보내어 낙타 50필을 보냈다. 왕은, 거란이 일찍이 발해(渤海)와 화약을 맺었다가 하루아침에 멸망시켰으니 너무도 무도하므로 멀리 교린(交隣) 관계를 맺을 만하지 못하다고 하여, 그들과의 교빙(交聘)을 끊고, 그 사신 30명을 섬으로 귀양 보냈으며 낙타를 다리 아래 매 두어 모두 굶겨 죽였으므로 인하여 탁타교라 이름하였다. 지금 세속에서는 '야교(夜橋)'라고 칭하기도 한다. ○ 명종(明宗) 때에 이의민(李義旼)이 탁타교에서 저교(猪橋)에 이르기까지 제방을 쌓고 버들을 심으니 사람들이 신도(新道)라고 하였다.

황교(黃橋) 오정문(午正門) 밖에 있다. 권근(權近)의 시에 "일찍이 송도팔영시를 읽었는데, 황교만조가 제일 마음에 들었네.〔曾讀松都八詠詩 黃橋晩照最關思〕"라고 한 것이 바로 이곳이다.

선인교(仙人橋) 자하동(紫霞洞)에 있다.

수창교(壽昌橋) 바로 수창궁(壽昌宮) 앞 다리인데, 십천(十川)이 그 아래로 흘러간다.

백금석교(白金石橋) 시가(市街)에 있다.

풍우교(楓友橋) 남대문 밖에 있는데, 물은 백천(白川)이라 한다.

학교(鶴橋) 사동(蛇洞)에 있다.

선죽교(善竹橋) 좌견리(坐犬里) 북쪽에 있다. 고려 때 정몽주(鄭夢周)가 이곳에서 절개를 지키다가 죽었으므로 후인들이 비석을 세우고 다리 머리에 '선죽교'라는 세 자를 새겨서 표시하였다.

저우교(猪友橋) 남대문 밖에 있는데, 물은 흑천(黑川)이라 한다.

산석교(傘石橋) 시가에 있다.

영의서교(永義署橋) 천동(泉洞)에 있다.

옥장교(玉粧橋) 판방동(板房洞)에 있다.

대교(大橋) 성 서쪽 10리에 있는데 조수가 왕래한다.

십수천교(十水川橋) 판방동에 있다.

병부교(兵部橋) 연경궁(延慶宮) 동남쪽에 있다. 다리의 돌이 매끄럽고 윤택하여 본조의 한호(韓濩)가 어렸을 때에 이곳에서 글씨를 연습하였다.

태평교(太平橋) 태평관(太平館) 앞에 있다.

노군교(勞軍橋) 병부교 동쪽에 있다.

나복교(羅伏橋) 천수원(天壽院) 동쪽 5리에 있다. 신라 경순왕(敬順王) 김부(金傅)가 항복하러 올 적에 고려 태조가 친히 가서 항복을 받았는데, 온 도성이 가서 구경하였다. 신라 신하 중에 다리 아래로 떨어져 죽은 자가 있었다.

벽란도(碧瀾渡) 부 서남쪽 36리에 있으나 바로 예성강 나루의 건너는 곳이다. 권근의 기문에 "송도(松都) 서북쪽 여러 골짜기의 물이 모여 긴 강이 되어 흘러 바다로 들어가는데, 그 나루터를 벽란이라 한다. 국도에 가까우므로 건너다니는 사람이 많고, 산에 가깝기 때문에 흐름이 빠르고 바다에 가깝기 때문에 조수가 세게 밀려서 건너는 이들이 또한 매우 괴롭게 여긴다." 하였다.

전포도(錢浦渡) 부 서쪽 35리[145]에 있으니 이곳도 예성강 나루의 건너는 곳이다. 그 □리[146]를 흘러가면 또 이포도(梨浦渡)가 있다.

사묘 祠廟

송악산사(松嶽山祠) 산 위에 다섯 개의 사당이 있으니, 첫째는 성황(城隍)

145 35리 : 《신증동국여지승람》 권4 〈개성부 상〉에는 '36리'로 되어 있다.

146 □리 : 《신증동국여지승람》 권4 〈개성부 상〉에 의하면 이포(梨浦)는 개성부 서쪽 41리에 있다고 하였다. 따라서 전포에서 6리 정도 되는 지역에 있는 것으로 보인다.

이고, 둘째는 대왕(大王)이고, 셋째는 국사(國師)이고, 넷째는 고녀(姑女)이고, 다섯째는 부녀(府女)인데, 어떤 신(神)을 지칭하는지 알 수 없다.

팔선궁(八仙宮) 송악산 정상에 있다. ○ 고려 이색(李穡)의 시에 "돌길이 빙빙 돌아 산꼭대기에 올라가니, 팔선궁관이 신주를 굽어보네.〔石路縈回到上頭 八仙宮觀俯神州〕"라고 한 것이 바로 이곳이다.

용수산사(龍首山祠) 의종(毅宗) 때 함유일(咸有一)이 음사(淫祀)를 믿지 않아 여러 신사(神祠)를 모조리 불태워 버리고 용수산 사당까지 불태웠는데, 왕의 꿈에 신이 나와서 구제해 주기를 요구하였으므로 다시 지어 주도록 하였다.

송상현(宋象賢) **사당** 성 밖에 있다. 봄가을로 치제한다.

능묘陵墓

고려

세조(世祖) **능**(陵) 세조는 바로 태조의 아버지인 왕륭(王隆)이다. 태조가 추후에 세조로 봉하고 능호를 '창릉(昌陵)'이라고 하였다. 예성강(禮成江)가 영안성(永安城)에 있다.

태조(太祖) **능**(陵) 능호는 현릉(顯陵)이고, 송악산 서쪽의 파지동(巴只洞) 남쪽에 있다. ○ 본조 성임(成任)의 시에,

아침에 성문 서쪽으로 나가서 　朝出郭門西
길 가다 보통계를 건너고 　行渡普通溪
우연히 현릉리에 들어가니 　偶入顯陵里

산길이 오르락내리락하네	山路成高低
고려 태조의 옛 능침에	麗祖古陵寢
돌 위에는 큰 글자 쓰여 있고	石上大字題
상설은 반쯤 파묻혀 버렸는데	象設半埋沒
거친 풀은 어찌 이다지 우거졌는지	荒草何萋萋
옛날 삼국이 서로 대치하던 때	三國昔鼎峙
땅 넓이도 같고 덕도 비슷했지	地醜德又齊
전란에 백성은 날마다 도륙당하고	干戈日糜爛
세상의 광풍에 천 리가 깜깜했지	風塵千里迷
태조가 삼척의 검을 잡고 나서니	王提三尺釰
백성이 구름과 무지개처럼 바랐네	民望如雲霓
삼한이 결국은 하나로 통합되어	三韓歸統合
오리를 치고 또 닭을 잡았네[147]	搏鴨又操鷄
사람들이 태평의 즐거움을 알았으니	人知奠枕樂
한집안에 누가 서로 해치겠는가	一家誰相擠
큰 은덕이 백대까지 미치어	大惠及百世
그 공덕을 견줄 이 없었는데	厥功無與儕

147 오리를……잡았네 : 당(唐)나라 상인 왕창근(王昌瑾)이 저잣거리에서 한 노인으로부터 고경(古鏡) 하나를 샀는데, 여기에 "상제가 아들을 진한(辰韓), 마한(馬韓)에 내려보내어 먼저 닭을 잡고 뒤에 오리를 칠 것이다.〔上帝降子於辰馬, 先操鷄, 後搏鴨.〕"라고 적혀 있었다. 왕창근이 이를 궁예에게 바쳐 궁예가 수하에게 내용을 풀이하도록 하였는데, 여기서 닭은 신라를 가리키고 오리는 압록강을 가리키므로, 고려의 태조가 신라를 차지한 다음 압록강 유역을 정벌하게 되리라는 예언이었다.《東史綱目 卷5下 戊寅年》

하루아침에 국운이 다하니 一朝籙已訖
옛일이 사람을 서글프게 하네 往事令人悽
능을 지키는 몇 호만 남아 있고 守陵數戶在
적막하여 찾아오는 수레도 없네 寂寞無輪蹄
나는 와서 세 번 탄식하고 我來三歎息
여윈 말은 바람에 우네 羸馬迎風嘶
능지기가 내 뒤를 따라오면서 陵丁踵我至
초동 두어 명을 데리고 왔기에 帶來數樵兒
내가 능지기에게 당부하였네 我向陵丁說
태조가 남긴 은택 백성에게 있으니 遺澤在蒸黎
삼가 수호하라. 조금이라도 소홀하여 謹守苟少慢
화를 부르면 후회해도 소용없으리 致禍難噬臍
해마다 나무꾼을 금하고 年年禁樵採
밭 가는 일이 없게 하라 無俾及耕黎

하였다.

혜종(惠宗) 능(陵) 능호는 순릉(順陵)이니, 탄현문(炭峴門) 밖 경덕사(景德寺) 북쪽에 있는데, 속칭 '추왕릉(皺王陵)'이라 한다.

정종(定宗) 능(陵) 능호는 안릉(安陵)이니, 남소문(南小門) 밖에 있다.

광종(光宗) 능(陵) 능호는 헌릉(憲陵)이니, 송악산 북쪽 기슭 적유현(狄踰峴)에 있다.

경종(景宗) 능(陵) 능호는 영릉(榮陵)이니, 진봉산(進鳳山) 밑에 있다.

성종(成宗) 능(陵) 능호는 강릉(康陵)이니, 남교(南郊)에 있다.

목종(穆宗) 능(陵) 능호는 의릉(義陵)이니, 도성(都城) 동쪽에 있다.

현종(顯宗) 능(陵) 능호는 선릉(宣陵)이니, 송악산 서쪽 기슭에 있다.

덕종(德宗) 능(陵) 능호는 숙릉(肅陵)이니, 북교(北郊)에 있다.

정종(靖宗) 능(陵) 능호는 주릉(周陵)이니, 북교에 있다.

문종(文宗) 능(陵) 능호는 경릉(景陵)이니, 불월사(佛月寺) 남쪽 기슭에 있다.

순종(順宗) 능(陵) 능호는 성릉(成陵)이니, 진봉산 남쪽 양양현(壤陽峴)에 있다.

대종(戴宗) 능(陵) 능호는 태릉(泰陵)이니, 봉명산(鳳鳴山) 밑에 있다.

선종(宣宗) 능(陵) 능호는 인릉(仁陵)이니, 동성(東城)에 있다.

헌종(獻宗) 능(陵) 능호는 은릉(隱陵)이니, 도성 동쪽에 있다.

예종(睿宗) 능(陵) 능호는 유릉(裕陵)이니, 도성 남쪽에 있다.

인종(仁宗) 능(陵) 능호는 장릉(長陵)이니, 도성 서쪽 벽곶동(碧串洞)에 있다.

의종(毅宗) 능(陵) 의종이 경주(慶州)에 있을 때 시해당하여 그곳에 임시로 장사 지냈는데, 명종(明宗) 4년(1174)에 조위총(趙位寵)이 군사를 일으키면서, 이의방(李義方)이 임금을 시해하고 장사하지 않은 죄를 성토하였다. 이 때문에 명종 5년에 발상(發喪)하고 도성 동쪽에 반장(返葬)하였다. 능호는 희릉(禧陵)이다.

신종(神宗) 능(陵) 능호는 양릉(陽陵)이니, 도성 남쪽에 있다.

강종(康宗) 능(陵) 능호는 후릉(厚陵)이다.

원종(元宗) 능(陵) 능호는 흠릉(歆陵)이니, 개성부 북쪽 15리에 있다.

충렬왕(忠烈王) 능(陵) 능호는 경릉(慶陵)이니, 개성부 서쪽 12리에 있다.

충선왕(忠宣王) 능(陵) 능호는 덕릉(德陵)이니, 개성부 서쪽 12리에 있다.

충숙왕(忠肅王) 능(陵) 능호는 의릉(毅陵)이다.

충혜왕(忠惠王) 능(陵) 원(元)나라에서 대경(大卿) 타치(朶赤) 등을 보내

왕을 잡아가서 게양(揭陽)에 귀양 보냈는데, 왕은 귀양지에 도착하기도 전인 다음 해에 죽었다. 그해 6월에 원나라에서 상(喪)이 이르자 마침내 이곳에 장사 지냈다. 능호는 영릉(永陵)이다.

충목왕(忠穆王) **능**(陵) 능호는 명릉(明陵)이니, 개성부 서쪽 12리에 있다.

충정왕(忠定王) **능**(陵) 능호는 총릉(聰陵)이니, 도성 남쪽에 있다.

공민왕(恭愍王) **능**(陵) 능호는 현릉(玄陵)이다.

노국대장공주(魯國大長公主) **능**(陵) 바로 공민왕의 비(妃)이니, 능호는 정릉(正陵)이다. 공민왕 능과 함께 도성 서쪽 봉명산 안에 있다.

박상충(朴尙衷) **묘** 숭인문(崇仁門) 밖 5리 연자동(燕子洞)에 있다.

사찰寺刹

왕륜사(王輪寺) 송악산 기슭에 있는데, 고려조에는 큰 절이었다. 충렬왕(忠烈王) 2년(1276)에 한 길이나 되는 여섯 개의 불상을 조성하고, 왕과 공주가 친히 법회를 베풀었다.

구산사(龜山寺) 송악산 소격전(昭格殿) 동쪽에 있다. 옆에 선월사(仙月寺)도 있다. ○ 고려 문종이 이 절에 거둥하여 구대(龜臺)에 술자리를 마련하였는데, 태자(太子)와 재추(宰樞)가 모시고 잔치하여 한밤중이 되어서야 돌아왔다. 충렬왕이 이 절에 거둥하여 구재(九齋) 생도들의 하과(夏課)를 살폈다.

금종사(金鍾寺) 송악산 기슭에 있다. ○ 고려 이색의 시에,

이미 금종루 사랑하고	已愛金鍾樓
더욱 금종수를 아끼네	更愛金鍾樹

빈 당에 매달린 주렴 창문에 簾櫳懸虛堂
아침저녁으로 안개가 일어나네 朝夕生煙霧
우러러보매 붉은 해 피해 가니 仰見赤日避
아마도 구름이 지나가는 것이리[148] 疑是飛雲度
더구나 그윽한 시냇물 소리 들려 況聞幽澗泉
여유로이 빼어난 운치가 발하니 悠然發奇趣
참으로 깊은 명상을 이룰 만하여 眞堪追冥搜
곧장 신선 세계 이를 듯싶네 直欲到玄圃

하였다.

석방사(石房寺), 건성사(乾聖寺) 모두 송악산에 있다.

광명사(廣明寺) 연경궁(延慶宮) 북쪽 송악산 남쪽 기슭에 있다. 바로 고려 세조 왕륭(王隆)의 옛 저택이다. 태조가 삼한을 통합한 뒤에 옛집을 희사하여 절을 만들었다. 목종(穆宗)의 진영(眞影)이 있다. ○ 세속에 전하기를 "태조의 조부인 의조(懿祖) 작제건(作帝建)이 용녀(龍女)에게 장가들어서 영안성에서부터 집터를 살피다가 이곳에 이르러 집을 짓고 살았다. 북쪽 계단 아래에 우물이 있어 용녀가 항상 우물 속에서 노닐었는데 하루는 용으로 변하여 우물에 들어가서 돌아오지 않았다."라고 하였다. 또 절 북쪽에 작은 언덕이 있는데 '온혜릉(溫鞋陵)'이라고 부른다. 세속에서 전하기를, 용녀가 돌아오지 않자 단지 남겨 놓은 신발만을 장사 지냈기 때문에 온혜릉이라고 불렀다고 한다.

148 아마도……것이리 : 《목은고(牧隱藁)》 목은시고 권4 〈여름날 제공과 금종사에서 노닐다〔夏日與諸公游金鍾寺〕〉에는 "굽어보면 나는 구름이 지나가네.〔俯見飛雲度〕"라고 되어 있다.

안화사(安和寺) 송악산 자하동(紫霞洞)에 있는데, 연의정(漣漪亭)과 자취문(紫翠門)이있다. ○ 이인로의 《파한집(破閑集)》에 "안화사는 예종(睿宗)이 창건한 것이다. 송나라 황제가 이 절을 창건한다는 말을 듣고, 특별히 사신을 보내서 법전에 쓸 재물과 상설(像設)을 보내고 직접 전각의 편액을 써서 채경(蔡京)에게 명하여 문에 걸게 하였는데, 그 단청과 구조의 공교로움이 우리나라에서 제일이다. 절을 나서서 어화원(御花園)에 이르기까지 거의 6, 7리는 되는데, 붉은 언덕과 푸른 산봉우리가 옆으로 펼쳐져 있고, 시내가 있어 돌길을 따라 흐르며 사방으로는 소나무와 잣나무가 하늘을 찌를 듯이 솟아 있어 왕래하는 사람들이 병풍 속에 있는 것 같다." 하였다. ○ 이제현이 이르기를 "정국안화사(靖國安和寺)에 예종이 지은 당률(唐律) 사운시(四韻詩) 한 편을 새긴 석각(石刻)이 있다. 거기에서 태자 아무개가 썼다고 한 것은 인종(仁宗)의 휘(諱)이다. 이때 왕과 태자가 모두 정신을 가다듬어 공부하고 학식 있는 선비들을 맞이하거나 방문하여 힘쓰는 모습에 중화의 기풍이 있었으니 후세에서 미칠 수 없다." 하였다. ○ 고려 유공권(柳公權)의 응제시에,

소나무 길 험준하고 돌이 절로 층계 이루니	松徑崎嶇石自層
속인들이 신선 지경에 오지 않게 함이리	不教凡骨到仙洲
어가 문득 황금 절에 거둥하더니	鸞輿忽幸黃金刹
임금님 조금 있다가 백옥루에 오르시네	鳳輦俄臨白玉樓
노을과 달의 권유로 삼 일간 구경하니	霞月勸留三日賞
시내와 산은 함께 정사의 근심 풀게 하네	溪山共解萬機憂
바람 따라 들리던 매미 소리 그치니 지원 고요하고	風蟬嘆罷祇園靜
골짜기의 새들 울고 나니 소실이 그윽하구나	谷鳥啼殘小室幽

뜰 앞의 잣나무는 의연한 온실 나무요 | 庭柏依然溫室樹
난간 너머 흐르는 시냇물은 바로 예천이로구나 | 軒溪卽是醴泉流
선승의 시구에 푸른 구름이 저무는데 | 禪僧詩句碧雲暮
법부의 음악 소리 단풍잎 가을일세 | 法部笙歌紅葉秋
북쪽 국경에 이즈음 전란이 걷혔다는데 | 北塞近聞妖霧捲
남쪽 고을엔 벌써 추수철이 되었다네 | 南州已報稼雲收
태평성대 여가도 많아 어필을 휘두르고 | 太平多暇揮神翰
큰 문장 한 편을 이루어 명승놀이 적었네 | 巨筆成篇記勝遊
패 땅에서 잔치하여 취하던 일 무엇이 아름다우리[149] | 過沛宴酣何足美
분수에서 극도로 즐기던 것도 부끄러운 일이네[150] | 橫汾樂極亦應羞
하찮은 신이 외람되게 화답하는 반열에 참여하니 | 微臣濫與賡歌列
스스로 무염이 막수에 의지한 격이라 부끄럽네[151] | 自愧無鹽倚莫愁

하였다.

관음굴(觀音窟) 박연(朴淵) 상류에 있다. 절 뒤에 바위 구멍이 집처럼 된 것이 있고, 그 안에 관음불 두 석상(石像)이 있으므로 그대로 이름으로 삼았다. 위에는 정자(正慈), 실상(實相), 수정(首頂), 보리(菩提), 관불(觀佛) 등의 암자가 있다. 고려 광종(光宗)이 처음으로 그 곁에 집을 지었는데, 우리 태

149 패(沛)……아름다우리 : 패는 한 고조(漢高祖)의 고향이다. 고조가 개국한 뒤에 고향에 가서 부로(父老)를 모아 잔치를 베풀고 〈대풍가(大風歌)〉를 지었다. 《史記 卷8 高祖本紀》

150 분수(汾水)에서……일이네 : 한 무제(漢武帝)가 분수에서 노닐다가 〈추풍사(秋風辭)〉를 지었다. 앞 구절과 함께 두 황제의 고사를 예종의 시와 비교한 것이다.

151 무염(無鹽)이……부끄럽네 : 무염은 전국 시대 제(齊)나라의 추녀인 종리춘(鍾離春)이고, 막수(莫愁)는 악부(樂府)에 보이는 전설상의 미녀이다. 여기서는 자신의 졸작으로 왕의 명작에 화답한 것이 부끄럽다는 의미로 인용한 것이다.

조가 잠저(潛邸) 때에 중건하였으며, 이색(李穡)이 기문(記文)을 지었다.

지족암(知足庵) 천마산(天磨山) 청량봉(淸涼峯) 아래 있다. 암자 뒤에 1000자나 되는 석벽(石壁)이 있는데, 사면으로 둘러싼 봉우리가 그림 병풍을 친 것 같으며, 남쪽으로는 바다를 바라보면 눈앞에 막힌 데가 없다. 민간에서 전하기를 "중국 사람이 일찍이 이곳의 산 형상을 그려 갔다." 한다. 절 곁에는 또 고선(高禪), 적멸(寂滅), 성해(性海), 원적(圓寂), 낙도(樂道), 운주(雲住), 선관(善觀), 견성(見性), 청량(淸涼), 성등(聖燈), 불교(佛敎), 영안(永安), 보성(寶聖) 등의 암자가 있다. ○ 이색(李穡)의 시[152]에,

천마산 꼭대기가 구름 속에 들어가니	天磨絶頂入雲端
만 골짝의 솔바람에 다리 밑이 차구나	萬壑松風脚底寒
이제 도정을 바야흐로 자득할 것이니	自是道情方自得
귀찮은 세상일이 더 이상 없겠네	更無塵事敢相干

하였다.

복령사(福靈寺) 송악(松嶽) 서쪽 기슭에 있는데 위에 효성굴(曉星窟)이 있다. ○ 본조 박은(朴誾)의 시[153]에,

절간은 도리어 신라의 옛 절인데	伽藍却是新羅舊
일천 불상 모두 서축에서 왔다네	千佛皆從西竺來
예로부터 신인이 대외를 찾지 못했으니[154]	終古神人迷大隗

152 이색(李穡)의 시 : 〈절간이 우거하고 있는 천마산 지족암을 두고 지어 올리다(奉題絶澗所寓天磨知足菴)〉이다. 《牧隱藁 牧隱詩藁 卷29》

153 박은(朴誾)의 시 : 〈복령사(福靈寺)〉이다. 《挹翠軒遺稿 卷3》

154 예로부터……못했으니 : 황제(黃帝)가 대외(大隗)를 만나러 구자산(具茨山)으로 가는데, 방명(方明)이 수레를 몰고, 창우(昌寓)가 수레 우측에 타고, 장약(張若)과 습붕(謵朋)이 앞

오늘날 복지가 천태와 흡사하구나	至今福地似天台
흐린 봄 비 오려 하자 새가 우짖고	春陰欲雨鳥相語
늙은 나무 무정한데 바람이 홀로 슬퍼하네	老樹無情風自哀
세상만사 모두 한 번 웃음거리도 안 되니	萬事不堪供一笑
청산에서 세상 보니 먼지만 자욱하네	青山閱世只浮埃

하였다.

감로사(甘露寺) 오봉산(五鳳山)에 있다. 언덕 앞에 바로 강물이 있고 뜰 가운데에 9층 석탑이 있다. 고려 창화공(昌華公) 이자연(李子淵)이 원(元)나라 조정에 들어가서 윤주(潤州) 감로사에 올라갔다가 강산의 좋은 경치를 사랑하여 따라간 삼로(三老)에게 이르기를 "네가 이곳 형세를 자세히 살펴서 가슴속에 담아 두라." 하였다. 돌아오자, 삼로와 더불어 약속하기를 "천지간에 무릇 형상이 있는 물건은 서로 비슷하지 않은 것이 없네. 하물며 우리나라는 산천이 맑고 수려하니, 그 형세가 어찌 경구(京口 윤주 부근)와 서로 근사한 곳이 없겠는가. 너는 작은 배에 짧은 돛대로 아무리 먼 곳이라도 찾아보라." 하였다. 삼로가 모두 여섯 번의 한서(寒暑)를 겪고서 비로소 개성부 성 서호(西湖)에서 근사한 곳을 찾았는데, 윤주 감로사가 아름답기는 하지만 단지 절의 구조와 장식의 기교가 특히 뛰어났을 뿐이요, 천지가 만든 자연의 형세로 말하면 아마도 여기에 미치지 못할 것이다. 모든 누각의 제도를 한결같이 윤주를 모방하였다. 고려 때에 이를 두고 지

에서 말을 인도하고, 곤혼(昆閽)과 골계(滑稽)가 뒤에서 수레를 호위하였다. 양성(襄城)의 들판에 이르자, 이 일곱 성인이 모두 길을 잃었다. 우연히 말을 먹이는 동자를 만나 물으니 길을 알려 주었다.《莊子 徐无鬼》 여기서는 복령사를 찾기 어려움을 뜻한다.

은 시가 거의 천여 편이나 되었다. ○ 고려 이규보(李奎報)의 시에,

단청한 누대 날아갈 듯한데 金碧樓臺似翥翬
청산이 둘러 있고 물이 겹겹이 감쌌네 青山還繞水重圍
서릿발이 해에 비쳐 가을 이슬을 더하고 霜華照日添秋露
바다 기운 구름에 엉겨 저녁 이슬 흩어지네 海氣干雲散夕霏
기러기 나는 모습 우연히 글자를 이루고 鴻雁偶成文字去
백로는 스스로 그림 그리며 나누나 鷺鷥自作畫圖飛
작은 바람도 일지 않아 강물이 거울 같으니 微風不起江如鏡
길가의 행인들 비친 그림자와 함께 돌아가네 路上行人對影歸

하였다. ○ 고려 김부식(金富軾)의 시에,

속객이 이르지 못하는 곳에 俗客不到處
올라와 굽어보니 이내 마음 맑아지네 登臨意思淸
산 모습 가을 들어 더욱 좋고 山形秋更好
강 빛은 밤에도 밝구나 江色夜猶明
흰 새는 높이 날아 어디로 갔나 白鳥高飛盡
외로운 돛은 홀로 가볍게 지나가누나 孤帆獨去輕
생각하면 부끄러운 일, 달팽이 뿔 위에서 自慙蝸角上
반평생을 공명 찾아 헤매었네 半世覓功名

하였다. ○ 본조 정이오(鄭以吾)의 시에,

창호가 역력하게 강물에 비치는데 窓扉歷歷倒江流
강가의 절간 경치 더욱 그윽하구나 江上招提境轉幽
섬돌 아래 호수에서 이는 바람 자리에 가득하고 砌下湖生風滿座
난간 앞에 구름 걷히니 물이 다락에 맑도다 軒前雲盡水明樓

공중에 솟은 높은 탑은 물속에 임하였고 聳空高塔臨蛟室
달을 흔드는 성긴 종소리는 낚싯배에 떨어지네 搖月疏鍾落釣船
다행히도 공사 한가하여 마음 내키는 대로 하니 幸是官閑偏適意
성 밖에 나가 이틀간 실컷 놀아 보아야지 出城二日飽淸遊

하였다.

신효사(神孝寺) 광덕산(廣德山)에 있는데, 일명 묵사(墨寺)라고도 한다.

고적古蹟

개성폐현(開城廢縣) 성 서쪽 25리에 있다. 바로 고구려 때의 동비홀(冬比忽)이며, 신라 때는 개성군(開城郡)이 되었다가 고려 초에 개성부(開城府)로 편입되었다. 현종(顯宗) 9년(1018)에 개성부를 파하고 개성현을 설치해서 정주(貞州), 덕수(德水), 강음(江陰) 세 현을 관할하게 하여 곧장 상서도성(尙書都省)에 예속시켰다. 문종(文宗) 16년(1062)에 개성부를 복원하고 도성이 관할하고 있던 여러 현을 부에 예속시켰다. 충렬왕(忠烈王) 34년(1308)에 개성부가 도성 내를 관장하고 있었으므로 별도로 개성현을 설치하여 성외의 지역을 관장하게 하였다. 본조 초에 개성현을 없앴다.

영안성(永安城) 개성폐현의 서쪽으로 예성강 가에 토성이 있는데 영안성이라고 이름하였다. 한쪽 면이 끊어진 언덕에 의지하여 항구로 쑥 들어가 있다. 세상에 전하기는 고려 의조(懿祖) 작제건(作帝建)[155]이 머물던 곳이며,

155 작제건(作帝建) : 고려 태조 왕건(王建)의 조부로, 고려 건국 이후에 의조 경강대왕(懿祖景康大王)에 추존되었다. 영안성(永安城)에서 서해 용왕의 딸인 용녀(龍女)를 만나 혼인하

세조(世祖) 왕륭(王隆)의 무덤인 창릉(昌陵)도 이곳에 있다고 한다.

왕륭(王隆)의 옛집 송악(松嶽) 남쪽 산마루에 있다. 과거에 작제건이 영안성에서 이곳으로 옮겨 와 거주하였는데 바로 강충(康忠)이 살던 옛터이다. 왕륭에 이르기까지 이곳에 살았다. 지금은 광명사(廣明寺)가 되었다.

왕륭의 남쪽 집 왕륭이 또 옛집의 남쪽에 집을 짓고 있었는데 도선(道詵)이 그 문 앞을 지나가다가 탄식하며 "이 땅은 성인이 태어날 곳이다. 기장을 심어야 할 밭에 어찌하여 마를 심는단 말인가.[156]"라고 하였다. 부인이 그 말을 듣고 왕륭에게 고하자, 왕륭이 다급하여 신발을 거꾸로 신고 쫓아왔는데 한번 보자 바로 오랜 벗처럼 여겼다. 마침내 함께 송악에 올라가서 산맥을 자세히 살펴보고 나서 도선이 말하기를 "이 지역은 백두산(白頭山)으로부터 수모목간(水母木幹)[157]으로 내려와 마두명당(馬頭明堂)으로 떨어진 곳입니다. 그대는 또 수기(水氣)의 명을 타고났으니 의당 수(水)의 대수(大數)를 따라서 집을 지으면 2년 뒤에 반드시 귀한 아들을 낳을 것입니다." 하였다. 이어서 그런 내용을 써서 밀봉하고 그 겉에 쓰기를 "삼가 미래에 삼

여 왕륭(王隆)을 낳았는데, 용녀는 후에 원창왕후(元昌王后)로 추존되었다.

156 기장을……말인가 : 임금이 태어날 명당이라는 뜻이다. 《국역 성호사설 2》 제5권 〈만물문(萬物門) 종제(種穄)〉에 "제(穄)와 왕(王)은 속음이 같다. 왕(王) 자는 속음에 닛금(尼今)이라고 하니 바로 그것이다." 하였다.

157 수모목간(水母木幹) : 수근목간(水根木幹)과 같은 말이다. 풍수지리상 물이 근원이 되고 나무가 줄기가 된다는 의미로 송악 산맥의 근원이 되는 백두산 천지에 물이 있고, 지리산까지 가는 산맥이 푸른 나무로 덮였음을 말한 것이다. 《국역 성호사설 1》 제3권 〈천지문(天地門) 수근목간(水根木幹)〉에 "신라의 명승(名僧) 도선(道詵)의 《옥룡기(玉龍記)》에 '우리나라의 산맥은 백두산에서 일어나 지리산에서 그쳤으니, 물을 뿌리로 삼고 나무를 근간으로 한 지형이다. 따라서 청(靑)을 몸으로 삼고 흑(黑)을 모체로 삼았기 때문에 청색과 흑색을 숭상해야 한다.' 하였다."라고 하였다.

한(三韓)을 통합할 대원군자(大原君子)에게 써서 올립니다."라고 하니, 왕륭이 "아들이 자란 뒤에 전해 주도록 하겠습니다." 하였다. 그때가 당 희종(唐僖宗) 건부(乾符) 2년(875)이고, 신라 헌강왕(憲康王) 1년이었다. 왕륭이 도선의 말을 따라 집을 짓고 살았는데 2년 뒤에 정말로 남쪽 집에서 태조(太祖)를 낳았으니, 바로 이곳이 연경궁(延慶宮) 터이다.

발어참성(勃禦槧城) 왕륭이 송악군 사찬(沙粲)으로서 궁예(弓裔)에게 귀부하니, 궁예가 크게 기뻐하여 금성 태수(金城太守)에 임명하였다. 왕륭이 인하여 궁예를 설득하기를 "대왕께서 만일 조선(朝鮮), 숙신(肅愼), 변한(卞韓) 땅에서 왕 노릇 하고자 하신다면 먼저 송악 지역에서 흥기하시는 것이 제일 좋습니다." 하니, 궁예가 즉시 태조에게 발어참성을 쌓게 하고 이어서 성주로 삼았다. 이곳이 바로 지금의 귀인문(歸仁門)이니, 세속에서는 보리참문(菩提槧門)이라고 부른다. 당시 고려 태조의 나이가 20세였다. 후에 궁예가 철원(鐵圓)에서 송악으로 도읍을 옮겨 와 3년을 거주하다가 철원으로 다시 도읍을 옮겼다.

연경궁(延慶宮) 송악산 아래에 있다. 술가(術家)들이 명당 지역이라고 하였다. 고려 태조 2년(919)에 창건한 것이다. 세상에 전하기를, 처음 창건할 때에 지맥을 손상하지 않으려고 산세를 따라 돌을 포개어 계단을 만들어서 높이가 모두 수십 자나 되었다고 한다. 그 정전(正殿)을 건덕전(乾德殿)이라 하는데 혹 대관전(大觀殿)이라고도 한다. 남문을 광화문(廣化門)이라 하고, 동문은 동화문(東華門), 서문은 서화문(西華門), 북문은 현무문(玄武門)이라 하였다. 인종조(仁宗朝)에 이자겸(李資謙)이 불태웠고, 공민왕(恭愍王) 때에 또 홍건적(紅巾賊)의 난리를 겪고 나서 더 이상 재건하지 못하였다. 지금 본대궐(本大闕)이라고 부르는데 그 남쪽 대궐의 뜰을 구정(毬

庭)이라고 한다.

정양궁(正陽宮) 현종(顯宗)이 상양궁(上陽宮)을 고쳐서 정양궁이라 하였다.

명복궁(明福宮) 경종(景宗)이 황주원(黃州院)을 고쳐서 명복궁이라 하였다.

여정궁(麗正宮) 문종(文宗)이 화재 때문에 이 궁에서 태일성(太一星)을 제사하였다.

안수궁(安壽宮) 예종(睿宗)이 연평궁(延平宮)을 고쳐서 안수궁이라 하였다.

숭덕궁(崇德宮) 예종이 장경궁(長慶宮)을 고쳐서 숭덕궁이라 하였다.

복원궁(福源宮) 예종과 의종이 일찍이 이 궁에서 친히 초례(醮禮)를 행하였다.

흥성궁(興盛宮) 선종(宣宗)의 옛 저택이다.

원희궁(元禧宮) 선종이 흥경원(興慶院)을 고쳐서 원희궁이라 하였다.

보령궁(保寧宮) 선종이 숭경궁(崇慶宮)을 고쳐서 보령궁이라 하였다.

수덕궁(壽德宮) 의종(毅宗)이 지은 것인데 천녕전(天寧殿)이란 전각이 있다.

관북궁(館北宮) 의종이 일찍이 민가를 빼앗아 증축하고 수식하여 굴실(窟室)을 만들고 대를 축조하여 금옥으로 장식하였으니 사치와 화려함이 극에 달하였다.

성북동(星北洞) 별궁 본래 시중 김돈시(金敦時)의 사저인데 의종이 궁으로 만들었다.

안창궁(安昌宮) 본래 시중 왕충(王忠)의 집인데 의종이 궁으로 만들었다.

정화궁(靜和宮) 본래 참정(參政) 김정순(金正純)의 집인데, 의종이 궁으로 만들었다.

연창궁(連昌宮) 본래 평장사 유금필(庾黔弼)의 집인데, 의종이 궁으로 만들었다.

경명궁(慶明宮) 의종이 정함(鄭諴)의 집을 궁으로 만들었다. 음양가(陰陽

家)들이 "개가 머리를 쳐들고 주인을 향해 짖는 형세이니 임금이 거처해서는 안 된다."라고 한 것이 이곳이다.

제상궁(堤上宮), **대명궁**(大明宮) 인종(仁宗)이 순천관(順天館)을 고쳐서 대명궁을 만들었다. 일찍이 이곳에서 금나라 사신을 대접하였다.

창락궁(昌樂宮) 명종(明宗)이 최충헌(崔忠獻)의 핍박을 받아 이 궁에 유폐되어 있었다.

화평궁(和平宮) 명종이 머물던 곳이다.

경희궁(景禧宮), **수창궁**(壽昌宮) 서소문 안에 있다. 연경궁이 불타 버린 뒤로 왕들이 모두 이 궁에 거처하였다. 대개 성종(成宗)과 목종(穆宗) 사이에 세워진 것이다. 우리 태조께서도 이 궁에서 즉위하였다. 지금은 퇴락하여 개성부 창고가 되었다. ○ 본조 허침(許琛)의 시에,

부소의 왕기가 침몰하려 하니	扶蘇王氣欲沈淪
중보가 음모로 진나라를 교묘히 빼앗았네[158]	仲父潛謀巧奪秦
아직도 동심이 있어 안일 향락을 다하니	尙有童心窮逸樂
어찌 천의가 진인에게 속할 줄 알았으리	豈知天意屬眞人
무정한 새 지저귀는데 붉은 난간 밝아 오고	無情鳥語珠欄曉
보이는 건 온통 이끼 낀 옥좌의 봄이라	滿目苔斑玉座春
전 왕조의 노신에게 말하지 말라	莫向前朝耆舊說
동적을 어루만지며 눈물이 수건을 적시리	摩挲銅狄會添巾

158 중보(仲父)가……빼앗았네 : 중보는 진(秦)나라 여불위(呂不韋)를 말한다. 여불위가 자신의 아이를 가진 첩을 진왕(秦王)에게 바쳐 후일 진 시황(秦始皇)이 되게 하였다. 여기서는 신돈(辛旽)을 여불위에 비의하여 우왕(禑王)의 정통성을 기롱한 것이다.

하였다.

의창궁(義昌宮), **덕자궁**(德慈宮) 충선왕(忠宣王)이 이 궁에서 백관을 거느리고 전문을 받들어 태상왕(太上王)에게 존호를 올렸다.

현덕궁(玄德宮), **연덕궁**(延德宮) 이자겸(李資謙)이 대궐을 침범했을 때 인종이 연덕궁으로 나가 있었다.

경령전(景靈殿) 고려에서 조종의 초상화를 봉안한 곳이다.

함경전(含慶殿) 향복전(向福殿)으로 바꾸었다.

관악전(觀樂殿) 팔관회(八關會)와 연등회(燃燈會) 때에 왕이 행차하던 곳이다.

장생전(長生殿) 광종(光宗)이 일찍이 이 전각에서 군신들과 연향을 베풀었다.

상정전(詳政殿) 성종이 머물던 곳인데, 목종 때에 불에 탔다.

원화전(元和殿), **사현전**(思賢殿) 성종이 동지(冬至)가 되면 이 전각에 행차하여 군신들의 조회를 받았다.

천성전(天成殿) 목종 때에 이 전각에 벼락이 치고 솔개가 울었다.

장춘전(長春殿), **건화전**(乾化殿) 목종이 병이 들자 이곳에 기도하는 도량을 설치하였다.

상화전(祥和殿) 예전에는 옹화전(雍和殿)이라 불렀다.

천복전(天福殿) 도량을 베풀기도 하고, 군신과 연회를 하기도 하고, 금나라와 송나라 사신을 영접하기도 하였다.

선덕전(宣德殿), **순복전**(純福殿), **만보전**(萬寶殿) 인종이 현덕전(玄德殿)을 고쳐서 만보전이라 하였다.

숙화전(肅和殿) 인종이 정양전(正陽殿)을 고쳐서 숙화전이라 하였다.

천녕전(天寧殿) 의종(毅宗)이 근신들과 연회를 베푼 곳이다.

연강전(延康殿) 예전에는 중화전(中和殿)이라고 불렀다.

숭문전(崇文殿) 대명당(大明堂)에 있다.

화평전(和平殿) 수창궁(壽昌宮)에 있다.

명인전(明仁殿), **관인전**(寬仁殿), **중화전**(重華殿)

팔각전(八角殿) 화원 중에 있다. 공민왕(恭愍王)이 2층의 팔각전을 세우고 전 뒤에 돌을 모아 가산(假山)을 만들고서 주위에 기화요초를 심어서 잔치하고 놀이하는 장소로 삼았다. ○ 신우(辛禑) 14년(1388)에 신우와 최영(崔瑩)이 모의하여 우리 태조와 조민수(曺敏修) 등을 보내어 요동을 공격하게 하였다. 태조가 회군(回軍)하자 우왕은 제도(諸道)의 병사를 징발하여 도성에 들어와 구원하게 하고 수레를 모아 길목을 막아서 방어하였다. 태조가 숭인문(崇仁門)을 통해서 들어오자, 최영이 화원으로 도망갔는데 분을 이기지 못하여 지키던 자를 창으로 찔러 죽이고서야 들어갔다. 군대들이 화원을 몇백 겹으로 포위하여 우왕과 최영이 팔각전에 있었는데 군사들이 담장을 허물고 난입하여 최영을 잡았다. 이에 우왕도 강화(江華)로 쫓겨났다. ○ 본조 허침(許琛)의 시에,

명나라 치려다 실패하자 문득 성내더니 血射無成便自嗔
결국에는 군대가 대궐을 포위했네 到頭兵氣繞鉤陳
황망하게 번화한 꿈이 한번 끝났으니 蒼皇一罷繁華夢
황폐한 후원 이운 꽃에 봄마저 적막하네 廢苑殘花寂寞春

하였다.

만월대(滿月臺) 연경궁(延慶宮)에 있으니 바로 건덕전(乾德殿) 앞에 있는 계단이다. ○ 본조 유호인(兪好仁)의 〈유송도록(遊松都錄)〉에 "조각된 기둥과 아름다운 장식으로 구축된 집은 모두 이미 땅속에 묻혀 버렸고 다

만 몇 리 안에 보이는 것이라고는 여기저기 흩어진 섬돌과 엄연한 계단뿐이었다. 사다리를 더위잡고 올라가니 마치 봉새가 목을 움츠리고 날아갈 듯한 곳이 건덕전 터이다. 지세가 높고 편편하면서 바로 그 땅과 마주하고 있는 곳을 세속에서 만월대라 부른다. 동쪽에 벽돌로 제방을 쌓은 곳이 '동지(東池)'인데 지금은 논이 되었다. 숙종(肅宗), 예종(睿宗) 시대에 왕왕 용주(龍舟)를 띄우고 친히 과거를 보였었다. 《고려사(高麗史)》에서 '고종(高宗) 10년(1223)에 사흘 동안 물이 탁해지더니 어룡(魚龍)이 다 나왔다.'라고 한 곳이 이곳이다. 못의 동쪽은 의신창(義神倉)이다. 전(殿)에서 서쪽으로 수십 보 떨어진 곳이 간의대(簡儀臺)이다. 시내를 굽어보면 광명동(廣明洞)에서부터 전 앞 석교(石橋)를 둘러서 흘러 내려온다. 석교 남쪽에 있는 것이 위봉루(威鳳樓)이고, 위봉루 동쪽은 사간원이다. 서쪽 등성이 가운데 푸른 잣나무 두어 그루가 솟아나 있는 곳이 사헌부이다. 위봉루 남쪽은 구정(毬庭)이다. 이른바 관악전(觀樂殿), 인덕전(仁德殿) 등과 산호정(山呼亭), 상춘정(賞春亭), 옥촉정(玉燭亭) 등은 더 이상 찾아볼 수가 없었다." 하였다.

○ 허침의 시에,

고구려 신라 통일하여 이미 웅비하였더니 操鷄搏鴨已雄飛
한번 진궁을 불사르자 구업은 쇠미해졌네 一炬秦宮舊業微
천하의 동공은 원래 굳세었다지만[159] 天下董公元自健

159 천하의……굳세었다지만 : 한(漢)나라 동탁(董卓)이 임금을 폐하고 새로운 임금을 세우려고 조정에 의논하니, 원소(袁紹)가 성을 내며 "천하에 굳센 자가 어찌 동공(董公)뿐이냐." 하였다. 여기서는 우왕(禑王)을 폐한 일을 말한 것이다.

연 앞의 혜소 마침내 어디로 갔나[160] 輦前嵇紹竟何歸
호가호위 거침없이 신기를 엿보다가 假威不恤窺神器
꼬리를 밟고서야 화기를 건드린 줄 알았네 蹈尾方知觸駭機
백 년도 안 되어 폐허가 되었으니 未待百年悲麥秀
그날에 군왕 또한 눈물로 옷깃 적셨네 君王當日亦沾衣

하였다. ○ 본조 안침(安琛)의 시에,

오백 년 지난 자취 이미 오래 묵었으니 五百年前跡已陳
송악산의 푸른빛 몇 번이나 새로워졌나 松山蒼翠幾回新
수레 길은 이끼에 덮여 나무꾼의 오솔길이 되었고 苔封輦路樵成徑
구정에 비 뿌리니 초목만 홀로 봄이로다 雨洒毬庭草自春
후전의 생황과 노래 이제는 적막하고 後殿笙歌今寂寞
동지에 놀던 배도 잠긴 지 오래로세 東池舟楫久沈淪
아득한 지난 일을 누구한테 물어보나 悠悠往事憑誰問
만월대 위에 오직 둥근 달만 남았네 臺上唯餘月一輪

하였다.

청연각(清讌閣) 예종(睿宗)이 창건하였다. 홍관(洪灌), 정극공(鄭克恭) 등을 청연각 학사로 삼아서 경사를 강론하게 하고, 김연(金緣)에게 기문을 짓게 하였다. 기문의 대략에 "왕께서 유술(儒術)을 숭상하고 중화의 기풍을 흠모하여 영서전(英書殿)의 북쪽과 자화전(慈和殿)의 남쪽으로 궁궐

160 연(輦)……갔나 : 진 혜제(晉惠帝)의 군사가 탕음(蕩陰)에서 패하였는데, 시중(侍中) 혜소(嵇紹)가 임금을 호위하다가 임금의 수레 앞에서 죽었다. 여기서는 마지막까지 고려를 위해 목숨을 바친 충신을 지칭한 것이다.

옆 가까운 곳에 별도로 보문각(寶文閣)과 청연각 두 각을 창건하였다. 한 곳은 송나라 황제의 어제(御製), 조칙(詔勅), 서화(書畫)를 모셔 두었고, 다른 한 곳은 주공(周公), 공자(孔子), 맹자(孟子) 이래로 고금의 문서를 모아 두고서 날마다 노성하고 학식 많은 선비들과 함께 토론하여 선왕의 도를 널리 퍼트렸다." 하였다.

위봉루(威鳳樓) 만월대 아래에 있다. 고려 태조가 일찍이 백제에서 돌아와 이 위봉루에 행차하여 문무백관의 조하(朝賀)를 받았다.

의봉루(儀鳳樓) 처음 이름은 신봉루(神鳳樓)였는데 나중에 이 이름으로 고친 것이다. 바로 연경궁(延慶宮)의 큰 누각이다. 무릇 태묘에 제사할 때나 연등회, 팔관회를 개설할 때에 모두 이 누각에 왕이 행차하여 계간(鷄竿)을 세우고 사면령을 반포하였으며 더러 중외에 대포(大脯)를 하사하기도 하고 승려 수만 명을 공양하기도 하였다.

사루(紗樓) 숙종(肅宗)이 일찍이 이 누각에 행차하여 〈중광전옥매괴화(重光殿玉玫瑰花)〉란 시를 읊고 문장하는 신하들을 불러서 화답시를 지어 올리게 하였다. 예종도 이 누각에 행차하여 문신을 불러서 시각을 정하고 〈목단(牧丹)〉 시를 짓게 하였다.

의춘루(宜春樓) 나중에 소휘루(韶輝樓)로 이름을 고쳤다.

양루(涼樓) 충렬왕(忠烈王)이 매번 이 누대에 행차하여 격구(擊毬)를 구경하였다.

관상루(觀祥樓) 처음의 명칭은 망운루(望雲樓)였다.

상춘루(賞春樓) 연경궁 후원에 있다. 문종(文宗), 선종(宣宗), 예종이 모두 상화시(賞花詩)를 지었다.

옥촉정(玉燭亭), **산호정**(山呼亭) 모두 연경궁 후원에 있다. ○ 이규보가 이르기를 "산호정에 모란이 활짝 피면 이를 두고 시를 짓는 자가 많게는 100여 인이나 되었다."라고 하였다.

만수정(萬壽亭) 수창궁(壽昌宮) 북쪽 동산에 있다. 환관 윤언문(尹彦文)이 괴이한 암석을 모아서 가산(假山)을 쌓고 작은 정자를 지었는데 황색 비단으로 벽을 도배하여 사치를 극도로 부리고서 '만수정'이라고 불렀다.

태평정(太平亭) 의종(毅宗)이 대궐 동쪽에 민가 50여 구(區)를 허물고 이 정을 짓고서 태자에게 편액을 쓰게 하였다. 옆으로 이름난 꽃과 기이한 과실수를 심고 화려하고 진귀한 물건들을 좌우에 배열해 놓았으며, 정자 남쪽에 못을 파서 관란정(觀瀾亭)을 짓고 북쪽에 양이정(養怡亭)을 지었는데 모두 푸른 기와로 덮었다. 또 옥석(玉石)을 다듬어서 환희대(歡喜臺)와 미성대(美成臺)라는 두 개의 대를 쌓고, 괴석(怪石)을 모아 선산(仙山)을 만들었으며 멀리서 물을 끌어다 폭포수를 만들어 사치와 화려함을 할 수 있는 데까지 다하였다.

연복정(延福亭) 옛터가 지금 동대문(東大門) 밖 산대암(山臺巖) 아래에 있다. 의종이 성 동쪽의 사천(沙川) 용연사(龍淵寺) 남쪽에 깎아지른 석벽이 있는데 흐르는 물이 모여 있고 수목이 울창하다는 말을 듣고는 내시 이성인(李成仁) 등에게 명하여 그 곁에 정자를 짓게 하고 '연복정'이라고 이름 지었다. 기이한 화초를 사방 구석에 줄지어 심고, 수심이 얕아서 배를 띄울 수 없자 제방을 쌓아 호수를 만들어서 날마다 배를 띄우고 술마시기를 밤새도록 그치지 않았다. 신하들이 모두 크게 취하여 꽃을 꽂고 거꾸로 실려 돌아오거나 더러 완전히 술에 빠져 돌아가길 잊기도 하니, 위사(衛士)들이 매우 미워하였는데 끝내 정중부(鄭仲夫)의 난을 초래하였다. ○ 이규보(李

奎報)의 시[161]에,

복도는 완전히 무성한 풀밭이 되어 버렸고	複道渾成碧草蕪
풍악 소리 사라진 곳에 새소리만 지저귀네	笙歌散盡鳥相呼
그 가운데 전대의 교훈이 분명히 있으니	箇中殷鑑分明在
남은 터전을 모조리 없어지게 하지 말라	莫遣遺基掃地無

하였다.

양화루(陽和樓) 장원정(長源亭) 곁에 있다. ○ 예종의 시에,

서쪽으로 도성문을 나와 경승지 모퉁이에	西出都門勝地隅
만 겹 궁궐이 강호 옆에 있네	萬重宮闕枕江湖
향기로운 풀밭에 주렴막 비껴 있고	芳菲野色斜簾幕
아스라한 물안개 뱃고물을 보내누나	浩渺煙波送舳艫
어제는 문장으로 다투어 화답하더니	昨日文章爭唱和
오늘은 노래 불러 즐거움을 삼는구나	今朝歌吹作歡娛
시 안에서는 온갖 경치를 다하지 못하니	詩中未盡千般景
고운 비단 두어 폭에 그려 내라 명하네	數幅鮫綃命出圖

하였다. 곽여(郭輿)가 화답한 시에,

대궐 서남쪽 백 리 되는 구석에	象闕西南百里隅
법궁이 강호 곁에 드높이 솟아 있네	法宮高起籍江湖
자라가 떠받든 금궐이니 구름 속의 누각이요	鰲擎金翠雲中閣
사람이 물결 속에 있으니 달 아래 나룻배라	人在滄浪月下艫
성인이 나타나니 모두 천년의 덕을 송축하고	物覩盡頌千載德

161 이규보(李奎報)의 시 : 〈연복정을 지나며(過延福亭)〉이다. 《東國李相國集 卷2》

태평이 되니 길이 만년의 즐거움을 누리리라　　河淸長應萬年娛
그 누가 강호 일에 이리도 마음을 썼는지　　誰能用意煙波事
단청을 가지고 잘도 그림 속에 실었네　　好把丹靑入畫圖

하였다.

원구(圓丘) 회빈문(會賓門) 밖에 있다. 고려 때 교사(郊祀)를 지내던 곳이다.

태묘(太廟) 고려 태묘의 옛터가 화원(花園) 동쪽에 있다.

사직단(社稷壇) 옛터가 태평관 서북쪽 동네에 있다.

구요당(九曜堂) 고려 때 별에 초제(醮祭)를 지내던 곳이다.

소격전(昭格殿) 궁성 북쪽 산기슭에 옛터가 있다.

정승원(政丞院) 신라 왕인 김부(金傅)가 와서 항복하자, 태조(太祖)가 그를 봉하여 승상으로 삼고 장녀인 낙랑공주(樂浪公主)를 아내로 주고서 궁 한 구역을 하사하여 저택으로 삼게 하였는데, 후에 정승원이라고 불렀다. 노군교(勞軍橋) 북쪽에 있다.

마암영전(馬巖影殿) 성균관 앞에 있다. 공민왕(恭愍王)이 노국공주(魯國公主)를 위하여 이곳에 크게 영전(影殿)을 건립하였는데 극도로 사치하고 화려하였다. 유허지가 있다.

난산고성(卵山古城) 개성부 서쪽 23리에 있다. 흙으로 쌓았으며 둘레가 4410자이고 높이가 30자이다. 지금은 반쯤 무너져 버렸다.

구재학당(九齋學堂) 옛터가 자하동(紫霞洞)에 있다. 고려 현종(顯宗) 이후에 전란이 겨우 종식되어서 아직 문교를 시행할 겨를이 없었는데, 문헌공(文憲公) 최충(崔冲)이 후진을 불러 거두어서 가르치기를 게을리하지 않으니, 학도가 구름처럼 모여들었다. 마침내 구재(九齋)로 나누어 낙성재(樂聖齋), 대중재(大中齋), 성명재(誠明齋), 경업재(敬業齋), 조도재(造道

齋), 솔성재(率性齋), 진덕재(進德齋), 대화재(大和齋), 대빙재(待聘齋)라 하였는데, 그들을 시중(侍中) 최공(崔公)의 학도라고 하였다. 무릇 과거에 응시하는 자들은 반드시 구재 학도에 나아가 배웠다. 최충이 죽은 뒤에도 과거를 보려는 자들은 모두 구재의 학적 중에 이름을 올리니, 그들을 '문헌공도(文憲公徒)'라고 하였다. 또 유신(儒臣) 중에 학도를 세운 자가 11명이나 있어서 세상에서 '십이도(十二徒)'라고 불렀는데, 최충의 학도가 가장 성대하였다. 우리나라에 사학(私學)이 일어난 것이 최충으로부터 시작되었으니, 당시 해동부자(海東夫子)라고 불렀다.

동산재(東山齋) 옛터가 성 동쪽에 있으니 바로 고려 동산처사(東山處士) 곽여(郭輿)가 살던 곳이다. 예종이 친히 서재의 편액을 써서 하사하고, 정지상(鄭知常)에게 명하여 기문을 짓게 하였다. ○ 예종이 일찍이 북문에서 황문시랑(黃門侍郎) 수십 명과 자칭 종실 열후라는 이들을 거느리고 이곳으로 곽여를 방문하였는데, 곽여는 마침 성중에 가서 아직 돌아오지 않았다. 왕이 배회하며 서너 편의 시를 지었는데 〈어느 곳이든 술 잊기 어렵네〔何處難忘酒〕〉라는 시[162] 한 편을 벽에 쓰고 돌아왔다.

어느 곳이든 술 잊기 어려워라	何處難忘酒
진인을 찾아왔다 만나지 못하고 돌아가네	尋眞不遇回
서창에는 석양빛이 밝고	書窓明返照
향로에는 식은 재가 덮여 있네	玉篆掩殘灰

162 어느……시 : 백거이(白居易)가 〈어느 곳이든 술 잊기 어렵네〔何處難忘酒〕〉 7수와 〈와서 술 마시느니만 못하리라〔不如來飮酒〕〉 7수를 묶어 자작(自酌)하는 〈권주(勸酒)〉 14수를 지은 적이 있다. 《백낙천전시집(白樂天全詩集)》 권10에 있다. 여기에서 예종이 이 시의 운을 따라 지은 것이다.

방장에는 지키는 사람 없고	方丈無人守
사립문은 종일토록 열려 있네	仙扉盡日開
정원의 꾀꼬리는 고목에서 울고	園鶯啼老樹
마당의 학은 이끼에서 졸고 있네	庭鶴睡蒼苔
도의 의미를 누구와 함께 말할거나	道味誰同話
선생은 가서 돌아오지 않는구나	先生去不來
깊이 생각하니 감개한 마음 일어	深思生感慨
머리를 돌려 거듭 배회하네	回首重徘徊
붓으로 벽에 글을 써 남겨 두고	把筆留題壁
난간 잡고 내키지 않는 맘으로 대를 내려가네	攀欄懶下臺
시로 읊을 만한 경치가 많으니	助吟多態度
눈길 닿는 곳마다 속세가 아니네	觸處絶塵埃
더운 기운이 나무 그늘 아래 가시고	暑氣銷林下
훈풍이 집 안으로 들어오네	薰風入殿隈
이러한 때에 술 한잔이 없으면	此時無一盞
어찌 번뇌를 씻어 내겠는가	煩慮滌何哉

곽여가 화답한 시에,

어느 곳이든 술 잊기 어려워라	何處難忘酒
임금이 헛걸음을 하고 돌아가셨네	虛經寶輦回
귀인의 작은 잔치에 쫓아다니다가	朱門追小宴
단조에 식은 재를 떨어뜨렸네	丹竈落寒灰
밤새도록 마을에서 술을 마시며	鄉飮通宵罷
새벽녘에 성문이 열리기를 기다렸네	天門待曉開

지팡이 짚고 봉도의 지름길로 돌아오면서　杖還蓬島逕
나막신에 도성의 이끼 묻혀 왔더니　屐惹洛城苔
나무 아래 청의동자 알리는 말이　樹下青童語
인간 세상 옥황님이 오셨었다고　人間玉帝來
궁궐에 쓸쓸한 일이 많은지　鰲宮多寂寞
임금께서 짐짓 배회하시다가　龍馭故徘徊
뜻을 두어 그대로 붓을 뽑아 쓰시고　有意仍抽筆
사람 없이 홀로 대에 오르셨다 하네　無人獨上臺
용안을 우러러 뵙지 못했으니　未能瞻日月
세속에 갔던 것 못내 한스럽네　却恨向塵埃
머리를 긁적이며 섬돌 아래 서고　搔首立階下
시름을 머금고 돌 굽이에 기대니　含愁倚石隈
이러한 때 술 한잔이 없다면　此時無一盞
어찌 촌심을 위로하리오　豈慰寸心哉

하였다.

서재동(書齋洞) 연복사(演福寺) 서남쪽에 있으니, 바로 고려 김구용(金九容)이 은거하며 수양하던 곳이다. 그 옆에 송림사(松林寺) 옛터가 있으니 석불(石佛)이 아직도 남아 있다.

도평의사사(都評議使司) 화원 동쪽에 있다. 본조에서 나중에 합좌사(合坐司)라고 칭하였는데 지금은 폐지되었다. 정도전(鄭道傳)의 기문이 있다.

강감찬(姜邯贊) 집, 이색(李穡) 집, 한수(韓修) 집, 안향(安珦) 집 모두 양온동(良醞洞)에 있다.

이제현(李齊賢) 집 수철동(水鐵洞)에 있다.

최영(崔瑩) 집 부 동쪽 이현(梨峴)에 있다.

정몽주(鄭夢周) 집 화원 북쪽에 유지(遺址)가 있다. 지금은 숭양서원(崇陽書院)이 되었다.

명승(明昇)[163]의 옛 거주지 지금의 훈련청(訓鍊廳)이니, 바로 고려 때 흥국사(興國寺) 터로 석탑이 아직 남아 있다. 훈련청 뒷산 아래가 바로 명승이 옛날 살던 곳이다. 명나라 고황제(高皇帝)가 촉(蜀)을 평정한 뒤에 명승을 고려로 보내어 살게 하였는데 자손들이 대대로 이곳에 거주하였다. 명씨 집안의 보물과 곤면(袞冕), 화상(畫像)이 여전히 남아 있었는데 만력 임진년(1592, 선조25)에 병란에 소실되었다.

회회세자(回回世子)의 옛 거주지 남산(男山) 서쪽 기슭 천당동(天堂洞)에 있다. 세자의 성은 문(文)이다. 명나라 초에 명승과 함께 우리나라로 왔다.

서경덕(徐敬德) 집 동부 화정동(禾井洞)에 있다.

법왕사(法王寺) 옛터가 연경궁(延慶宮) 동쪽에 있다.

숭교사(崇敎寺) 남부 환희방(歡喜坊)에 있다. 지금도 긴 장대와 받침돌이 있다.

연복사(演福寺) 도성 한가운데 있다. 고려 초에 창건되었는데 옛 이름은 보제사(普濟寺)이다. 그 대전을 능인전(能仁殿)이라 하고 앞문은 신통문(神通門)이라 하며, 5층 누각과 5층 탑이 있다. 또 연못 3개와 우물 9개를 팠다. 본조 태조 때에 중수하였는데 지금 절은 없어지고 옛터만 남아 있다.

163 명승(明昇) : 1357~1393. 촉(蜀)을 근거지로 대하(大夏)를 건국했던 명옥진(明玉珍)의 아들이다. 명 태조(明太祖)에게 패하여 1372년(공민왕21) 5월 고려에 안치되었다.

권근(權近)이 지은 비문[164]이 있다. 또 큰 종이 있는데 이곡(李穀)이 이에 대한 명(銘)을 지었다.[165]

귀법사(歸法寺) 옛터가 탄현문(炭峴門) 밖에 있다. 이 절은 바로 고려 광종(光宗)이 창건한 것이다. 목종(穆宗)이 강조(康肇)의 핍박을 받아 태후를 모시고 고삐를 잡고 걸어와서 이곳에서 유숙하였다. 현덕(顯德) 연간에 최충(崔冲)이 유생을 취할 적에 매번 하과(夏果)를 비교하고 시를 짓게 하여 이름을 불렀으며, 또 우왕(禑王)이 기생들을 거느리고 와서 물 안에서 노닐었던 곳이 모두 이곳이다. 그 옆에 또 용흥사(龍興寺) 옛터가 있다. ○《고려사》에 의하면, 최충이 구재(九齋)를 설립하고 나서 매번 여름철이 되면 귀법사 승방(僧房)을 빌려서 하과를 개설하였는데, 학도 중 급제하거나 학문이 우수하지만 아직 벼슬하지 못한 자를 뽑아서 교도(教導)로 삼아 구경(九經)과 삼사(三史)를 교수하였다. 간혹 선배가 방문하면 촛불에 금을 그어 시각을 정해 시를 짓게 하여 등차(等次)를 게시하고, 이름을 불러 들어오게 하여 작은 술자리를 베풀었는데, 어른과 아이를 좌우로 줄 세워서 술과 안주를 받들게 하되 진퇴에 법도가 있고 장유(長幼)의 순서가 있었다. 서로 함께 수창(酬唱)하다가 날이 저물면 모두 낙생영(洛生詠)[166]을 지어 부르고 파하니, 구경하는 자들이 찬탄하지 않는 이가 없었다.

묘련사(妙蓮寺) 옛터가 삼현리(三峴里)에 있다. 충렬왕(忠烈王) 때에 창건

164 권근(權近)이 지은 비문 : 〈연복사탑중창기(演福寺塔重創記)〉이다. 《陽村集 卷12》

165 이곡(李穀)이……지었다 : 〈연복사신주종명(演福寺新鑄鍾銘)〉이다. 《稼亭集 卷7》

166 낙생영(洛生詠) : 낙양(洛陽)의 서생(書生)이 읊던 시가라는 뜻이다. 그 성조(聲調)가 중후하고 탁했는데, 특히 낙양에서 강을 건너온 동진(東晉) 때의 명사들이 읊기 좋아하여 낙생영이라고 불렀다. 《世說新語 雅量》

한 것으로, 왕과 공주가 자주 이 절에 행차하여 놀았다. 충숙왕(忠肅王) 때 또 중수하였는데, 이제현(李齊賢)이 지은 비문[167]이 있다.

운암사(雲巖寺) 옛 이름은 광암사(光巖寺)로 무선봉(舞仙峯) 아래에 있으니 바로 공민왕(恭愍王) 현릉(玄陵)의 재궁(齋宮)이다. 이색(李穡)이 지은 비문[168]이 있다.

개국사(開國寺) 부 동쪽 5리에 있다. 고려 때에 술가(術家)의 말을 따라 창건한 것이다. 이제현의 기문[169]이 있다. 후에 절은 무너지고 지금은 사포서(司圃署)의 터가 되었다.

진관사(眞觀寺) 옛터가 용수산(龍首山) 기슭에 있다.

보국사(補國寺) 두 절이 고려 정궁(正宮) 동쪽과 서쪽에 있다.[170] 그 옆에 또 청운사(青雲寺) 유지가 있다.

해안사(海安寺) 봉명산(鳳鳴山) 태릉(泰陵) 위에 있다. 고려는 조종의 어진(御眞)을 이곳에 보관하였는데, 명종(明宗) 때에 무신들이 의논하기를 "의종은 무인들을 원수처럼 여겼으니 어진을 서방(西方)에 안치해서는 안 된다."라고 하고, 마침내 청하여 성 동쪽의 오미원(吳彌院)을 선효사(宣孝

167 이제현(李齊賢)이 지은 비문 : 〈묘련사 중흥비(妙蓮寺重興碑)〉이다. 《益齋亂藁 卷6》

168 이색(李穡)이 지은 비문 : 광암사(光巖寺)에 세운 광통보제선사비문(廣通普濟禪寺碑文)을 가리킨다. 《牧隱藁 牧隱文藁 卷14》 광암사는 본디 공민왕(恭愍王)의 비(妃) 노국대장공주(魯國大長公主)의 원찰(願刹)이었으므로 공민왕이 일찍이 이 절에 광통보제선사(廣通普濟禪寺)라 사액(賜額)했다. 공민왕이 생전에 이 절에 비를 세우기 위해 중국에서 빗돌까지 구했으나 미처 비를 세우기 전에 갑자기 승하하자 공민왕을 이곳에 장사 지내고, 우왕(禑王) 때에 이르러서야 비를 세우게 되었는데 바로 이 비문을 이색이 지은 것이다.

169 이제현의 기문 : 〈개국율사를 중수한 기문(重修開國律寺記)〉이다. 《益齋亂藁 卷6》

170 두……있다 : 보국사(補國寺)는 서보국사(西補國寺)와 동보국사(東補國寺)가 있으므로 두 개의 절이라고 한 것이다.

寺)라고 개칭하고 어진을 이곳으로 옮겨 모신 뒤에 해안사를 중방(重房)의 원당(願堂)으로 삼았다.

일월사(日月寺) 송악산 기슭에 있다. 고려 태조 5년(922)에 궁성 서북쪽에 절을 창건하였다. 문종(文宗)이 성을 순시하면서 절의 서쪽 언덕에 술자리를 베풀었다. 숙종(肅宗)이 후비, 태자와 함께 이 절에 행차하여 뒷산에 올라 술자리를 베풀어 즐기고자 하였으나, 어사가 가뭄이 들었다는 이유로 간언하자 왕이 그만두었다.

명환 名宦

고려

정지(鄭地) 개성부 판사이다.

본조

성석린(成石璘) 본조 초기에 개성부 판사를 세 번이나 역임하였고 그 후에 또 영의정으로 와서 유후를 겸임하였다. 정사가 너그럽고 은혜를 베푼 것이 많아서 백성들이 그 덕을 사모하였다.

이행(李行) 개성 유후(開城留後)가 되었다.

권담(權湛) 개성 부유후(開城副留後)가 되었다.

유관(柳寬) 태종(太宗) 때에 개성 유후가 되었다. 청렴하고 대범하면서도 어질어서 백성들을 자식처럼 여겼으며 원근의 차이를 두지 않았다. 더욱이 선비들을 교육하는 것을 급선무로 삼아 혜택이 백성들에게 미치니 백성들이 오래 지나도 잊지 못하였다.

민제(閔霽), 남지(南智) 모두 개성 유후가 되어 훌륭한 정사가 있었다.

강석덕(姜碩德) 세종(世宗) 때 개성 유후가 되었다. 호소하는 자들이 반드시 찾아와서 청탁을 하거나 익명서를 투서하기도 하였는데, 강석덕은 간사하고 교활한 아전을 찾아내고 특히 불량한 자들을 배척해 축출하니, 한 달 안에 교활한 아전은 금법을 알고, 도망갔던 백성들은 모두 돌아왔다. 부내의 무너진 전각, 사당, 관청 등을 반드시 수선하고 복구하면서도 백성들의 힘을 번거롭게 하지 않고 사업을 이루었다.

기건(奇虔) 개성 유후가 되어 자신의 생활은 검박하게 하고 백성들의 고통을 돌보는 데 힘쓰니 가는 곳마다 백성들이 부모처럼 사랑하였다.

이서장(李恕長), 김양경(金良璥) 모두 개성 유수가 되어 은혜로운 정사가 있었다.

이예(李芮) 성종(成宗) 때에 개성 유수가 되어 침체되었던 일을 일으키고 폐단을 바로잡으니 사민(士民)들이 그 정사를 칭송하였다.

김지경(金之慶) 성종 때에 개성 유수가 되어 정사에 자애와 은혜를 우선하니 백성들이 그 덕분에 생업을 편안히 영위할 수 있었다.

김영유(金永濡) 개성 유수가 되었다.

심수경(沈守慶) 선조(宣祖) 때에 개성 유수가 되어 청렴하고 간솔하게 다스리고 백성을 안정시키는 데 힘썼다. 개성부의 풍속이 특히 음사(淫祀)를 숭상하여 사녀(士女)들이 너도나도 휩쓸리니 심수경이 모두 헐어 버리도록 하였다.

허잠(許潛) 광해군(光海君) 때에 개성 유수가 되어 청렴하고 간솔한 정사를 숭상하여 이르는 곳마다 지푸라기 하나도 취하지 않았으니, 세상에서 칭하는 빙벽(氷檗)의 청렴한 지조[171]는 반드시 허잠을 두고 말하는 것이라 하였다.

이광정(李光庭) 인조(仁祖) 초에 개성 유수가 되어 정사가 청렴하고 간솔하여 털끝만큼도 범하는 것이 없으니 남들도 감히 사사로운 뜻으로 범하지 못하였다.

유우流寓

이금서(李金書) 본래 경주(慶州) 출신으로, 신라 시조 혁거세(赫居世)의 공신인 이알평(李謁平)의 후손이다. 이금서는 경순왕(敬順王)을 따라 고려에 와서 항복하였는데, 경순왕이 고려 태조의 딸 낙랑공주(樂浪公主)와 혼인하여 딸을 낳아서 이금서에게 아내로 주었다. 삼한 공신(三韓功臣)이 되었고 벼슬은 태수에 이르렀다. 자손들이 대대로 개경에 거주하였다.

주저(周佇) 본래 송(宋)나라 온주(溫州) 출신이다. 고려 목종(穆宗) 때에 바다를 따라 배를 타고 왔는데, 학사 채충순(蔡忠順)이 그의 재주를 알아보고 머무르게 할 것을 주청하여 마침내 제고(制誥)를 맡게 되었다. 현종(顯宗)이 남으로 피난 갈 때 호종하여 공을 세우고, 누차 승진하여 한림학사(翰林學士) 해남현 개국남(海南縣開國男)이 되었다. 성품이 겸손하고 글을 잘하여 외교 문서가 대부분 그의 손에서 나왔으니, 은택과 대우가 비할 데가 없었다. 벼슬은 예부 상서에 이르렀다.

유재(劉載) 송나라 천주(泉州) 출신이다. 고려 선종(宣宗) 때에 바다를 따라 배를 타고 왔는데 왕이 시부(詩賦)를 가지고 시험해 보고는 천우위 녹사참

171 빙벽(氷檗)의 청렴한 지조 : 어려움 속에서도 청빈함을 지키는 것이다. 245쪽 주117 참조.

군(千牛衛錄事參軍)에 제수하였다. 예종(睿宗) 때에 누차 승진하여 이부 상서와 예부 상서를 역임하고 수사도 상서우복야(守司徒尙書右僕射)로 졸하였다. 유재는 글을 잘하고 성품이 소박하여 재물 늘리는 것을 일삼지 않았다.

신안지(愼安之) 부친 신수(愼脩)는 송나라 개봉부(開封府) 사람이다. 문종(文宗) 때에 바다를 따라 배를 타고 왔다. 학식이 있는 데다 겸하여 의술에 능통하였다. 과거에 급제하여 벼슬이 우복야 참지정사(右僕射參知政事)에 이르렀다. 신안지는 예종과 인종(仁宗) 두 임금을 섬기면서 본주(本州)의 지사가 되었는데 정사가 청렴하고 엄숙하니 아전들이 두려워하고 백성들은 은혜롭게 여겼다. 누차 승진하여 병부 상서가 되었으며 삼사사 판각문사(三司使判閣門事)로 졸하였다. 용모가 수려하고 성품이 관대하고 도량이 크며 일을 맡아서는 청렴하고 공평하게 처리하였다. 의약(醫藥)에 대해 잘 알고 한어(漢語)에 능통하여 남북조(南北朝)에 보내는 모든 정부 문서는 대부분 그의 손에서 나왔다.

임완(林完) 송나라 사람으로 고려에 와서 과거에 급제하였다. 인종 때에 김부철(金富轍) 등 여러 유신과 고문(顧問)에 대비하였다. 누차 승진하여 국자사업 지제고(國子司業知制誥)가 되었다. 일찍이 재이(災異)로 인하여 상서하면서 시정(時政)에 대해 곧장 논하여 말하기를 "하늘에 응하기를 진실로써 해야지 겉치레로 해서는 안 되니, 진실로써 하는 것은 오늘날의 폐단을 혁파하는 것에 달려 있습니다." 하였다.

설손(偰遜) 초명은 백료손(百遼遜)이며, 위구르〔回鶻〕 사람이다. 대대로 설련하(偰輦河)에 거주하였기 때문에 이를 따라 설씨(偰氏)가 되었다. 그의 고조인 악린첩목이(嶽璘帖穆爾) 때부터 원(元)나라에 귀의하여 대대로 원나라에서 벼슬하여 부친 설철독(偰哲篤)은 벼슬이 강서행성 우승(江西行省右丞)에 이르렀다. 설손은 순제(順帝) 때 진사에 합격하고 한림학사를 역임한 뒤 단본당 정자(端本堂正字)로 선발되어서 황태자에게 경서를 수업하였는데, 승상 합마(哈麻)의 시기를 받아서 단주수(單州守)로 나가게 되었다. 부친상을 지내면서 대령(大寧) 땅에 머물러 살았는데 홍건적(紅巾賊)이 대령을 핍박하니, 고려 공민왕 7년(1358)에 자제들을 거느리고 병란을 피해 고려로 왔다. 공민왕이 원나라에 있을 때 황태자를 시종하였으므로 설손과 안면이 있어 매우 후하게 대우하고 집을 하사하였으며 부원후(富原侯)에 봉하였다. 공민왕 9년에 졸하였다. 그의 저서인 《근사재일고(近思齋逸稿)》가 세상에 전한다. 아들로 설장수(偰長壽), 설연수(偰延壽), 설복수(偰福壽), 설경수(偰慶壽), 설미수(偰眉壽)가 있다.

설장수(偰長壽) 공민왕 때 색목인(色目人)으로 과거에 급제하였다. 일찍이 진양 태수(晉陽太守)를 지낸 뒤 돌아와서 상소하여, 바닷가를 따라 성보(城堡)를 쌓아서 왜적(倭賊)을 방비하기를 청하였다. 공양왕 때 찬성사가 되어 정란 공신(定亂功臣)의 훈호를 하사받았고 판삼사사(判三司事)로 옮겼는데 정몽주의 당이란 이유로 파직되었다. 후에 본조에서 벼슬하면서 관향(貫鄕)을 하사해 주기를 청하니, 경주(慶州)를 본적으로 삼도록 명하였다. 설장수는 문장이 고고(高古)하였고, 아우인 설경수는 해서(楷書)와 예서(隷書)를 잘 썼는데 벼슬은 교서감 정이었다. 설장수의 손자 설순(偰循)도 박학하고 문장을 잘하여 과거에 급제하고 벼슬이 제학에 이르렀다.

한복(韓復) 원나라 사람으로 본명은 배주(拜住)이다. 순제(順帝) 지정(至正) 1년(1341, 충혜왕 복위2)에 진사 일등으로 뽑혀서 벼슬이 추밀원 부사에 이르렀다. 고려 공민왕 19년에 우리 태조가 올랄산성(兀剌山城)을 공격하여 성이 함락되었는데 무너진 담장 가운데 어떤 사람이 벌거벗은 채 얼굴을 가리고 울고 있었다. 붙잡고 물어보니, 말하기를 "나는 원나라 장원(壯元) 배주입니다. 귀국의 이인복(李仁復)이 나와 과거 동년입니다." 하였다. 태조가 옷을 벗어 그에게 입혀 주고 마침내 함께 왔다. 왕이 후하게 대우하여 사농시 판사(司農寺判事)에 임명하고 한복이란 성명을 하사하였다. 한복이 우리 태조를 매우 근실하게 섬겼고, 또 이인복, 이색(李穡)과 서로 벗하여 사이가 좋았다. 벼슬은 대광대부(大匡大夫) 서원군(西原君) 진선관 대제학(進善館大提學)에 이르렀다.

명승(明昇), **진리**(陳理) 명승은 본래 서촉(西蜀)의 하(夏)나라 군주 명옥진(明玉珍)의 아들이고, 진리는 본래 호상(湖湘)에 있던 한(漢)의 군주 진우량(陳友諒)[172]의 아들이다. 명 태조(明太祖)가 촉(蜀)과 한(漢)을 평정한 뒤에 명승과 진리 집안 남녀 27인을 고려로 보내며 군인으로 삼지도 말고 백성으로 삼지도 말아서 한가하게 살아갈 수 있게 하라고 하였다. 명승의 나이는 18세였고, 진리의 나이는 22세였다. 명승은 총랑(摠郎) 윤희종(尹熙宗)의 사위가 되어 흥국사(興國寺) 옆에 살았는데, 공민왕이 포(布) 1000필과 미곡 40섬을 하사하였다. 후에 명승의 자손 중에 과거에 급제한 자들이 있었다.

172 진우량(陳友諒) : 1316~1363. 원(元)나라 말기 면양(沔陽) 옥사현(玉沙縣) 사람으로 서수휘(徐壽輝)가 반란을 일으키자 휘하에 들어갔고, 예문준(倪文俊)의 무장으로서 점차 승진하여 원수(元帥)가 되었다. 1357년(지정17) 예문준을 죽이고 그 병력을 모아 안휘성 남부에서 기반을 굳혔다. 1359년 서수휘를 죽이고 스스로 황제라 부르며 국호를 대한(大漢)이라 했다. 강주(江州)에 도읍하고 한때 강서(江西)와 호남, 호북을 자신의 세력 아래 두고 주원장(朱元璋)과 싸웠지만, 1363년 패하여 전사했다.

송상현(宋象賢) 부친이 일찍이 개성에 머물렀으므로 송상현은 개성에서 생장하였다. 집이 북부(北部) 안자리(鞍子里)에 있다. 본조 선조 때에 동래부사(東萊府使)가 되었는데 왜구가 대거 침입하여 성이 함락되자 호상(胡床)에 걸터앉아 굴복하지 않고 충의를 위해 죽었다. 이조 판서에 추증되었다. 자세한 내용은 고부군(古阜郡)에 실려 있다.

인물 人物

고려

왕희순(王希順) 태조를 도와 삼한(三韓)을 평정하여 공신이 되었다.

왕식렴(王式廉) 삼중대광대부(三重大匡大夫) 왕평달(王平達)의 아들이며 고려 태조의 종제(從弟)이다. 사람됨이 충성스럽고 용맹하며 성실하고 신중하였다. 처음엔 군부서리(軍簿書吏)가 되었고 여러 관직을 옮겨 가며 역임하였다. 태조가 평양(平壤)이 황폐해졌으므로 왕식렴에게 명하여 가서 진무하게 하니, 왕식렴은 오랫동안 진(鎭)에 있으면서 항상 사직을 보위하고 영토를 개척하는 것을 자신의 임무로 삼았다. 혜종(惠宗)이 붕어하였을 때에 왕규(王規)가 난을 일으키니 왕식렴은 평양에서 군대를 이끌고 들어와 보위하여 그 난을 평정하였다. 정종(定宗)이 조서를 내려 포장하고 익찬 공신(翊贊功臣)을 하사하고, 대승(大丞)의 벼슬을 더해 주었다. 졸하였을 때 시호는 위정(威靜)이다. 정종 묘정에 배향되었다.

왕충(王冲) 태조의 종제 영해공(寧海公) 왕만세(王萬世)의 6세손이다. 좌명공신(佐命功臣)으로 벼슬은 시중에 이르렀다. 시호는 강렬(剛烈)이다.

왕규(王珪) 왕충의 아들이다. 7세에 동궁(東宮)의 학우가 되었다. 처음엔 군기시 주부를 제수받았고 벼슬은 문하시랑동평장사(門下侍郎同平章事)에 이르렀다.

왕세경(王世慶) 왕희순의 8세손이다. 의종 때에 과거에 급제하여 누차 좌정언(左正言), 중서사인(中書舍人)을 역임하고 간의대부, 이부 시랑(吏部侍郎)에 올랐다.

고금신(高今臣) 어려서 아비를 잃고 학문에 힘써 글을 잘 지었다. 과거에 급제하고 누차 승진하여 우간의대부(右諫議大夫)가 되었는데 논의가 강개하였다. 예종 때에 이부 상서, 예부 상서를 역임하고 벼슬이 검교(檢校), 사공(司空), 참지정사(參知政事)에 이르렀다. 정부에 있을 때 청렴 검소하여 지조가 있었으니 졸하였을 때 집안에 남은 재물이 없었다. 시호는 양경(良敬)이다.

김한충(金漢忠) 신라 대보(大輔) 김알지(金閼智)의 후손이다. 고조 김유렴(金庾廉)은 경순왕을 따라 태조에 귀부하여 공신이 되었다. 김한충은 어려서부터 헌걸차고 학문에 힘써 과거에 급제하였고, 예종(睿宗) 초에 좌복야에 임명되었다. 윤관(尹瓘)이 여진(女眞)을 정벌할 적에 김한충이 중군병마사(中軍兵馬使)가 되어 힘써 싸워서 전공이 있었다. 시호는 원평(元平)이다.

김준(金晙) 어려서부터 영민하고 학문을 좋아하여 대과에 장원으로 뽑혔으며 벼슬은 병부 상서, 참지정사에 이르렀다. 시호는 정신(貞愼)이다.

임유(任濡) 그 선조는 장흥(長興) 출신이다. 조부 임의(任懿)는 평장사가 되었고, 부친 임원후(任元厚)는 중서령이 되었으므로 이로 인해 경도(京都)에 거주하였다. 임유는 명종(明宗) 때에 과거에 급제하여 여러 관직을 거쳐 참지정사가 되었고, 신종(神宗) 초에 태부(太傅), 문하시랑평장사에 임명되었다. 성품이 조용하고 화평하여 위세를 가지고 남들에게 교만하게 굴지 않아서 천한 하인들이라도 꾸짖거나 욕한 적이 없다. 다섯 임금을 차례로 섬기면서 관직에 있을 때 근면하고 신중하였으며 처결이 분명하고 신뢰가 있었다. 시호는 양숙(良肅)이며, 희종(熙宗) 묘정에 배향되었다. 아들 임경숙(任景肅)은 벼슬이 중서문하평장사에 이르렀고, 임경렴(任景謙)은 동지추밀, 한림학사, 승지이다.

임항(任沆) 임유의 아우이다. 어려서부터 글을 잘하고 자태가 맑고 빼어났으며 가문의 위세로 남들에게 교만하게 굴지 않았다. 과거에 급제하여 벼슬이 예부 시랑에 이르렀다. 일찍이 사신으로 금(金)나라에 갔었는데 금나라 사람들이 그의 풍채에 감복하였다.

이공수(李公壽) 그 선조는 인주(仁州) 출신이다. 평장사 이예(李預)의 아들이다. 증조인 이한(李翰) 이후로 모두 존귀하게 되고 고관을 지냈으므로 이로 인해 경도에 거주하였다. 이공수가 어렸을 때에 외조부인 최유선(崔惟善)이 그의 머리를 쓰다듬으며 말하기를 "이 아이는 의당 큰 그릇이 될 것이다."라고 하였다. 자라서는 학문에 힘써 과거에 급제하였다. 예전에 서경 유수의 판관(判官)이 되었는데 예종(睿宗)이 서경에 행차하였을 때에 이공수가 왕을 접대하면서 민간을 소란스럽게 하지 않으니, 왕이 가상하게 여겼다. 누차 승진하여 공부 상서가 되었고, 인종(仁宗) 때에 평장사에 올랐다. 이자겸(李資謙)이 난을 일으키자 이공수는 그의 근친이었으나 의리에 입각해 난을 진압해 평정하여 추충위사 공신(推忠衛社功臣)의 훈호를 하사받고, 문하시중 상주국(門下侍中上柱國)에 임명되었다. 시호는 문충(文忠)이다.

이지저(李之氐) 이공수의 아들이다. 대과에 장원하여 곧장 한림원에 들어갔다. 인종이 우정언(右正言)에 제수하였는데 주장하는 논의가 공정하였다. 이자겸이 국정을 담당하자 사람들이 앞다투어 그에게 붙었으나 이지저만은 혼자 그렇게 하지 않았다. 중서사인(中書舍人), 수사공(守司空), 상서예부사(尙書禮部事)를 역임하였고 더하여 참지정사에 특진하였다. 사람됨이 관후하고 풍채가 아름답고 단아하였으며 문장과 사업으로 한 시대의 영걸이 되었다. 시호는 문정(文正)이다.

한유한(韓惟漢) 대대로 경도에 거주하였으나 벼슬하는 것을 즐기지 않았다. 최충헌(崔忠獻)이 정사를 멋대로 하며 매관매직하는 것을 보고는 "장차 난이 일어날 것이다." 하고서 처자를 데리고 지리산에 은거하였다. 맑고 고고한 지조를 닦아 세상과 교제하지 않으니, 사람들이 그 기풍을 고상하게 여겼다. 서대비원 녹사(西大悲院錄事)로 부름을 받았으나 끝내 나아가지 않았다. 오래지 않아 정말로 거란(契丹)의 난리가 일어났고, 몽고의 병란이 뒤이어 이르렀다.

최당(崔讜) 그 선조는 동주(東州) 출신이다. 조부인 최석(崔奭)과 부친 최유청(崔惟淸)이 모두 평장사가 되었으므로 이로 인해 경도에 거주하였다. 최당은 어려서부터 총명하고 글을 잘 지었다. 명종(明宗) 초에 정언이 되어 네 명의 왕을 차례로 섬겼으며 벼슬이 중서문하평장사에 이르렀다. 벼슬에서 물러나 한가로이 거하면서 쌍명재(雙明齋)라고 편액을 걸고 아우인 최선(崔詵), 태복경 장자목(張自牧), 동궁시독학사 고영중(高瑩中), 비서성 백광신(白光臣), 사공 이준창(李俊昌), 상서 현덕수(玄德修), 수사공 이세장(李世長), 대사성 조통(趙通) 등과 함께 기로회(耆老會)를 만들어 소요하며 편한 대로 즐기니 당시 사람들이 지상선(地上仙)이라고 불렀다. 그

모습을 돌에 새긴 것이 세상에 전한다. 77세에 졸하였다. 시호는 정안(靖安)이다.

최선(崔詵) 최당의 아우이다. 문학으로 세상에 알려졌는데 욕심 없이 담담하고 말이 적어서 가문의 위세로 스스로 높은 체하지 않았다. 누차 승진하여 참지정사가 되었다. 신종(神宗) 때에 나이가 많고 덕이 높다는 이유로 기용되어 태부 문하시랑 동중서평장사 이부판사에 임명되었으나 얼마 뒤에 나이를 이유로 치사하고 졸하였다. 시호는 문의(文懿)이다. 희종(熙宗) 묘정에 배향되었다.

이인로(李仁老) 이지저(李之氐)의 일가로 조카뻘이다. 글을 잘 짓고 초서(草書)와 예서(隸書)를 잘 썼다. 명종(明宗) 때에 문과에 장원으로 발탁되어 사한(史翰)을 출입한 것이 무릇 14년이나 되었다. 당시 문사(文士)인 오세재(吳世才), 임춘(林椿), 조통(趙通), 황보항(皇甫沆), 함순(咸淳), 이담지(李湛之) 등과 망년지교를 맺고 시와 술로 함께 즐기니, 세상 사람들이 강좌칠현(江左七賢)[173]에 비유하였다. 고종(高宗) 때 벼슬이 간의대부에 이르렀다. 저술로 《은대집(銀臺集)》, 《쌍명재집(雙明齋集)》, 《파한집(破閑集)》이 있다.

최윤의(崔允義) 그 선조는 해주(海州) 출신이다. 문헌공(文憲公) 최충(崔冲)의 현손이다. 최충 부자가 현달하여 자손들이 따라서 경도에 자리 잡았다. 최윤의는 과거에 급제하고 누차 승진하여 벼슬이 문하시랑평장사 이

173 강좌칠현(江左七賢) : 죽림칠현(竹林七賢)을 말한다. 중국 위진(魏晉) 때 청담(淸談)으로 유명한 일곱 명의 현사(賢士)로 완적(阮籍), 혜강(嵇康), 산도(山濤), 상수(向秀), 완함(阮咸), 유령(劉伶), 왕융(王戎) 등을 지칭한다.

부판사에 이르렀다. 의종(毅宗) 때에 졸하였다. 고귀한 문벌에서 생장하여 화려한 요직을 두루 역임하였고 논사(論事)가 분명하고 강개하였으며 이부와 병부를 맡았을 때에 주의(注擬)가 공평하였다. 두 번이나 지공거(知貢擧)를 지냈는데 세인들이 인재를 제대로 얻었다고 일컬었다. 《고금상정례(古今詳定禮)》 50권을 편찬하였다. 의종 묘정에 배향되었다.

최자(崔滋) 문헌공 최충의 후손이다. 어려서부터 학문에 힘써 글을 잘 지었다. 타고난 자질이 순박하고 과묵하였다. 강종(康宗) 때에 과거에 급제하였고, 고종 때에 여러 차례 지방 관직을 맡아 명성과 치적이 있었다. 벼슬은 수태사 문하시랑 이부판사에 이르렀다. 자호는 동산수(東山叟)이며, 시호는 문청(文淸)이다.

김인경(金仁鏡) 본관은 경주(慶州)인데, 대대로 경도에 거주하였다. 평장사 김의전(金義銓)의 4세손이다. 초명은 김양경(金良鏡)이다. 재주와 식견이 정밀하고 명민하였으며 예서를 잘 썼다. 명종 때에 과거에 급제하였고, 조충(趙冲)을 따라 강동성(江東城)에서 거란 군대를 토벌하는 데 공이 있었다. 중서시랑평장사를 역임하였다. 김인경은 문무 양 방면으로 관리로서의 재질이 모두 충분하였고, 타고난 자질이 깨끗하고 아름다워 속세의 때가 없었다. 낭서(郎署)에서 상부(相府)에 이르기까지 국가의 중요 문서와 책문(冊文) 등이 모두 그의 손에서 나왔다. 시호는 정숙(貞肅)이다. 아들 김연성(金鍊成)은 벼슬이 상서 좌복야에 이르렀으며, 손자 김승무(金承茂)는 시어사가 되었는데 재주와 식견이 뛰어나다고 일컬어졌다.

김경손(金慶孫) 신라의 후손으로 평장사 김태서(金台瑞)의 아들이다. 성품이 장중하고 온화하며 지혜와 용맹이 절륜하여 담략(膽略)이 있었다. 일찍이 음서(蔭敍)로 관직에 진출하였는데 중요한 관직을 역임하였다. 고종 때에 정주 분도장군(靜州分道將軍)이 되어서 박서(朴犀)와 구주성(龜州城)을 지켰는데 몽고병이 온갖 계책을 다 써서 공격하였으나 귀신같이 변화에 응대하여 결국 고수할 수 있었다. 얼마 뒤에 대장군에 임명되고 후에 전라도 지휘사가 되어 적을 토벌해 평정하였다.[174] 조정에 들어와서 추밀부사(樞密副使)가 되었으나 최항(崔沆)의 시기를 받아 해를 당하였다. 김경손은 여러 차례 큰 공을 세워 조야(朝野)가 중하게 의지하였으므로 사람들이 모두 통탄하고 애석해하였다.

유경(柳璥) 그 선조는 유주(儒州) 출신이다. 조부 유공권(柳公權)은 참지정사가 되었고, 부친 유택(柳澤)은 복야가 되었으므로 이로 인하여 경도에 거주하였다. 유경은 고종(高宗) 때에 과거에 급제하고 누차 승진하여 대사성이 되었다. 김준(金俊) 등과 함께 최의(崔竩)를 주벌하여 다시 왕실을 바로잡았으므로 원종(元宗)이 그의 초상을 벽 위에 그리도록 명하였다. 수태부 동중서문하평장사(守太傅同中書門下平章事)가 되었다. 충렬왕(忠烈王) 때에 첨의중찬(僉議中贊)이 되어 치사하였다. 졸한 뒤에 시호는 문정(文正)이다. 타고난 자질이 명민하고 기국과 도량이 크고 깊어서 큰일을 잘 결단하였다. 사람을 알아보는 감식안이 있어 세 번이나 과거를 맡아서 취한 사람이 모두 이름이 알려진 선비들이었으니, 이존비(李尊庇), 이혼(李混)이 모두 그의 문생(門生)이다.

김희제(金希磾) 그 선조는 군산도(群山島) 출신이다. 상선(商船)을 따라 개성에 도착해 머물러 거주하다가 대대로 개성을 본적으로 삼았다. 김희제

174 적을 토벌해 평정하였다 : 당시 담양과 해양(海陽), 즉 지금의 경상남도 사천 등지를 휩쓸던 초적(草賊) 이연년(李延年) 형제의 난을 평정하였다.

는 지략이 있고 서사(書史)에 달통하여 누차 승진하여 안찰사(按察使)가 되었다. 고종 때에 몽고 사신 저가(這可) 등이 와서 국가에서 주는 노잣돈을 독촉하여 나라에서 그 요구에 대응하기 어려웠는데 김희제를 유회사(類會使)로 삼으니, 저가 등이 공경하고 복종하여 일체 김희제의 처분을 따랐다. 또 몽고 사신이 오자 왕이 대관전(大觀殿)에서 연회를 베풀었는데, 몽고 사신들이 궁시(弓矢)를 지닌 채로 전(殿)에 오르려고 하자 김희제가 말하기를 "본래 두 나라는 서로 사이가 좋아서 모두 예복을 갖추고 만났는데 이제 활집과 동개를 차고 연회에 나간다면 예를 어찌하겠습니까." 하니, 곧 풀어 버렸다. 서북면 병마부사(西北面兵馬副使)가 되어 의주(義州)에 침입한 금나라 군대를 대파하였다. 후에 전라도 도순문사(全羅道都巡問使)가 되었는데 어떤 자가 최이(崔怡)에게 참소하여 최이가 사람을 보내 체포하게 하자 김희제는 조금도 두려운 기색 없이 스스로 바다에 투신하였다.

최종준(崔宗峻) 최선(崔詵)의 아들이다. 신종(神宗) 때 대과에 장원하였으며, 고종 때에 벼슬이 문하시중에 이르렀다. 사직을 청하였으나 왕이 윤허하지 않으며 말하기를 "최 시중(崔侍中)은 중요한 때에 결단을 잘하니 어찌 갑자기 일을 그만두게 할 수 있겠는가." 하고 궤장(几杖)을 하사하였다. 아우 최종재(崔宗梓)는 벼슬이 좌복야였고, 최종번(崔宗蕃)은 벼슬이 승선이었다.

최린(崔璘) 최당(崔讜)의 손자이다. 기국이 크고 깊어서 어려서부터 호협(豪俠)한 이들과 더불어 도박판과 술판에서 노닐었다. 30세가 가까워서야 비로소 발분하여 독서하였고 강종(康宗) 때 과거에 급제해 벼슬에 진출하여서 누차 대간의 직을 역임하였다. 고종 때에 외직으로 나가 나주 부사

(羅州副使)가 되어서 도적을 사로잡아 평정하였다. 후에 왕자를 모시고 몽고로 들어가서는 저들에게 대응을 잘하였다고 일컬어졌다. 벼슬이 문하시랑평장사에 이르렀다. 시호는 문경(文景)이다.

최온(崔昷) 최종재의 아들이다. 기개가 있어 말을 과감하게 하고 일을 잘 결단하였다. 고종 때에 과거에 급제하여 누차 진급해 벼슬이 태부 중서시랑평장사(太傅中書侍郎平章事)에 이르렀으며 치사하고 졸하였다. 아들 최문본(崔文本)은 풍채가 뛰어나고 성품이 고고하였는데 벼슬은 판도 판서(版圖判書)에 이르렀다.

최평(崔坪) 최종번의 아들이다. 침착하고 후덕하며 언행을 삼갔다. 고종 때에 과거에 급제하여 누차 진급해 시어사(侍御史)가 되었는데, 권신의 비위를 거슬러 외직으로 나가 정원 부사(定遠副使)가 되었다. 후에 벼슬이 추밀부사에 이르렀다.

최옹(崔雍) 최종준의 일가로 조카뻘이다. 어려서부터 학문을 좋아하여 박학하다고 일컬어졌다. 고종 때에 과거에 급제하여 누차 진급해 전리 좌랑(典理佐郎)이 되었다. 충렬왕(忠烈王)이 태손(太孫)으로 있을 때부터 그를 맞이하여 사부로 삼았는데, 즉위함에 미쳐서 부지밀직사사(副知密直司事) 한림학사(翰林學士)로 진용하였다. 치사하고 졸하였다. 최옹은 학도를 모아서 부지런히 가르치고 인도하였으니, 그 문인 중에 공경이 된 자가 매우 많았다.

이장용(李藏用) 이인로(李仁老)의 일가로 손자 항렬이다. 부친 이경(李儆)은 추밀부사였는데 청렴 검소하고 일을 잘 결단하였다. 이장용은 고종 때에 과거에 급제하여 누차 진급해 대사성이 되었다. 원종(元宗) 때에 벼슬이 문하시랑평장사에 이르렀다. 왕을 시종하여 원나라에 갔는데, 원나라 황제가 이장용이 진달한 주문을 듣고 '아만멸아리간(阿蠻滅兒里干) 이 재상(李宰相)'이라고 불렀으며, 만나는 자들도 '해동현인(海東賢人)'이라고 하였고, 심지어 초상을 그려서 예를 행하는 자까지 있었다. 본국으로 돌아오자 경원군 개국백(慶源郡開國伯)에 봉하여졌다. 풍채와 위의가 아름답고 경사(經史), 음양(陰陽), 의약(醫藥), 율력(律曆) 등을 널리 보아서 통달하지 못한 바가 없었으며 문장이 풍부하고 뛰어났다.

홍규(洪奎) 세계(世系)는 남양(南陽)인데 대대로 경도에 거주하였다. 부친 홍진(洪縉)은 동지추밀이다. 홍규의 초명은 홍문계(洪文系)이다. 기개가 굳세어 세속에 얽매이지 않았다. 원종(元宗) 때에 어사중승(御史中丞)이 되어 임유무(林惟茂)를 주벌하는 것을 도모하여 나라에 공이 있었다. 후에 벼슬이 첨의중찬(僉議中贊)에 이르렀고, 남양부원군(南陽府院君)에 봉해졌다. 치사하고 졸하였다. 시호는 광정(匡定)이다. 딸이 충숙왕(忠肅王)의 비인 명덕왕후(明德王后)이다.

유승(柳陞) 유경(柳璥)의 아들이다. 어버이를 효성스럽게 섬겼고 벼슬살이에 게으름이 없었다. 충렬왕 때에 벼슬이 도첨의참리(都僉議參理)에 이르렀다. 유승은 술 마시거나 놀이하는 것을 좋아하지 않았으며 가무와 여색, 재화에 대해서도 담담하였다. 당시 예문(禮文)이 흩어져 없어졌는데 유승이 편찬한 《신의(新儀)》가 매우 상세하여 후인들이 이를 준용하였다. 또 탄환을 잘 쏘았는데, 한번은 객과 함께 앉아 있다가 멀리서 물 긷는 아낙이 물동이를 이고 가는 것을 보고 말하기를 "사람을 맞히면 다칠 테고 동이를 맞히면 깨질 테니 요컨대 탄환이 동이 안으로 떨어지게 해야 한다." 하였는데 탄환을 쏘자 정말로 그렇게 되었다. 시호는 정신(貞愼)이다.

유돈(柳墩) 유승의 아들이다. 과거에 뽑혀 벼슬이 찬성사에 이르렀고 시령

군(始寧君)에 봉해졌다. 치사하고 졸하였다. 시호는 장경(章敬)이다. 아들 유총(柳總)은 벼슬이 대언(代言)이고 유진(柳鎭)은 문화군(文化君)에 봉해졌다.

임익(任翊) 임경겸(任景謙)의 아들이다. 과거에 급제하여 충렬왕 때에 누차 승진하여 대사성이 되었다. 의례와 도수(度數)에 밝고 익숙하여 다시 판합문사(判閤門事)가 되었으며, 밀직부사 동수국사(密直副使同修國史)에 진용되었다. 벼슬이 첨의시랑 찬성사에 이르렀다. 치사하고 졸하였다. 임익은 책을 널리 보고 기억을 잘하여 전고(典故)를 많이 알았다.

김혼(金琿) 김경손(金慶孫)의 아들이다. 충렬왕 때에 대장군, 중찬이 되어, 왕이 원나라에 갔을 때에 임시로 행성(行省)의 일을 서리하였다. 추성익조공신(推誠翊祚功臣)을 하사받고 계림부원군(鷄林府院君)에 봉해졌다. 시호는 충선(忠宣)이다.

김인위(金因渭) 경순왕(敬順王) 김부(金傅)의 후손이다. 벼슬이 평장사에 이르렀다.

최유엄(崔有渰) 최자(崔滋)의 아들이다. 욕심 없이 물러나서 벼슬을 구하지 않았으므로 10년 동안 자리를 옮기지 않았는데, 충렬왕이 오랫동안 그 명성을 듣고는 누차 승진시켜서 도첨의찬성사(都僉議贊成事)가 되었다. 당시 황제가 배신(陪臣) 중에 훌륭한 이를 징소하여 최유엄이 명에 응하여 원나라에 갔는데, 원이 고려에 성(省)을 세우고자 하자 최유엄이 힘써 청하여 그만두게 하니, 본국으로 돌아오자 사람들이 서로 축하하였다. 벼슬이 정승에 이르렀고 네 왕을 차례로 섬겼으며 대령부원군(大寧府院君)에 봉해졌다.

최춘명(崔椿命) 그 선조는 해주(海州) 출신이다. 시중 최충(崔冲)의 후손으로 대대로 경도에 거주하였다. 최춘명은 성품이 너그럽고 온화하나 지조가 있었다. 고종(高宗) 때에 자주 부사(慈州副使)가 되어 삼엄한 성을 굳게 지키고 여러 번 몽고군을 물리쳤다. 승진하여 벼슬이 추밀원부사에 이르렀다.

김광재(金光載) 김광철(金光轍)의 아우이다. 충혜왕(忠惠王) 때에 과거에 급제하여 학관에 보임되어서 왕을 따라 원나라에 갔다. 천도(遷都)할 적에 벼슬은 정랑이었다. 조적(曺頔)이 난을 일으키다가 주벌되고 왕은 잡혀서 원나라에 가게 되자, 김광재가 말하기를 "우리 임금이 위태롭게 되었는데 나 혼자만 차마 면할 수 있겠는가." 하고 따라갔다. 충혜왕이 즉위하자 서연(書筵)을 열어서 김광재를 스승으로 삼았으나, 고사하여 첨의평리(僉議評理)가 되었다. 김광재는 청정함을 지키고 나라를 근심하였으며 어머니를 지극히 효성스럽게 섬겼고, 상을 치를 때 인정과 예문을 모두 극진히 하였다. 공민왕(恭愍王)이 그의 아름다운 행실을 듣고 유사에게 명하여 사는 곳을 정려하여 '영창방(靈昌坊) 효자리(孝子里)'라고 하였다. 시호는 문정(文正)이다.

김흥조(金興祖) 김광재의 아들이다. 기개가 굳세고 뜻이 있었다. 벼슬은 군기감(軍器監)에 이르렀고 수원(水原)과 해주의 수령을 역임하였다. 김제안(金齊顔), 김정(金精) 등과 신돈(辛旽)을 주벌할 것을 모의하다가 일이 누설되어 해를 당하였다.

김심(金深) 도첨의(都僉議) 김주정(金周鼎)의 아들이다. 충선왕(忠宣王)과 충숙왕(忠肅王)을 섬겼으며 벼슬은 첨의중찬에 이르렀고 화평부원군(化平府院君)에 봉해졌다. 정동행성의 일을 섭행하였는데, 그 딸이 원나라 황제에게 총애를 받아 황후에 봉해지자 원나라에서 고려 병마도원수(高麗兵

馬都元帥)에 제수하였다. 시호는 충숙(忠肅)이다. 아들 김승진(金承縉)은 공검(恭儉)하고 충직하였으며 벼슬이 상호군(上護軍)에 이르렀다.

김적선(金積善) 김승진의 아들이다. 홍무(洪武) 연간에 남원도 병마사(南原道兵馬使)가 되어 사포(沙浦)에서 왜적과 싸웠고, 또 임실(任實)에서 싸워 크게 격파하였다. 벼슬은 중추원사에 이르렀다.

왕백(王伯) 본래 성은 김씨로, 강릉군왕(江陵郡王) 김주원(金周元)의 후손이다. 먼 조상은 또 고려 태조를 도와 공이 있어 내사령(內史令)의 벼슬을 지냈다. 태조가 그 딸을 받아들여 비로 삼고 왕씨의 성을 하사하였다. 왕백은 충렬왕 때에 과거에 급제하여 규정(糾正)을 역임하고 우사보(右司補)로 옮겼는데 폐인(嬖人)의 첩부 고신(妾婦告身)에 서명하지 않았다는 이유로 피소되어 장을 맞고 유배되었다. 충혜왕(忠惠王) 때에 은퇴할 것을 청하여 전주(全州)에서 노년을 보내었다.

권보(權溥) 세계(世系)는 안동(安東)으로 태사 권행(權幸)의 후손이다. 부친 찬성 권단(權旦)이 송악산에 기도하여 권보를 낳았다. 18세에 과거에 급제하여 충렬왕 때 누차 승진해 밀직학사(密直學士)가 되었고, 충숙왕 때 벼슬이 도첨의 정승(都僉議政丞)에 이르렀으며 영가부원군(永嘉府院君)에 봉해졌다. 성품이 충성스럽고 효성스러웠으며 책 읽기를 좋아하여 일찍이 주자(朱子)의 《사서집주(四書集註)》를 간행할 것을 건의해 아뢰었으니 우리나라 성리학은 권보로부터 시작되었다. 또 아들 권준(權準)과 함께 역대 효자 64인의 행적을 모아서 사위 이제현(李齊賢)에게 찬(贊)을 짓게 하고 《효행록(孝行錄)》이라 이름하였는데 세상에 행해진다. 아들 권준, 권고(權皐), 권후(權煦), 권겸(權謙)과 사위 이제현, 왕숙(王璹), 왕순

(王珣)이 모두 군(君)에 봉해졌고,[175] 승려가 된 아들 종정(宗頂)도 광복군(廣福君)에 봉해졌으니 세상에서 '한집안 아홉 봉군〔一家九封君〕'이라고 불렀다. 시호는 문정(文正)이다.

이전(李瑱) 이금서(李金書)의 13세손이다. 조부 이득견(李得堅)은 상의동정(尙衣同正)이 되었다. 이전은 어려서부터 학문을 좋아하여 백가의 학설에 널리 달통하였고 또 시에 능하였다. 충렬왕 때에 과거에 급제하고 누차 승진하여 정당문학(政堂文學)이 되었다. 충숙왕 때에 벼슬이 검교 정승(檢校政丞)에 이르렀으며 임해군(臨海君)에 봉해졌다. 시호는 문정(文正)이다.

권준(權準) 권보의 아들이다. 과거에 급제하였고, 충선왕(忠宣王)이 원나라에 있을 적에 연저(燕邸)에서 배알하여 대언(代言)으로 발탁되었고 후에 밀직부사(密直副使)에 제수되었다. 충숙왕 때에 찬성사에 임명되었다. 조적(曺頔)의 변란 때 권준은 두문불출하였는데, 조적이 충혜왕에게 패하고 나서 길창부원군(吉昌府院君)에 봉해졌다. 시호는 창화(昌和)이다.

왕후(王煦) 권준의 아우로, 애초의 성명은 권재(權載)이다. 충선왕이 원나라에 있을 때에 불러서 한번 보고 나서 마침내 아들로 삼아 성명을 하사하였다. 본국으로 돌아와서 왕이 출입할 때마다 항상 수레를 함께 탔으며, 충숙왕 때에 계림부원군(鷄林府院君)에 봉해졌으니, 당시 '왕의 동생'이라고 일컬어졌다. 원나라에서 계림군공(鷄林郡公)을 제수하였다. 충선왕이 토

175 아들……봉해졌고 : 권보의 다섯 아들 가운데 권준(權準)은 길창부원군(吉昌府院君)에, 권고(權皐)는 영가부원군(永嘉府院君)에, 권후(權煦)는 계림군공(鷄林郡公)에, 권겸(權謙)은 복안부원군(福安府院君)에, 출가한 종정(宗頂)은 광복군(廣福君)에 봉해졌으며, 사위인 이제현(李齊賢)은 계림부원군(鷄林府院君)에, 왕숙(王璹)은 순정대군(順正大君)에, 왕순(王珣)은 회안대군(淮安大君)에 봉해졌다.

번(吐蕃)에 유배되었을 때 왕후는 토번에 들어가 임조(臨洮)에 이르러 왕을 뵙고 왕을 따라 경사(京師)로 돌아왔다. 충선왕이 훙서하자 최마복을 입고 운구를 모시고 고려로 돌아왔다. 장사를 지낸 뒤에 매달 삭망(朔望)으로 능 아래에서 사사로이 제사 지내기를 죽을 때까지 하였다. 충목왕(忠穆王)이 훙서하자 정동성(征東省)의 일을 섭행하였고, 충정왕(忠定王) 때에 사명을 받고 원에 갔다가 돌아오는 길에 창의현(昌義縣)에 이르러 병으로 졸하였다. 운구가 돌아오자 역리(驛吏)들이 운구를 바라보고 울부짖으며 마치 부모를 잃은 것처럼 제사하였다.

권렴(權廉) 권준의 아들이다. 충숙왕 때에 삼사부사(三司副使)를 제수받았고, 뒤에 선군별감(選君別監)이 되어 전토를 나누어 주는 데 법도가 있으니 백성들이 편하게 여겼다. 충숙왕이 그의 딸을 받아들여 수비(壽妃)로 삼고 권렴을 현복군(玄福君)에 봉하였다. 후에 첨의찬성사(僉議贊成事)에 임명되었다. 아우 권적(權適)은 충혜왕 때에 밀직대언(密直代言)을 역임하고 화산군(花山君)에 봉해졌는데, 공민왕이 길창군(吉昌君)으로 고쳐 봉하고 찬성사에 임명하였다.

이제현(李齊賢) 이전(李瑱)의 아들이다. 어려서부터 숙성하여 성인(成人) 같았고, 문장을 짓는 데 이미 작가의 기운이 있었다. 충렬왕 때에 과거에 급제하고 얼마 뒤에 "이것은 하찮은 기예일 뿐이다." 하고 더욱 경적 공부에 힘썼다. 충선왕이 연저(燕邸)에 머물 때 만권당(萬卷堂)을 짓고 말하기를 "경사의 문학하는 선비들은 모두 천하에서 뽑힌 이들인데 우리 부(府) 안에는 아직 그런 사람이 없으니 이것이 나의 수치이다." 하며, 이제현을 도성에 불러들였다. 당시 요수(姚燧), 염복(閻復), 원명선(元明善), 조맹부(趙孟頫) 등이 모두 왕의 문하에서 노닐어서 이제현이 같이 종유하여 학문이 더욱 진전되었다. 서촉(西蜀)으로 사명을 받들고 가서 이르는 곳마다 시를 지었는데 인구에 회자되었다. 충선왕이 강남(江南)에 향(香)을 내리러 가는 데 이제현이 따랐더니, 왕이 누대의 아름다운 정취를 만날 때마다 흥을 담아 회포를 풀며 말하기를 "이런 때에 이생(李生)이 없어서는 안 된다." 하였다. 연(燕), 오(吳) 지방에서 시종한 공을 아뢰니, 고려왕부단사관(高麗王府斷事官)에 제수되었다. 후에 다시 원나라에 갔는데, 원이 고려에 성(省)을 세우고자 하니, 이제현이 도당(都堂)에 상서하여[176] 그 의론이 마침내 가라앉았다. 충선왕이 토번(吐蕃)에 유배 갈 때에 이제현이 원 낭중(元郎中)과 승상 백주(伯住)에게 글을 올리니[177] 백주가 황제에게 아뢰어 타사마(朶思麻)의 땅으로 양이(量移)하였다. 공민왕이 즉위하고 아직 나라에 도착하지 않았을 때에 이제현에게 정승을 섭행하고 임시로 정동행성의 일을 결단하도록 명하였다. 당시 왕이 원에 있어서 나라가 텅 비었지만 조치가 마땅하여 국인들이 그 덕분에 안정되었다. 벼슬이 문하시중에 이르렀고, 계림부원군(鷄林府院君)에 봉해졌다. 그의 집에서 국사(國史)를 찬수하여 사관(史官) 및 삼관(三館)의 관원들이 모두 거기서 모였다. 타고난 자질이 중후하고 학문으로 보필하니, 어려서부터 동료들이 이름을 지칭하지 않고 익재(益齋)라고 불렀으며 재상이 되어서는 신분의 귀천 할 것 없이 모두들 그를 익재라고 칭하였다. 시호는 문충(文忠)이고, 공민왕 묘정에 배향되었다.

176 이제현이 도당(都堂)에 상서하여 : 〈원나라 서울에서 중서 도당에 올린 서〔在大都上中書都堂書〕〉이다. 《益齋亂藁 卷6》

177 이제현이……올리니 : 〈승상 백주에게 올리는 서〔上伯住丞相書〕〉와 〈최송파와 함께 원 낭중에게 보내는 서〔同崔松坡贈元郎中書〕〉이다. 《益齋亂藁 卷6》

김륜(金倫) 그 선조는 언양(彦陽) 출신이다. 시중 김취려(金就礪)의 증손이다. 조부 김전(金佺)과 부친 김변(金賆)이 대를 이어 귀하고 현달해져서 이로 인하여 경도에 자리 잡았다. 김륜이 처음에는 음서로 보임되었는데 누차 옮겨서 경상도, 전라도의 도순문사(都巡問使)가 되었다. 합포(合浦)를 다스리면서 호령이 엄명하니 관리와 백성들이 안정되었다. 충목왕(忠穆王) 때에 좌정승(左政丞)에 올랐다. 은퇴를 청하여 언양부원군(彦陽府院君)이 되었다. 김륜은 전고를 많이 알았고 악을 미워하고 선을 좋아하였다. 일찍이 충렬왕(忠烈王)을 따라 원나라에 들어가서 맡은 직분에 마음을 다하니, 충선왕(忠宣王)도 그를 예우하였다. 다섯 왕을 차례로 섬기면서 임금을 사랑하고 나라를 걱정하여 편하거나 어렵거나 변치 않았다. 시호는 진열(眞烈)이다.

김경직(金敬直) 김륜의 아들이다. 공민왕 때에 수사도(守司徒), 상주국(上柱國)에 임명되고 언양백(彦陽伯)에 봉해졌다. 홍적(紅賊)이 물러난 뒤 왜적이 또 양광도(楊廣道) 여러 현을 침입하니, 경성의 호위가 엄하였는데, 김경직이 왕궁에 나아갔다가 재상들이 바둑을 두며 농담하고 있는 것을 보고는 집으로 돌아와 크게 탄식하며 말하기를 "나라가 장차 망하겠구나! 내 가슴이 타는 듯하다." 하였다. 졸하였을 때 벼슬이 검교 시중(檢校侍中)에 이르렀다.

이암(李嵒) 그 선조는 고성(固城) 출신이다. 여러 대 동안 경도에 거주하였다. 판밀직(判密直) 이존비(李尊庇)의 후손이다. 부친 이우(李瑀)는 철원군(鐵原君)에 봉해졌으며 누차 주군(州郡)을 맡았는데 재주와 문한이 있다고 칭해졌다. 이암의 초명은 이군우(李君優)이다. 충선왕 때 17세로 과거에 급제하였고 후에 충정왕(忠定王)을 모시고 원나라에 갔다. 공민왕 초에 은퇴를 청하여 청평산(淸平山)에 들어갔는데 징소받아 다시 문하시중에 제수되었다. 홍건적의 난리 때 남쪽으로 피난 간 왕을 시종하여 공신으로 녹훈되었으며 철성부원군(鐵城府院君)에 봉해졌다. 집에 있으면서 재물의 유무를 따지는 일이 없었고 그림과 책으로 스스로 즐기었다. 서법(書法)이 당대에 뛰어났는데 일찍이 〈태갑편(太甲篇)〉을 손수 써서 왕에게 올렸다. 시호는 문정(文貞)이다.

홍언박(洪彦博) 홍규(洪奎)의 손자이다. 어려서 독서하기 좋아하고 글을 잘 지었다. 과거에 급제하여 충목왕(忠穆王) 때에 추밀직제학(樞密直提學)이 되었다. 공민왕 때에 찬성사에 임명되었고 문하시중에 올랐으며 남양후(南陽侯)에 봉해졌다. 홍건적의 병란에 경성을 수복하고 내린 조치가 대부분 홍언박의 지휘였다. 흥왕사(興王寺)의 변[178] 때 집안사람이 빨리 피해야 한다고 하자, 홍언박이 말하기를 "어찌 수상(首相)이 되어서 죽음을 도피하는 자가 있겠는가." 하고 의관을 바루고 나갔다가 마침내 해를 당하였다. 시호는 문정(文正)이다. 아들 홍사보(洪師普)는 벼슬이 판합문사(判閤門事)에 이르렀고, 홍사범(洪師範)은 지밀직사사(知密直司事)가 되었다.

이강(李岡) 이암의 아들이다. 어려서부터 학문을 좋아하여 15세에 과거에 등제하였고, 공민왕 때에 누차 승진하여 지신사(知申事)가 되었고, 전선(銓選)을 맡았다. 당시 변방의 보고가 끊임없이 이어졌는데 상하가 유지되는 데 이강의 공이 많은 부분을 차지하였다. 벼슬이 밀직부사에 이르렀다. 졸할 때 나이가 36세였는데 왕이 매우 슬퍼하여, 추밀원이 규례상 시호를

178 흥왕사(興王寺)의 변 : 1363년(공민왕12) 공민왕이 홍건적의 난을 피하여 안동으로 갔을 때 흥왕사에서 김용(金鏞)이 공민왕을 시해하려고 했다가 실패한 사건이다.

줄 수 없다고 하였으나 특별히 문경(文敬)의 시호를 내렸다.

김구용(金九容) 상락공(上洛公) 김방경(金方慶)의 현손이다. 부친 김앙(金昂)도 상락군에 봉해졌다. 김구용은 학문에 힘쓰고 견문이 넓어서 공민왕 때에 과거에 급제하고 누차 승진하여 성균관 직강이 되었는데, 가르치기를 게을리하지 않아서 목욕 휴가로 집에 있을 때라도 질문하러 온 학생들이 끊이지 않았다. 우왕(禑王) 때에 이인임(李仁任)이 북원의 사신을 맞이하려고 하자 김구용과 정도전(鄭道傳) 등이 도당(都堂)에 상소하여 물리치기를 청하였으나, 따르지 않았다. 이에 죽주(竹州)로 유배되고 또 여흥(驪興)으로 옮겨졌는데 시사(詩史)로 스스로 즐겼다. 후에 징소되어 좌사의(左司議)가 되어서 직간한 일이 있었고 얼마 뒤에 대사성으로 옮겼다. 당시에 요동(遼東)에서 고려를 속여 사신을 청하니 이에 김구용이 요동에 사신으로 갔다가 경사(京師 명나라 남경(南京))로 잡혀가 대리위(大理衛)에 유배되어 가던 도중에 죽었다. 《척약재집(惕若齋集)》이 세상에 행해진다.

김제안(金齊顔) 김구용의 아우로, 성품이 강개하고 학문에 힘썼다. 공민왕 때에 과거에 급제하여 우정언으로 올랐다. 19세에 전녹생(田祿生)을 모시고 하남왕(河南王) 확곽첩목아(擴廓帖木兒)를 방문하러 연경(燕京)에 이르렀는데, 황태자는 그들이 소식을 주고받는 것을 미워하여 저지하였다. 김제안이 전녹생에게 말하기를 "공은 대신(大臣)이어서 머무를 수 없으니 제가 우선 머물러서 반드시 사명을 전달하겠습니다." 하였다. 김제안이 혼자 남아서 결국 하남왕에게 국서(國書)를 전달하고 이어서 말하기를 "어질고 용맹한 우리 왕께서 백만의 홍건적 무리를 무찔러 천하의 선창이 되었습니다. 이제 대왕께서 충의로 천하에 알려지셨으니, 대왕과 동서에서 협력하여 참람한 난을 평정하고 원나라 제실(帝室)을 보필하고자 하십니다.” 하였다. 왕이 크게 기뻐하여 황제에게 아뢰어 하남강북등처 행추밀원사(河南江北等處行樞密院事)를 제수하였다. 본국에 돌아오자 공민왕이 내서사인(內書舍人)을 제수하였는데, 후에 신돈을 주벌할 것을 도모하다가 해를 당하였다. 아우 김구덕(金九德)은 문음으로 벼슬이 판돈녕부사에 이르렀고, 여러 차례 지방 수령을 맡았는데 이임한 뒤에 백성들에게 은혜가 있었다.

이보림(李寶林) 이제현(李齊賢)의 손자이다. 사람됨이 엄숙하고 굳세고 방정하였으며 정사(政事)의 재주가 있었다. 여러 차례 남원부(南原府), 경산부(京山府)를 맡아 모두 특이한 치적이 있었다. 우왕 초기에 안동부 판사(安東府判事)로 치적이 가장 뛰어나서 발탁되어 대사헌에 임명되었다. 벼슬이 정당문학에 이르렀고, 계림군(鷄林君)에 봉해졌다. 시호는 문숙(文肅)이다.

왕강(王康) 종실의 먼 친속이다. 공민왕 때에 진사에 올라 강녕부승(江寧府丞)으로 옮겼다. 우왕 때에 서북면 안무사(西北面安撫使)가 되었다. 공양왕(恭讓王) 때에 양광도(楊廣道), 전라도(全羅道), 경상도(慶尙道)의 수군도체찰사(水軍都體察使), 염철조전사(鹽鐵漕轉使)에 제수되었다. 왕강은 수차례 삼도의 군수(軍需)와 공세(貢稅)를 운반하면서 나라를 이롭게 하는 것을 자신의 임무로 삼아 어염(漁鹽)의 이익을 다하기에 힘썼다. 일찍이 헌의하여 태안(泰安), 굴포(堀浦)를 뚫어서 조운하는 바닷길을 편리하게 하고자 하였으나 공을 끝내 이루지 못하였다.

홍사우(洪師禹) 홍언박(洪彦博)의 아들이다. 공민왕 때에 경상도 도순문사가 되어 합포(合浦)를 진무하면서 포를 삼가 스스로 지켜 내니 관리와 백성들이 두려워하고 사랑하였다. 왜적이 구산현(龜山縣)을 침입하자 홍사우는 분격하여 크게 격파하고 참획한 왜구가 매우 많았다. 후에 전라도 도순문사가 되었는데 아들 홍륜(洪倫)의 죄에 연좌되어 죽으니,[179] 경상도와 전라도의 백성들이 모두 그의 공덕을 추모하며 그리워하였다.

윤가관(尹可觀) 대광대부 윤지표(尹之彪)의 손자이다. 무략(武略)이 있고 말타기와 활쏘기를 잘하였다. 공민왕이 말기에 한안(韓安), 홍륜 등에게 억지로 여러 비(妃)를 욕보이게 하였다. 윤가관도 좌우에서 가깝게 모셨으므로 왕이 그에게 익비(益妃)를 간음하게 하였는데, 윤가관이 죽음을 무릅쓰고 굳게 거절하니, 왕이 크게 노하여 몽둥이질을 하고 폐하여 서인(庶人)으로 만들었다. 후에 경상도 도순문사로 합포에 진수(鎭守)하여 함양(咸陽)에서 왜적을 격파하였다. 폐기된 병기를 녹여서 농기(農器)를 만들고 둔전(屯田)을 개척하여 군량을 풍족하게 하였다. 후에 판밀직사가 되었다.

조린(趙璘) 평양군(平壤君) 조인규(趙仁規)의 증손이다. 부친 조덕유(趙德裕)는 판도 판서(版圖判書)가 되었다. 조린은 공민왕 때에 안우(安佑) 등과 함께 홍건적을 쳐서 패주시켜 누차 승진하여 응양군 상호군(鷹揚軍上護軍)이 되었다. 왜적이 교동(喬桐)을 침략하자 조린이 또 그를 격파하였다. 당시 신돈이 국정을 담당하여 사람들이 붙좇았으나, 조린은 한 번도 신돈의 집에 간 적이 없고 오인택(吳仁澤) 등과 신돈을 주벌할 것을 도모하다가 해를 당하였다.

차원부(車原頫) 벼슬이 간의에 이르렀다. 고려 말에 은퇴해 평산(平山) 수운동(水雲洞)에 살았는데, 당시 요동(遼東)을 치자는 의론이 일어나 우리

179 아들……죽으니 : 홍륜(洪倫)이 공민왕을 시해하자 홍사우는 이에 연루되어 원주(遠州)에 유배되었다가 우왕이 보낸 홍인철(洪仁哲)에게 교살(絞殺)되었다.

태조가 편복으로 차원부를 방문하니, 차원부는 그 불가함을 극력 말하였다. 태조가 개국하자 공신에 책봉하려고 하였는데, 차원부가 사양하며 말하기를 "대대로 고려 왕조에 벼슬하였는데 어찌 감히 두마음을 품어서 선조의 충렬을 욕보일 수 있겠습니까." 하였다. 한양(漢陽)에 도읍하게 되자 그를 불러 궁중에 오게 하고 옛 친구로 대우하였으나 차원부는 역시 떠나기를 청하고 머물지 않았다. 정도전(鄭道傳), 하륜(河崙) 등이 그를 참소해 죽이니, 아들 중랑장(中郎將) 차안경(車安卿)도 자살하였다. 태종 때에 찬성에 추증하였고, 문종(文宗)이 박팽년(朴彭年)에게 명하여 〈설원기(雪冤記)〉를 찬수하게 하였다.

본조

조준(趙浚) 조린(趙璘)의 아우이다. 어려서부터 기개가 있고 지기(志氣)가 출중하였다. 공민왕이 덕수궁(德壽宮)에 있을 때에 멀리서 조준이 책을 끼고 궁 앞을 지나가는 것을 바라보고는 불러 보고 기이하게 여겨 보마지유(寶馬指諭)에 배속하도록 명하였다. 얼마 뒤 문과에 급제하고 강원도 안찰사로 나갔는데 위엄과 은혜가 아울러 행해졌다. 본조에 들어와 태조(太祖)를 도와 개국 공신(開國功臣)이 되었고 벼슬이 의정부 영의정에 이르렀으며, 평양부원군(平壤府院君)에 봉해졌다. 태조 묘정에 배향되었다.

조박(趙璞) 조준의 일가이다.-아우라고도 하고 조카라고 하기도 한다.- 부친 조사겸(趙思謙)은 보문각 직제학(寶文閣直提學)이다. 조박은 문과에 급제하고 여러 관직을 거쳐 집현전 제학에 이르렀다. 태조와 태종 대에 개국 공신, 정사 공신(定社功臣), 좌명 공신(佐命功臣)이 되었고, 평원군(平源君)에 봉해졌다.

김사형(金士衡) 김구용(金九容)의 삼종제이며, 정승 김영후(金永煦)의 손자이다. 우왕 때에 조준 등과 함께 대각에 있었으며, 벼슬은 삼사사(三司使)였다. 우리 태조를 도와 개국 공신이 되었고, 벼슬은 의정부 우의정에 이르렀다. 상락부원군(上洛府院君)에 봉해졌다. 손자 김질(金礩)도 세조 때에 역시 의정이 되었다.

김균(金稛) 김인위(金因渭)의 후손이다. 태조 때에 개국 공신이 되었으며, 계림군(鷄林君)에 봉해졌다. 시호는 제숙(齊肅)이다.

권화(權和) 권보(權溥)의 증손이다. 고려 말에 청주 목사(淸州牧使)가 되어 강직하고 분명하게 정사를 하였다.[180] 옮겨서 밀직부사에 이르렀다. 본조에 들어와 -이하 원문 결락-

권근(權近) 권화의 아우이다. 어려서부터 학문을 좋아하였고 공민왕 때에 과거에 올라 여러 관직을 거쳐 밀직에 이르렀다. 일찍이 일에 연루되어 충주(忠州) 양촌(陽村)에서 귀양살이하였는데, 우리 태조가 계룡산(鷄龍山)에 행차하였을 때 부름을 받고 행재소에 나와 예문관 학사에 임명되었다. 명나라 고황제(高皇帝)가 표문(表文)의 말이 불공하다는 이유로 표를 찬술한 사람을 불렀는데, 정도전은 병을 핑계 대고 가지 않으니, 태조가 곤란하게 여겼다. 권근이 아뢰기를 "이 표문은 신이 정총(鄭摠)과 함께 윤색하였으니 신이 가서 변명하겠습니다." 하였다. 태조가 말하기를 "경은 황제의 명이 없었으니 갈 필요 없다." 하니, 권근이 답하기를 "신이 부름이 없

180 청주 목사(淸州牧使)가……하였다 : 당시 경상남도 고성(固城) 사람 이금(伊金)이 미륵불(彌勒佛)을 자칭하며 혹세무민하고 재물을 사취하자 간혹 수령들도 그의 무리에게 아부하였다. 권화는 그 괴수 5명을 체포하고 중앙에 보고하여 결국 도당(都堂)의 명을 받아서 그 무리를 모두 잡아 처형하였다.

었는데도 스스로 간다면 죄를 혹 용서받을 수도 있을 것입니다." 하자, 태조가 기뻐하며 허락하였다. 금릉(金陵)에 이르러 황제가 불러 보자, 권근이 아뢰기를 "소국이 대국을 섬기면서 오직 표전(表箋)에만 의지하는데 신들이 해외에서 생장하여 학문이 통달하지 못하였습니다. 왕의 충성을 밝히지 못한 것은 신들의 죄입니다." 하니, 황제의 뜻이 풀려서 결국 더 이상 따지지 않았다. 황제가 권근에게 문연각(文淵閣)에 가서 유삼오(劉三吾), 허관(許觀) 등과 교유하도록 명하였다. 황제가 제목을 주고 시를 짓도록 명하고서 옷과 연회를 하사하였으며, 이어서 경사에서 노닐며 구경하도록 허락하였다. 또 어제시를 하사하고 매양 '노실한 수재〔老實秀才〕'라고 칭하였다. 칙명을 받아 우리나라로 돌아왔다. 후에 좌명 공신(佐命功臣)에 참여하고 벼슬이 의정부 찬성사에 이르렀으며, 길창부원군(吉昌府院君)에 봉해졌다. 시호는 문충(文忠)이다. 문장이 고아하여 명망이 당세에 으뜸이었다. 저술로 《양촌집(陽村集)》, 《입학도설(入學圖說)》, 《오경천견록(五經淺見錄)》이 있으며 또 예경(禮經)을 고정(考定)하여 세상에 공이 있었다.

권우(權遇) 권근의 아우이다. 과거에 급제하여 벼슬이 예문관 제학, 성균관 사성에 이르렀다. 경학(經學)이 정심하고 박학하였으니, 권근이 일찍이 말하기를 "책을 읽어서 터득함이 있는 것은 내가 아우만 못하다." 하였다. 저술로 《매헌집(梅軒集)》이 있다. 아들 권채(權採)는 벼슬이 승지였으며 글을 잘한다고 이름이 났다.

유관(柳寬) 그 선조는 유주(儒州) 출신인데 여러 대 동안 경도에 거주하였다. 상장군(上將軍) 유성비(柳成庇)의 증손이다. 초명은 유관(柳觀)이었는데 후에 유관(柳寬)으로 개명하였다. 과거에 급제하고 누차 중앙과 지방의 관직을 역임하였다. 세종 대에 의정부 우의정에 임명되었다. 네 임금을 차례로 섬기면서 청렴하고 공정하고 정직하였으며 일을 만나면 한결같이 정성을 다하였다. 사는 곳은 초라한 집일 뿐이었다. 배우기를 좋아하고 선을 즐겼으며 불교와 도가에 미혹되지 않았다. 공무에서 퇴근하면 반드시 경서를 펴고 사람들에게 가르쳤으니, 이름난 공경과 장수들 가운데 그 문하 출신이 많았다. 치사하고 졸하였다. 시호는 문간(文簡)이다. 세상에서는 그를 사마광(司馬光)이나 허형(許衡)에 비교하였다.

유정현(柳廷顯) 유돈(柳墩)의 손자이다. 세종을 섬겨 벼슬이 의정부 영의정에 이르렀다. 일찍이 영의정 겸 삼도도통사(領議政兼三道都統使)로서 대마도(對馬島)를 정벌하러 가서 승리하고 귀환하였다. 시호는 정숙(貞肅)이다.

유량(柳亮) 유승(柳陞)의 4세손이다. 과거에 일등으로 급제하였다. 태종 때에 좌명 공신에 참여하여 벼슬이 의정부 영의정에 이르렀으며, 문성부원군(文城府院君)에 봉해졌다. 성품이 진솔하고 숨김이 없어 사람을 진심으로 상대하였고, 정사를 할 때에는 대체를 따르는 데 힘썼다. 시호는 충경공(忠景公)이다.

이원(李原) 이강(李岡)의 아들이다. 태어난 지 넉 달 만에 아버지를 잃고, 매부인 권근(權近)에게 수학하여 나이 18세에 과거에 급제하였다. 태종 때에 좌명 공신에 참여하고 누차 진급하여 대사헌, 의정부 우찬성에 임명되었다. 세종 때에 좌의정에 임명되고 철성부원군(鐵城府院君)이 되었다. 20여 년간 묘당을 출입하면서 청렴하여 몸가짐을 잘 단속하였으며 정사는 관대하게 하기를 힘썼다. 아들 이대(李臺)와 이비(李埤)는 모두 동지중추가 되었고, 이치(李墀)는 과거에 급제하여 돈녕부 정이 되었다.

권제(權踶) 권근의 아들이다. 태종 때에 문과에 장원하고 누차 진급하여 벼슬이 의정부 우찬성에 이르렀으며 오랫동안 문형(文衡)을 맡았다. 시호는 문경(文景)이다. 문집으로 《지재집(止齋集)》이 있다. 아들 권람(權擥)은 세조 때에 공신이 되어 벼슬이 좌의정에 이르렀고 길창부원군(吉昌府院君)에 봉해졌다. 권반(權攀)은 화산군(花山君)에 봉해졌다.

유사눌(柳思訥) 유관(柳寬)의 형인 전농정(典農正) 유림(柳臨)의 아들이다. 어려서 아버지를 잃고 숙부인 유관에게 수학하며 학문에 힘써서 문학과 행실로 이름났다. 과거에 급제하고 또 중시(重試)에 합격하여 누차 승진해 도관찰사(都觀察使)가 되고, 예문관 대제학에 이르렀다. 시호는 문숙(文肅)이다.

정인지(鄭麟趾) 그 선조는 하동(河東) 출신이다. 5대조인 정지연(鄭芝衍)은 고려 찬성이었고, 부친 정흥인(鄭興仁)은 정도전에게 배워서 누차 과거를 보았으나 합격하지 못하였다. 집이 소격전(昭格殿) 옆에 있었는데 집안을 일으킬 아들을 낳기를 원하여 기도하였다. 정인지는 태어나면서부터 빼어나고 특출 나서, 문의(文義)를 일찍부터 통달하여 19세에 문과에 장원하였고, 또 중시에 일등으로 합격하였다. 태종이 조참(朝參) 때에 불러 보고 세종을 돌아보며 말하기를 "문신으로는 정인지가 있고, 무신으로는 홍사석(洪師錫)이 있으니 너는 근심이 없을 것이다." 하였다. 세종 때에 대각(臺閣)의 직을 역임하고 누차 승진하여 병조판서 겸 대제학이 되었다. 《고려사(高麗史)》를 찬수하였다. 세조가 선위받은 뒤에 영의정에 임명되었고, 성종 때 83세로 졸하였다. 여섯 왕을 차례로 섬겼고, 네 번이나 공신에 녹훈되었으며 하동부원군(河東府院君)에 봉해졌다. 오랫동안 지공거(知貢擧)가 되어 당대의 명사들이 대부분 그의 문하에서 나왔다. 시호는 문성

(文成)이다. 찬수한 책으로《치평요람(治平要覽)》,《용비어천가(龍飛御天歌)》가 있다. 아들 정경조(鄭敬祖)는 평안도 관찰사가 되었다.

고약해(高若海) 세종 때에 유일(遺逸)로 발탁되어 등용되어서 벼슬이 개성부 유수에 이르렀다. 시호는 정혜(貞惠)이다. 사람됨이 기개가 크고 지조가 높아서 직언을 잘하였으므로 시세와 더불어 부침하지 않았다.

서경덕(徐敬德) 어려서부터 총명하여 마을 스승에게《상서(尙書)》를 수학하다가 "1년은 366일이다."라는 주[181]에 이르러서 스승이 강학을 그만두고 말하기를 "이 부분은 온 세상에 이해하는 자가 드물다."라고 하니, 서경덕이 물러나서 정밀하게 생각하여 15일 만에 통달하였다.《대학》을 읽다가 "지를 이루는 것은 사물의 이치를 궁구하는 데에 달려 있다.〔致知在格物〕" 라는 구절에 이르러 개연히 탄식하여 말하기를 "학문을 하면서 격물을 먼저 하지 않으면 독서를 한들 어디에 쓰겠는가."라고 하고 정좌하여 생각에 잠기기를 6년 동안 하니, 천지 만물의 이치를 터득하지 못한 것이 없어서 스스로 신뢰할 수 있었다. 그런 뒤에 사서(四書), 육경(六經)과 성리서(性理書)들을 가져다 읽어 보니 전에 터득한 것과 홀연히 서로 부합하였다. 천성이 독실하고 효성스러웠으며 마을 사람들과 함께 살면서 기이하거나 모난 행실을 하지 않았다. 만년이 되자 덕이 더욱 밝아져서 향리 사람들이 그에 교화되어 다투며 논란할 일이 있으면 관청에 가지 않고 그에게 와서 묻고 결정하였다. 중종 때 현량과(賢良科)를 개설하여 개성부에서 그의 이

181 1년은……주 :《서경》〈요전(堯典)〉에 "제요(帝堯)가 말하기를 '아, 너희 희씨(羲氏)와 화씨(和氏)야. 기는 366일이니 윤달을 두어야 사시를 정하여 한 해를 이룬다.' 하였다.〔帝曰: "咨! 汝羲暨和, 朞三百有六旬有六日, 以閏月定四時, 成歲."〕"라고 한 부분을 말한다.

름을 천거하였는데 사양하고 나가지 않았으며 후에 제수한 관직에도 나아가지 않았다. 선조 때에 우의정을 추증하였고, 시호는 문강(文康)이다. 학자들은 화담(花潭) 선생이라고 칭하였다. 저술로 〈원이기(原理氣)〉, 〈황극경세해(皇極經世解)〉 등의 글이 있다. 그 마음으로 자득하여 거침없이 조금의 의심도 없었던 것은 소 강절(邵康節) 이후 서경덕뿐이었다고 한다. 손자인 서우신(徐佑申)은 무과로 현달하여 절도사의 벼슬을 하였다.

전우치(田禹治) 신선이나 도인 같은 풍채가 있었고 명산과 절경을 두루 샅샅이 찾아다니며 추위나 더위를 겪어도 돌아가지 않았다. 일찍이 시를 지어서 남곤(南袞)의 무리를 풍자하였는데 시구의 말이 매우 기이하였다. 세상에 그에 대한 기이한 일이 많이 전한다. 동시대 사람으로 서경덕의 아우 서숭덕(徐崇德)도 특이한 술법이 있었다고 한다.

김연광(金鍊光) 관리의 치적으로 진용되어 관직 생활을 하는 동안 직분을 충실히 수행하였고 백성을 자식처럼 아꼈다. 선조 때에 회양 부사(淮陽府使)가 되었는데, 왜적이 경내에 닥쳐와서 백성들이 피난하기를 권하니, 김연광이 말하기를 "지역을 맡아 지키는 신하는 분의상 떠나서 살기를 구해서는 안 된다."라고 하고, 관복을 갖춰 입고 앉아 있었다. 왜적이 그를 위협하며 먼저 손가락을 베었으나 굴복하지 않다가 마침내 해를 당하였다. 예조 참판에 증직되었다.

유극량(劉克良) 어려서 아버지를 잃고 천하게 지냈으나 무과에 합격하였다. 타고난 자질이 충직하고 속이지 않았으며 장수의 재질로 명성이 드러나 여러 차례 지방관과 절도사를 역임하여 벼슬은 부원수(副元帥)에 이르렀다. 임진왜란이 일어나 선조가 서쪽으로 피난 갈 때에 유극량은 신할(申硈)을 따라 임진(臨津)을 방수하였다. 신할이 적의 수가 적은 것을 보고 강을 건너 공격하고자 하였다. 유극량이 “적이 약한 군대로 우리를 유인하는 것이니 함부로 강을 건너서는 안 됩니다.”라고 하였으나, 신할은 그 말을 듣지 않고 유극량을 베려고 하였다. 유극량이 말하기를 “내가 철든 뒤부터 군사(軍事)에 종사했는데 어찌 죽음을 피하려고 마음먹었겠습니까. 내가 말한 것은 국사를 그르칠까 염려해서였을 뿐입니다.”라고 하고, 마침내 신할을 따라 강을 건넜다. 잠시 뒤에 왜적의 군대가 크게 이르자 신할은 낭패하여 말을 타고 강을 건너다가 빠져 죽고, 유극량은 초상(軺床)에 걸터앉아 조금도 요동하지 않고 군대를 지휘하며 힘써 싸우다가 전사하였다.

한호(韓濩) 어려서부터 글씨를 잘 썼다. 일찍이 왕희지(王羲之)가 서법을 전수해 주는 꿈을 두 번이나 꾸고서 마음속으로 혼자 기뻐하며 자부심을 갖고 서법에 정신을 집중하여 해서(楷書), 액서(額書), 진서(眞書), 초서(草書)에 각각 그 오묘한 경지를 이루었다. 선조 때에 벼슬이 가평 군수(加平郡守)에 이르렀다. 국가에서 조사(詔使)를 영접하거나 우리 사신이 중국 경사에 갈 때에는 모두 한호로 하여금 따라가도록 하였다. 중국과 유구(琉球) 등 외국인들이 모두 그의 필적을 요구하여 그의 글씨가 천하에 두루 퍼졌다. 주지번(朱之蕃)이 일찍이 우리나라에 사신으로 와서 한호의 글씨를 보고는 “의당 왕헌지(王獻之), 안진경(顔眞卿)과 우열을 가릴 만하다.”라고 하였다.

차식(車軾) 차원부(車原頫)의 후손이다. 군서(群書)에 널리 통달하고 시문을 잘하였다. 과거에 급제하고 선조 초에 여러 차례 고성 군수(高城郡守)를 역임하였는데 청백한 관리로 속되지 않다고 일컬어졌다. 아들 차천로(車天輅)는 갑과(甲科)로 등제하였고 문장을 잘 지어서 벼슬이 봉상시 첨정에 이르렀다. 재사(才思)가 남보다 뛰어나 드넓고 웅건해서 하루에 수백 편의 글을 지으니 논자들이 이규보(李奎報)에 비하였다. 차운로(車雲輅)도 과거에 장원으로 급제하여 성균관 전적을 지냈는데 시명(詩名)은 차천로보다 못하였다.

안경창(安慶昌) 개성부 백성이다. 사람됨이 효성스럽고 부지런하며 선을 좋아하여 의롭지 않은 것은 지푸라기 하나도 취하지 않았고 남의 선한 명성을 들으면 천 리도 멀다 하지 않고 가서 만났다. 주림과 배부름, 추위와 더위를 잘 참아서 한 번에 몇 말의 밥을 먹기도 하고 열흘 동안 먹지 않기도 하며, 심한 더위에 털옷 입고도 땀 흘리지 않고 엄동설한에 얼음물에 들어가도 추워하지 않으니 사람들이 '사내옹(四耐翁 네 가지를 잘 참는 이)'라고 불렀다. 명산대천이라면 아무리 멀어도 다 찾아다녔다. 이언적(李彦迪)과 이황(李滉)이 일찍이 그의 고상한 운치를 인정하였고, 또 이이(李珥), 성혼(成渾), 조식(曺植), 노수신(盧守愼)과 교유하였다. 90여 세에 죽었다. 노수신이 시를 지어 주기를,

지령에는 소재 늙은이요	芝嶺穌齋老
송도에는 안 처사가 있네	松都處士安
만나자 희비가 일어나고	相逢動悲喜
며칠 묵자 한망이 가름되네	信宿辨忙閑

하였다.

열녀列女

최씨(崔氏) 경성 송흥방(宋興坊)에 살았다. 일찍이 과부가 되었으나 재가하지 않고 시부모를 봉양하는 데 효성을 다하였으며 아이들을 잘 키웠다. 고

려 성종(成宗)이 하교하여 미덕을 기리고 그 마을을 정표하였으며 요역을 면해 주었다.

홍의(洪義)의 처 사서(史書)에 성씨가 전하지 않는다. 고려 공민왕(恭愍王) 때에 홍의가 상호군이 되었다. 조일신(趙日新)이 난을 일으키면서 홍의의 집으로 사람을 보내 홍의를 해치게 하였는데, 검을 뽑아 홍의를 베려는 순간 그 처가 갑자기 몸으로 가로막으며 소리치고 매달리자, 칼과 몽둥이로 마구 때려서 얼굴과 온몸에 상처를 입고 부러진 곳이 많아 거의 죽을 뻔하였다. 홍의는 덕분에 죽지 않았다.

안천검(安天儉)의 처 사서에 성씨가 전하지 않는다. 공민왕 때에 낭장이 되었다. 한밤중에 집에 불이 났는데 안천검은 마침 술에 취해 누워 있었다. 그 처가 불길을 무릅쓰고 들어가 부축해 나오다가 힘으로 감당하지 못하자 몸으로 안천검을 덮었으니 마침내 둘 다 불타 죽었다.

한씨(韓氏)의 딸 도사 한대용(韓大用)의 딸이다. 한대용이 효행이 있었고 딸도 성품이 단정하고 올곧았다. 본조 선조 때 왜적이 내륙까지 깊이 쳐들어오자, 한씨는 처녀로서 어린 동생과 함께 어머니를 따라 적을 피하다가 적에게 사로잡혔다. 적이 칼로 위협하자 한씨는 도리어 대항하여 욕을 하다가 왜적에게 해를 당하였다.

이씨(李氏) 유생 김이익(金以益)의 처이다. 본조 선조 때에 마전(麻田)으로 왜란을 피하였는데 왜적이 갑자기 닥쳐서 노략질을 하며 배에 오르니, 이씨는 의리상 욕을 당할 수 없어서 강에 뛰어들어 죽었다. 배에 함께 타고 있던 부녀들이 그것을 보고 모두 따라서 물에 뛰어드니, 보던 자들이 모두 안타까워하며 탄식하였다.

윤씨(尹氏) 유생 홍계숙(洪繼叔)의 처이다. 어려서 《열녀전(列女傳)》을 읽고 옛날 훌륭한 부녀자의 행실로 몸가짐을 익혔다. 본조 인조(仁祖) 때에 청(淸)의 오랑캐가 한양과 개성을 함락하자 홍계숙이 강화(江華)로 건너가려고 하였는데 미처 배에 오르기 전에 적에게 약탈당하였다. 윤씨가 말하기를 "낭군이 해를 당하였으니 내가 무엇 때문에 살겠는가!" 하고 마침내 물에 뛰어들어 죽었다. 정려하였다.

지은이

유형원(柳馨遠)

1622(광해군14)~1673(현종14). 조선 후기의 실학자이다. 본관은 문화(文化), 자는 덕부(德夫), 호는 반계(磻溪)·둔암(遁庵)이다. 부친인 예문관 검열 유흠(柳欽)이 유몽인(柳夢寅)의 옥사에 연루되어 죽은 뒤 5세 때부터 외삼촌 이원진(李元鎭)과 고모부 김세렴(金世濂)에게 수학하였다. 두 차례 과거에 응시했으나 낙방하고, 32세 때 전라도 부안군 보안면 우반동에 은거하였다. 이곳에서 학문과 저술에 전념하며 여생을 보냈다. 저술로는 그의 실학사상을 집대성한 《반계수록(磻溪隨錄)》 외에 《주자찬요(朱子纂要)》, 《이기총론(理氣總論)》, 《동국여지지(東國輿地志)》, 《무경사서초(武經四書抄)》, 《기효신서절요(紀效新書節要)》, 《정음지남(正音指南)》, 《동국문초(東國文抄)》 등 수십 권이 있으나 《반계수록》과 《동국여지지》 외에 시문 몇 편만 전하고 나머지는 유실되었다. 그의 저작과 사상은 생전에는 인정받지 못하였으나 100여 년이 지난 뒤 《반계수록》의 개혁 사상이 널리 알려지면서 영조의 관심을 받아 높은 평가를 받고 책이 간행되어 세상에 전해졌다. 1770년(영조46) 통정대부 호조참의 겸 세자시강원찬선에 증직되었다. 그의 개혁안은 이후에도 실행되지 못하였으나 이익, 안정복, 정약용으로 이어지는 실학자들에게 큰 영향을 주었다.

옮긴이

김성애(金成愛)

1964년 서울에서 태어났다. 고려대학교 사학과를 졸업하고 동 대학원 고전번역협동과정을 수료하였다. 민족문화추진회 국역연수원 상임연구부를 졸업하였으며, 한국고전번역원에 재직 중이다. 번역서로 《광해군일기》, 《승정원일기》, 《홍재전서》, 《성호전집》, 《대산집》, 《향산집》(이상 공역) 등이 있다.

동국여지지 1

유형원 지음 | 김성애 옮김

2019년 11월 30일 초판 1쇄 발행

발행인 신승운 | 발행처 한국고전번역원
등록 2008. 3. 12. 제25100-2018-000049호
주소 (03310) 서울시 은평구 진관1로 85
전화 02-350-4886 | 팩스 02-350-4899 | 홈페이지 www.itkc.or.kr

연구총괄 김성애 | 연구기획 정미경

책임편집 이선주 | 편집진행 박정열
교정 김상순 노성완 송숙희 | 제작 김형석
디자인 은희주 | 인쇄 (주)대신인쇄

값 20,000원
ISBN 978-89-284-0622-7 (94910)
978-89-284-0621-0 (세트)

ⓒ 한국고전번역원, 2019
Institute for the Translation of Korean Classics

※이 책은 2019년도 교육부 고전번역사업비로 출간한 것임.